国家自然科学基金（联合基金）重点项目（U21A20108）
国家自然科学基金项目（52104127）
中原科技创新领军人才基金项目（224200510012）

三软煤层
绿色智能开采技术及应用

郭文兵 等 著

Sanruan Meiceng

Lüse Zhineng Kaicai Jishu ji Yingyong

中国矿业大学出版社
·徐州·

内 容 简 介

本书根据国家绿色智能化矿山建设原则和要求,以安全绿色智能开采为主线,以保护矿区生态环境、建设绿色矿山为目标,主要介绍了"三软"厚煤层地质采矿条件下智能掘进与支护技术及装备、智能放顶煤开采技术及装备、智能化管理平台与管控系统、开采后覆岩破坏与地表移动变形规律、松散含水层下安全绿色开采技术、矿区生态环境保护与清洁能源利用、绿色矿山建设及工程实践等内容。本书所述研究成果对加快绿色智能化矿山建设进程、促进矿区低碳减排与可持续发展具有重要意义。

本书可供矿业工程领域的科研人员及煤矿企业的工程技术人员阅读参考,也可供高等院校采矿工程、智能采矿工程、安全工程、测量工程等专业本科生、研究生教学参考。

图书在版编目(C I P)数据

三软煤层绿色智能开采技术及应用/郭文兵等著

. —徐州:中国矿业大学出版社,2022.4

ISBN 978 - 7 - 5646 - 5368 - 2

Ⅰ. ①三… Ⅱ. ①郭… Ⅲ. ①智能技术－应用－三软煤层－煤矿开采－研究 Ⅳ. ①TD823.2-39

中国版本图书馆 CIP 数据核字(2022)第 068112 号

书　　名	三软煤层绿色智能开采技术及应用
著　　者	郭文兵 等
责任编辑	王美柱
出版发行	中国矿业大学出版社有限责任公司
	(江苏省徐州市解放南路　邮编221008)
营销热线	(0516)83885370　83884103
出版服务	(0516)83995789　83884920
网　　址	http://www.cumtp.com　E-mail:cumtpvip@cumtp.com
印　　刷	徐州中矿大印发科技有限公司
开　　本	787 mm×1092 mm　1/16　印张 16.75　字数 429 千字
版次印次	2022 年 4 月第 1 版　2022 年 4 月第 1 次印刷
定　　价	68.00 元

(图书出现印装质量问题,本社负责调换)

前　言

我国是世界上最大的煤炭生产国和消费国，2021年原煤产量达41.3亿t。2021年世界一次能源消费结构中煤炭消费占比27.2%，而我国占比为56%。我国80%以上的煤炭依靠井工开采，随着煤矿技术装备水平的不断提升，采煤工艺的机械化、自动化、智能化程度不断提高。煤炭资源的安全、高效、绿色、智能化开采是我国能源安全保障和国民经济可持续发展的必然要求。

习近平总书记提出：要积极推动我国能源生产和消费革命，大力推进煤炭清洁高效利用。国家《能源技术革命创新行动计划（2016—2030年）》指出：到2050年，全面建成安全绿色、高效智能矿山技术体系。智能化开采在矿山自动化、信息化、数字化的基础上，应用云计算、大数据、物联网、人工智能、移动通信等新一代网络信息技术，实现工作面无人化、少人化，采掘装备自我感知、自我调控、自我修正及自适应开采。随着国家加快构建清洁、高效、安全、可持续的现代能源体系，信息化与工业化的深度融合和"互联网＋"的迅猛发展，煤炭绿色智能化开采成为煤炭工业发展的必然方向，也将是推进煤炭工业转型发展的必由之路。

我国煤矿的地质采矿条件千差万别。本书主要针对"三软"厚煤层的地质采矿条件，对煤矿智能化掘进与支护技术及装备、智能放顶煤开采技术及装备、矿井智能化管理及采后岩层破坏与地表沉陷规律、覆岩含水层下安全绿色开采、绿色清洁能源综合利用等进行了系统研究。研发了"三软"厚煤层安全绿色采掘工作面智能集控技术与装备；开发了基于GIS"一张图"与三维空间数据智能化矿山管控系统；构建了设备全生命周期管理及大型设备的智能维检修、能耗分析、健康状况诊断的联动管控平台；提出并实施了基于清洁能源综合利用与矿区生态保护的绿色矿山建设新模式等，并成功进行了工程应用。研究成果不仅可实现矿井的安全绿色智能化开采，推进煤矿智能化建设，而且可促进清洁能源的高效利用，改善矿区生态环境，加快绿色矿山建设进程和矿区生态文明建设。

本书由河南理工大学、煤炭安全生产与清洁高效利用省部共建协同创新中心郭文兵教授、白二虎副教授、吴东涛博士生，以及河南省新郑煤电有限责任公司张璞、侯建军、张要展高级工程师撰写。全书共9章：第1章由郭文兵撰写，第2章由张璞、侯建军、张要展撰写，第3章、第4章由郭文兵、白二虎、吴东涛撰写,第 5 章由张要展、张璞、侯建军撰写,第 6 章由郭文兵、白二虎撰写,第 7 章由侯建军、张璞、张要展撰写,第 8 章由郭文兵、白二虎撰写,第 9 章由郭文兵撰写。

本书得到了国家自然科学基金(联合基金)重点项目(U21A20108)、国家自然科学基金项目(52104127)、中原科技创新领军人才基金项目(224200510012)、河南省新郑煤电有限责任公司产学研合作项目的资助。本书在撰写过程中,得到了河南省煤炭学会秘书长邓波教授级高工、副秘书长李中州教授级高工以及李萌博士等的指导和帮助。郑州煤矿机械集团股份有限公司、河南省煤科院检测技术有限公司、华夏天信物联科技有限公司、南京北路智控科技股份有限公司、河南省三软煤层开采工程技术研究中心等单位对本书的撰写提供了技术支持和帮助。博士生杨伟强、马志宝、温蓬、王比比,硕士生韩明振、刘玄、徐曙光等参与了书稿的整理和编排工作,在此一并表示衷心的感谢。

由于时间仓促,加之作者水平所限,书中难免存在不足之处,恳请读者批评指正!

著 者

2022 年 3 月

目　录

1 概　述

1.1 研究背景及意义

煤炭是我国主要的能源和工业原材料,被称为"工业的粮食"[1]。我国是世界上最大的煤炭生产国和消费国,煤炭工业发展规划指出[2],煤炭占我国化石能源资源的 90% 以上,要加强引导并逐步降低煤炭在一次能源消费结构中的占比,但煤炭作为主体能源的地位长期不会改变。2021 年全国原煤产量达 41.3 亿 t[3],2008—2021 年全国煤炭产量统计如图 1-1-1 所示。《BP 世界能源统计年鉴 2022》指出,2021 年世界一次能源消费结构中煤炭消费占比 27.2%,而在我国占比高达 56%[4]。因此,实现煤炭安全绿色生产是确保国民经济健康、可持续发展的重要保障[5]。

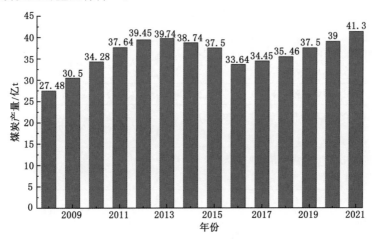

图 1-1-1　2008—2021 年全国煤炭产量统计

我国煤矿的煤层赋存形式多样且条件复杂,灾害发生率较高,危险性大[6],80% 以上的煤矿依靠井工开采[7]。在复杂条件下的煤矿井工开采,其开采工艺的机械化程度决定着煤矿开采的高效、安全、绿色生产水平。高端综采装备研发能力的提升,推动了煤炭开采工艺的机械化、自动化发展,大大提高了煤矿生产的安全保障[8],实现了诸多矿区亿吨无死亡,2019 年全国煤矿百万吨死亡人数更是降至 0.085 人。但是,随着人们对能源资源的需求量不断增加和开采强度的不断提升,浅部煤矿资源日益减少,人们逐渐着眼于深部矿产资源的开发和利用。当前,我国煤矿以 8~12 m/a 的速度向深部下延,中东部煤矿下延速度高达 10~25 m/a[9-10]。这必将导致未来很长一段时间我国煤炭开采以深部井工开采为主,并面临着越来越严重的由煤矿深部开采引起的稳定、安全、高效等一系列关键难题[11-12]。

随着煤炭开采深度的增加,围岩自重应力和构造应力不断升高,岩层压力增大、围岩变形收敛速度加快、工作面空间矿压显现剧烈、支架损坏严重、巷道围岩发生破坏的范围变大、顶板离层垮落、冒顶的倾向性加大,突水及火灾发生率升高,深部开采引起的以上煤矿生产安全问题令人担忧。虽然煤矿总体的机械化和信息化程度有所提高,但在生产过程中仍有煤矿安全事故发生,并造成了巨大的人员伤亡和财产损失,近年来发生的煤矿重大事故见表 1-1-1。究其原因,一是矿业工程领域地质灾害具有复杂性、隐蔽性和突发性等显著特点[13];二是缺少准确、有效的监(检)测手段与智能感知设备,使煤矿开采过程中出现安全问题时不能及时发现并有效处理。随着国家加快构建清洁、高效、安全、可持续的现代能源体系,信息化与工业化的深度融合和"互联网+"的迅猛发展,煤炭开采迫切需要有效的智能感知技术和科学的开采方法,以应对新时期采矿工程需求,减少灾害事故的发生。煤炭智能化开采正是在这样的背景下产生和快速发展起来的,并成为煤炭工业发展的需求和必然方向,也将是推进煤炭工业转型发展的根本出路。

表 1-1-1 近年来发生的煤矿重大事故

时 间	事 故 名 称	事 故 后 果
2019-02-23	西乌珠穆沁旗银漫矿业有限责任公司井下车辆伤害"2·23"重大生产安全事故	22 人死亡、28 人受伤,经济损失未统计出
2019-01-12	神木市百吉矿业有限责任公司李家沟煤矿"1·12"重大煤尘爆炸事故	21 人死亡,经济损失未统计出
2017-11-11	沈阳焦煤股份有限公司红阳三矿"11·11"重大顶板事故	10 人死亡、1 人轻伤,直接经济损失 1 456.6 万元
2017-01-17	山西中煤担水沟煤业有限公司"1·17"重大顶板事故	10 人死亡,直接经济损失 1 517.46 万元
2016-12-03	赤峰宝马矿业有限责任公司"12·3"特大瓦斯爆炸事故	32 人死亡、20 人受伤,直接经济损失 4 399 万元
2016-10-31	重庆市永川区金山沟煤业有限责任公司"10·31"特大瓦斯爆炸事故	33 人死亡、1 人受伤,直接经济损失 3 682.2 万元
2015-04-19	大同煤矿集团地煤姜家湾煤业有限公司"4·19"重大透水事故	21 人死亡、3 人受伤,直接经济损失 1 724 万元
2013-02-28	冀中能源张矿集团怀来艾家沟矿业有限公司"2·28"重大火灾事故	13 人死亡,直接经济损失 1 425.08 万元

近年来,面对煤炭生产成本、科学产能、利润空间、人员安全、矿井灾害与安全生产之间的矛盾,习近平总书记在中央财经领导小组第六次会议上提出[14],要积极推动我国能源生产和消费革命,大力推进煤炭清洁高效利用。国家明确提出要推动生产方式向柔性、智能和精细化转变。国家《能源技术革命创新行动计划(2016—2030 年)》指出[15],到 2050 年,全面建成安全绿色、高效智能矿山技术体系。原国家安全生产监督管理总局开展了"机械化换人、自动化减人"科技强安专项行动[16],大力加强煤炭行业自动化、机械化程度,实现煤矿生产安全保障系统的智能监控。国家能源局指出必须提升煤矿机械化、自动化、信息化和智能化"四化"水平和装备研发能力,提高煤矿安全保障能力。煤炭工业发展规划提出要加快推

广智能工作面综采先进工艺技术[2]。这些规划和政策都将煤炭智能化开采列为重点研究方向,因此在新的经济发展条件下,智能采矿是实现煤炭行业安全高效生产的核心和关键。

智能化开采是煤炭综采技术发展的新阶段,也是煤炭工业技术革命和升级发展的必然方向。智慧矿山是在矿山自动化、信息化、数字化的基础上,云计算、大数据、物联网、人工智能、移动通信等新一代网络信息技术在矿山领域的全面应用。近年来,煤炭行业积极谋划并提出煤矿开采智能化方向,提出了智能采矿、智慧矿山等理论与架构[17-26]。智能化开采是指在无人直接干预的情况下,通过采掘环境与装备的智能感知及智能调控,实现采掘作业自主巡航,由采掘装备自动、独立完成采掘作业的过程[20]。智能化开采配备具有自主学习和自主决策功能的装备,实现采掘装备的自我感知、自我调控、自我修正及自适应开采[21]。对目前大部分大型矿井而言,矿井系统的机械化程度均达到90%以上,单机自动化也日趋完善,但是,煤矿总体的信息化程度还有待进一步提高,生产过程中的各种数据和信息无法实现有效关联,缺乏"智慧的大脑"对所有子系统实施协调、联控,因而生产的过程控制、设备健康管理、安全风险防控、生态环保等都还未实现最优化的管控。为全面提升我国矿山行业的生产技术水平,推动传统行业的转型升级,应充分利用现代通信、传感、信息技术,实现矿山生产过程的自动检测、智能监测、智能控制与智慧调度,有效提高矿山资源综合利用率、劳动生产率和经济效益[2]。

根据河南省新郑煤电有限责任公司智能化开采的生产情况,将矿井安全、智能监控、智能生产执行与调度、运营管理等业务融合,可以达到系统预警与报警、管理预警与报警、生产过程可视化、管理协同化、安全管理智能化、经营管理科学化、矿井安全生产透明化,从而实现矿井的安全绿色智能化开采,对全面推进煤矿智能化建设具有借鉴意义。

1.2　煤矿智能化开采国内外研究现状

1.2.1　国外研究现状

智能化开采是在煤矿机械化、自动化开采发展基础上实现的信息工业化的深度融合,是煤炭开采技术及发展的变革。自20世纪90年代开始,瑞典、美国、德国和澳大利亚等开始研究和发展智能开采技术与装备,初步实现煤机装备运行控制、状态监测和远程可视化。2001年7月,澳大利亚联邦科学与工业研究组织(CSIRO)承担了澳大利亚煤炭协会研究计划设立的综采自动化项目,开展综采工作面自动化和智能化技术的研究,设计开发了LASC长壁自动化系统,以设备定位技术为代表。该项目通过采用军用高精度光纤陀螺仪和定制的定位导航算法实现了采煤机位置的精确定位、工作面自动调直和水平控制[22-24],2005年,LASC系统首次在澳大利亚的Beltana矿试验成功。目前,该系统在澳大利亚共有15个长壁工作面在用或正在组装,在6家知名采煤机上成功安装,并推广至金属矿开采中。2006年,欧洲委员会与欧盟委员会批准了"采掘机械的机械化和自动化"项目研究的专项基金,包括德国、英国、波兰、西班牙在内的研究机构相继开展了煤岩界面识别、防撞技术、采煤机位置监测等相关技术研究,取得了丰硕成果;同年,美国JOY(久益)公司推出了以地面远程精准操控为目标的虚拟采矿技术方案。2008年,CSIRO对LASC系统进行了技术优化,完善了自动化系统原型,通过结合地质资料数据、采煤机三维坐标实现了工作面自动割煤[25]。2009年,英国、德国、保加利亚相关研究机构开发了"煤机领路者"系统,并于2010年在

North Rhein-Westphalia 矿得到了成功应用。

2010 年,比塞洛斯国际公司将研制的新技术(PMC Evo-S)用于综采工作面自动化系统复杂的信息通信,仅用一个网络实现各子系统间信息的连接和交流,提高了设备的通信效率。2012 年,美国公司开发的新型采煤机自动化长壁系统,集成工作面取直系统,可实现采煤机的全自动智能化控制。此外,美国公司开发的自动化采煤系统采用"浅截深、多循环"的截割方式,具有自动截深控制、自动推移刮板输送机、自动移架、远程监控等功能,适用于 1.4~1.8 m 的薄煤层,在德国、法国、美国、比利时、俄罗斯、波兰、墨西哥、中国等多个国家得到推广应用。2011 年,美国 Pinnacle 煤矿创造了日产 3.243 万 t 的纪录。2012 年,波兰 Bogdanka 煤矿实现日产 2.44 万 t。近年来,国外防碰撞技术(2.4 GHz 超宽带雷达),煤机控制技术,煤流负荷匹配、高效截割等智能化技术也取得了快速发展。目前,美国和澳大利亚在开采条件好的中厚煤层实现了长工作面高速开采、装备稳定精准运行。在商业应用方面,CSIRO 同美国久益(JOY)、德国艾柯夫(Eickhoff)等公司、研发机构或采煤机供应商签署了协议,将 LASC 技术集成到对应的采煤机上,实现了快速商用化[26-28]。

近十年来,国外煤矿通过地质钻孔和掘进相结合的方式,以地质条件为载体,顶层规划自动化采煤过程,实现煤矿智能化开采。目前,国外智能开采技术以澳大利亚的 LASC 技术和美国的智能开采服务中心(intelligent mining service center,IMSC)技术为代表。

(1) LASC 技术:采用高精度光纤陀螺仪和定制的定位导航算法,应用于综采工作面设备操控,取得了三项主要成果,即采煤机三维精确定位(误差±10 cm)、工作面矫直系统(误差±50 cm)和工作面水平控制,创建了工作面自动化系统原型,同时实现了采煤机自动控制、煤流负荷平衡、巷道集中监控等,突破了煤岩识别难题,实现了采煤机准确割煤。该技术流程包括:① 通过地质勘探和巷道掘进,收集一系列相关数据建立三维工作面地质模型,通过该模型得出的煤层起伏和顶底板位置精度达到 5 cm 左右;② 对采煤机进行三维精确定位;③ 利用电液控制系统,确保工作面排列整齐并连续推进;④ 对工作面进行水平控制。澳大利亚的布尔加煤矿属于高瓦斯矿井,安全风险大,通过采用 LASC 技术,实现了长臂工作面的自动控制,矿井产量提高了 5%~25%,减少了工人暴露在高危环境的工作时间,提高了安全生产水平,稳定了煤炭产量,实现了煤炭的均衡生产。LASC 智能化开采技术的发展与应用情况如图 1-2-1 所示。

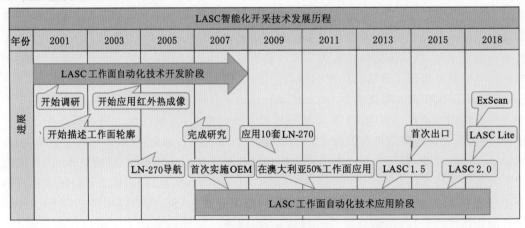

图 1-2-1　LASC 智能化开采技术发展与应用情况

(2) IMSC 技术：该技术是由美国 JOY 公司推出的适用于长壁工作面的远程智能增值产品/服务系统,该系统中的远程服务功能可以对井下设备实现实时监控,根据得到的报警、故障信息及时发送邮件或电话通知矿井工程师,以便对井下设备及时维修调整。同时,该系统还能够定期提交运行分析报告,对矿井进行有效指导,合理安排设备检修,提高了矿井运行管理水平及煤炭资源生产率。例如,位于澳大利亚布里斯班的英美资源集团股份有限公司(Anglo American PLC)在其总部设置总调度室,对所管辖的矿井实时监控,利用数据监测与分析系统,分析生产过程设备运行参数,指导矿井生产,以此提高产能,获得更高的经济效益。

此外,国外对综采工作面自动化智能化控制技术进行了多年研究和探索,在采煤机位置三维检测、支架及输送机找直、工作面网络通信等一些关键技术上取得了一系列成果,主要包括:利用陀螺仪进行采煤机位置检测、综采工作面设备工况/环境检测,采煤机通信技术,综采工作面设备健康故障分析,激光制导找直技术,综采工作面可靠性技术,等等。其中,CSIRO 利用惯性导航技术对采煤机进行三维定位,实现工作面直线度控制和水平控制。该系统被澳大利亚 2/3 的综采工作面使用或正在安装,取得了一定的成果。

目前,国外智能化综放开采技术仅应用在土耳其、孟加拉国、澳大利亚等少数几个国家且大多为国内综放技术的输出应用。如兖矿能源集团股份有限公司将综放开采技术应用于澳大利亚澳思达煤矿,并探索了基于时间控制的自动化放煤方式;郑州煤矿机械集团股份有限公司将液压支架应用于美国默里能源公司莱拉煤矿及塞内卡煤炭资源公司橡树林煤矿,实现了工作面日产原煤 1.2 万 t 以上。虽然国外在智能化综放开采领域未开展相关研究,但是自 21 世纪初至今,其以惯性导航技术、热红外线煤岩识别技术、虚拟现实技术、多传感器技术为代表的综采工作面自动化技术使综采工作面的智能化成为可能,为智能化综放开采技术的研究奠定了基础。

1.2.2　国内研究现状

我国智能化开采技术研究起步较晚,2007 年才实现了电液控制系统的国产化,但我国高新技术产业的迅速发展为实现煤矿智能化、信息化打下了深厚基础。经过 10 余年技术引进及消化,已开发出相应的成套设备(图 1-2-2),如“三机”设备的“一键”启停、液压支架的电液控制、采煤机的记忆截割等智能技术,引领了煤炭工业智能化综采方向,形成了以采煤机记忆截割、液压支架自动跟机及可视化远程监控为基础,以生产系统智能化控制为核心的监控体系,实现了对开采设备的智能控制,确保工作面生产的智能化运行,达到矿井工作面连续、安全、高效生产。表 1-2-1 所列为截至 2019 年,我国已建成智能化工作面的部分煤矿。“十三五”期间全国煤矿智能化采掘工作面达到 494 个。

图 1-2-2　国内井工煤矿智能化开采设备

表 1-2-1　我国已建成智能化工作面的部分煤矿

序号	集团名称	现有数量/个	不完全名单
1	山东能源集团	70	枣矿集团付村煤业有限公司、枣矿集团滨湖煤矿、枣矿集团七五煤业公司、枣矿集团蒋庄煤矿、淄矿集团巴彦高勒煤矿、龙矿集团望田煤业、肥矿集团陈蛮庄煤矿、肥矿集团梁宝寺煤矿、新矿集团内蒙古能源长城三矿、临矿集团菏泽煤电郭屯煤矿、肥矿集团曹庄煤矿
2	兖矿集团	18	金鸡滩煤矿、龙湾煤矿、鲍店煤矿、赵楼煤矿、贵州能化发耳煤矿、济三煤矿、东滩煤矿、大方煤业
3	陕煤化集团	14	黄陵一号煤矿、黄陵二号煤矿、双龙煤业、红柳林煤矿、柠条塔煤矿、张家峁煤矿、小保当煤矿、韩家湾煤矿
4	国家能源集团	11	上湾煤矿、锦界煤矿、大柳塔煤矿、金凤煤矿
5	中煤能源	5	门克庆煤矿、大海则煤矿
6	同煤集团	6	同忻煤矿、塔山煤矿
7	阳煤集团	10	新元煤业
8	山西焦煤	3	华晋焦煤沙曲二矿、屯兰煤矿、马兰煤矿
9	潞安集团	3	李村煤矿、司马煤业、高河能源
10	晋城无烟煤	3	寺河煤矿
11	晋能集团	1	王家岭煤业
12	中国平煤神马集团	4	十矿、四矿、六矿、平宝公司
13	冀中能源	4	东庞煤矿、章村煤矿、辛安煤矿、梧桐庄煤矿
14	开滦集团	2	钱家营煤矿
15	淮北矿业	2	杨柳煤矿
16	皖北煤电	2	恒源煤矿、智能公司
17	淮南矿业	1	张集煤矿
18	大唐煤业	1	龙王沟煤矿
19	伊泰集团	2	宝山煤矿
20	重庆能源	1	渝新南桐煤矿
21	华电煤业	2	小纪汗煤矿
22	川煤集团	2	大宝顶煤矿、龙滩煤电公司
23	徐矿集团	1	庞庄煤矿
24	华能煤业	2	大柳煤矿
25	济宁矿业集团	5	金源煤矿、安居煤矿
26	河南能源	3	耿村煤矿、车集煤矿、赵固二矿
27	铁法煤业	1	晓青煤矿
28	沈煤集团	1	盛隆公司碱场煤矿
29	兰花集团	2	唐阳煤矿
30	其他	5	王家塔煤矿、鹿洼煤矿
	合计	187	

自 2004 年以来,神华神东煤炭集团有限责任公司先后在榆家梁煤矿、大柳塔煤矿等进行了综采工作面自动化和智能化试验,并于 2008 年在榆家梁煤矿 44305 工作面应用了采煤机记忆割煤、支架跟机联动、视频监控、远程干预的综采自动化成套技术,建成了综采自动化工作面。2009 年,冀中能源峰峰集团有限公司与浙江大学合作,先后在黄沙矿、薛村矿等建立了薄煤层采煤机综采数字化无人工作面,实现了采煤机位置监测、记忆截割、状态监控等功能,试验工作面月产量达 3.67 万 t,矿井煤炭采出率提高了 4%,延长了矿井服务年限 5年。当前以黄陵矿业集团有限责任公司一号煤矿为代表的我国煤矿智能化开采技术主要指标达到了国际领先水平,首创了"可视化远程干预型远程控制,采场无人操作"的智能化生产模式,创新了"无人跟机作业,有人安全值守"的综采理念,形成了"以工作面自动控制为主,远程人工干预为辅"的智能化控制模式,打破了传统的单机装备为主、总体协调运行的研究思路,构建了相互联系、相互依存、相互制约的综采智能化系统,井下作业人数大幅度减少,生产效率得到提高,年生产能力超过 200 万 t,提升了安全效益和经济效益。

在煤矿智能化开采技术方面,主要有采煤机记忆割煤技术、液压支架电液控制技术、远程实时控制技术、视频监控技术、煤流负荷反馈采煤控制技术、煤岩监测识别技术、无延时信号中继器等。

(1) 采煤机记忆割煤技术:采煤机记忆割煤技术需要先完成一个完整循环的"示范刀"采煤过程,在此过程中作业人员根据煤层变化调整滚筒位置,传感器会自动计算滚筒的位置和角度,并记录截割参数,通过数据的收集和分析,采煤机控制系统自主决定沿煤壁割煤时的滚筒截割高度,即实现"记忆割煤"。然而在当前技术条件下,还无法完全实现自动割煤,在进入复杂地质条件时,还需要人工远程控制。

(2) 液压支架电液控制技术:该技术是实现智能化的关键技术,我国自主研发的 SAC型支架电液控制系统成功将支架控制器中的人机操作界面分离出来,同时采用 CAN 总线通信和嵌入式控制技术设计出可靠的通信网络,利用监控主机收集支架工作状态、动作数据等,同时进行数据修改、动作控制,实现对工作面设备的跟机自动控制功能。

(3) 远程实时控制技术:远程实时控制技术通过远程控制中心以及自动化网络对工作面设备实施远程操控和数据收集,将工作面内的各个子控制系统等全部整合在一起,组成一个完整的、相互依存和制约的采煤系统,通过顺槽监控中心和远程控制台实现对整个采煤系统的有效协调和管理,极大节省了工人劳动力,如图 1-2-3 所示。

(4) 视频监控技术:视频监控技术是指通过指挥中心的视频监测系统实时观察煤层倾角变化情况、设备运行情况等,即操作人员可以通过视频图像及时了解工作面情况,及时干预,避免在生产过程中出现故障。该技术有助于实现采场可视化,解决工作面内设备和人员的安全问题,通过远程干预手段可以适时调整滚筒采高,以适应煤层的起伏变化。

(5) 煤流负荷反馈采煤控制技术:我国自主研制的刮板输送机驱动采用高压变频器+高压电机+摩擦限矩器+行星减速器,配套开发了智能控制系统,可以跟随煤流负荷大小自动调节输送机速度,具备智能启动、煤量检测与智能调速、链条自动张紧控制、远程监控、功率协调等功能。依据实时检测的刮板输送机煤流分布负荷,通过变频技术控制实现了工作面采装运的自动协调运行。

(6) 煤岩监测识别技术:该技术在适当数量的支架顶梁上安装监控支架和煤壁的矿用本安型摄像仪,照射方向分别与工作面平行和垂直,通过工业以太网将视频图像实时传输到

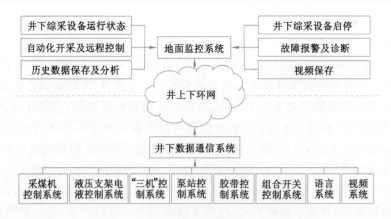

图 1-2-3　地面远程控制综采开采系统

显示器,并增加了图像处理后的煤岩分界线,为远程操作人员提供煤岩分辨监视界面,如图 1-2-4 所示。

图 1-2-4　煤岩监测识别技术示意

（7）无延时信号中继器:为确保远程遥控开采控制的实时性和可靠性,研制了适应工作面狭长的地理空间布局的液压支架电液控制系统双总线冗余网络及无延时的信号中继器。通过分析远程控制逻辑,在远程控制台内增加 CAN 转 TCP/IP 通信模块,将操作台的控制命令直接传送给地面网络交换机,通过光电转换器和井上下光纤直接给井下网络交换机进行转码传输,省去了井上和井下监控计算机对控制数据的反复处理程序,提高了地面远程控制的实时性和稳定性,时延小于 260 ms,为地面远程采煤提供了通信保障,如图 1-2-5 所示。

图 1-2-5　地面远程控制通信

我国学者对煤矿智能化开采技术进行了广泛研究,如 X. Q. Fang 等[29]分析了无线电导航、卫星定位或天文导航方法在煤矿井下应用的局限性,研制了一种采煤机惯性导航系统,设计了采煤机的自定位装置,仿真试验结果表明误差累积导致了自定位系统精度较低,据此建立了误差补偿模型,采用卡尔曼滤波算法对陀螺漂移进行了补偿。王巨光[30]分析了采煤机、液压支架、刮板输送机"三机"设备选型过程,设计并实现了采煤机位置检测、记忆截割自动调高、运行状态实时监控以及液压支架电液控制系统的自动控制,实现了翼中能源峰峰集团有限公司薛村矿薄煤层综采工作面数字化无人开采。王刚等[31]提出了沙曲矿2号薄煤层上保护层无人工作面开采的设计方案,给出了无人工作面的采煤机、液压支架、刮板输送机的配套选型方案,介绍了无人工作面自动化控制系统的网络结构及采煤工艺,实现了薄煤层工作面的自动化开采。王国法[32]介绍了综采成套装备自动化智能化无人化最新技术发展成果,探讨了综采成套装备自动化智能化无人化发展方向和技术途径。邢泽华等[33]运用弹塑性理论和有限元受力分析手段,研发了薄煤层无人工作面全自动化刨煤机与采煤机开采配套的支护设备液压支架。马洪礼等[34]开发了无人工作面智能化采煤机监控系统,实现了采煤机手动控制、自动控制、上位机远程控制3种控制模式以及相关工作参数的实时监测,并在古书院矿进行了工业性试验,结果表明该系统可提高煤矿生产的安全系数、割煤效率以及自动化程度。牛剑峰[35]分析了无人工作面视频系统的技术需求,给出了无人工作面视频系统技术方案,开发了一种以云台摄像仪为基础的工作面设备随动视频监视系统,设计了具有视频目标定位、追踪与接续和自动除尘等功能的智能本安型摄像仪。樊启高等[36]建立了基于超无线传感定位技术和惯性导航技术的"三机"系统运动学模型,研究了采煤机协同定位模型,实现了采煤机姿态的高精定位。黄曾华[37]提出了"无人操作、有人巡视"的无人化开采模式,分析了其实现的关键技术,开发了"可视化远程干预型"智能开采系统。该系统在现场的应用表明:可视化远程干预无人开采技术的经济效益和社会效益良好,为实现自适应智能化无人开采和机器人采煤提供了研究基础。

近年来,王国法等[38-43]针对煤炭智能化开采关键技术,开展了工作面支护与液压支架技术理论体系研究、安全高效开采成套技术与装备方面研究,基于此提出了智慧矿山的概念,为煤矿生产智能化的构建奠定了基础。宋振骐[44]以煤炭开采理论及技术为基础,提出了安全高效智能化开采技术构想。袁亮[45]以智能感知、智能控制、物联网、大数据云计算和人工智能等技术支撑,提出了煤炭精准开采的科学构想和关键科学问题,精准开采是准确高效的煤炭少人(无人)智能开采与灾害防控一体化的未来采矿新模式,为实现互联网+科学开采的未来少人(无人)采矿提出了技术路径。田成金[46]系统分析了智能化开采、数字化开采及无人化开采的概念。李化敏等[17]提出了煤矿采场智能岩层控制的内涵,分为开采过程中的环境及设备运行数据的感知与汇集、动态分析与状态判别、实时决策控制与反馈等关键环节,给出了采场智能岩层控制的关键科学问题。葛世荣等[47-52]分析了无人驾驶采煤机技术架构,研究了采煤机惯性导航定位动态零速修正技术和刮板输送机调直方法,构建了煤矿无人化综采工作面的关键技术架构,探讨了"互联网+采煤机"智能化关键技术及未来突破方向,并认为光纤传感器将为智能化采煤装备的关键技术突破提供借鉴。康红普等[53]围绕深地资源安全、高效开采,建立了超深长工作面智能开采成套技术体系。于斌等[54]以特厚煤层顶煤体和上覆岩层的相互作用为基础,提出了特厚煤层智能化综放开采理论和关键技术架构。另外,在刮板输送机直线度检测方面,张金尧[55]以捷联式惯性导航系统和无线传感器网络定位系统为基础,构建了采煤机-刮板输送机直线度检测模型和系统。王超[56]提出了刮板输送机直线度误差模型、补偿方法及控制方法。方新秋等[57]设计研发了光纤光栅三维曲率传感器,基于拟合递推方法进行了三维算法推导,实现了刮板输送机三维弯曲形态拟合感知与重建。

虽然我国的智能化开采起步晚,但在近几年发展迅速,诸多专家和煤炭企业把握技术发展新趋势并取得了一系列的理论、技术和成套装备等研究成果[58-75],为我国智能化综采技术发展提供了重要机遇。截至 2020 年年底,全国已建成智能化采煤工作面 494 个,其中,黄陵一号煤矿为我国智能化开采做了开创性的实践,实现了方案设计、装备研制、系统应用全过程的国产化,实现了常态化"无人操作、有人巡视"的智能化无人开采,如图 1-2-6 所示。

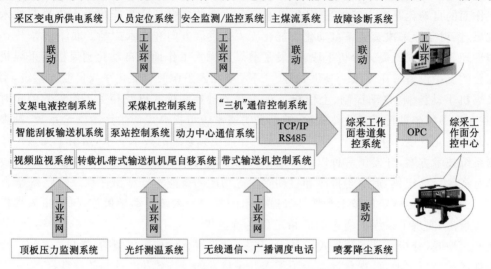

图 1-2-6 黄陵矿区中厚煤层工作面智能化控制系统组成结构

与此同时,在矿山信息化建设方面我国也相继出台了一系列政策和指导意见,提出了实现煤矿"四化"(机械化、自动化、信息化、标准化)以及"机械化换人、自动化减人"的国家战略,下决心通过现代信息化手段促进煤炭企业的转型升级,并已经取得了阶段性的成果。结合河南省新郑煤电有限责任公司(以下简称新郑煤电)智能化建设情况可知,目前新郑煤电已经基本解决了智能矿山建设中的关键技术和难点问题,在现有应用技术的基础上,应进一步提升在智能化开采方面的技术与水平、推广高度一体化管控的智能矿山建设中部分关键技术和建设经验。这不仅能为新郑煤电建设成安全、智能、绿色的一流矿井提供系统平台支持和服务,而且还可提升新郑煤电在智能矿山建设方面的示范作用。因此,有必要对"三软"煤层安全绿色智能化开采关键技术及工程应用进行研究和总结。

1.3 绿色开采研究现状

煤矿绿色开采技术包括保水开采,煤与煤层气共采,充填开采、离层注浆减沉开采、条带旺格维利采煤等部分开采、协调开采,煤巷支护及矸石不出井,煤炭地下气化,等等。绿色开采技术如图 1-3-1 所示。

智能化开采是我国煤炭工业技术革命和升级发展的必然要求,是实现煤炭安全、绿色、高效开采的核心技术。然而,大规模高强度的煤炭开采会造成一系列采动损害和生态环境问题,如地表沉陷、突水溃砂、瓦斯涌(突)出、地下水系统破坏及环境损害等[76-86],严重影响煤炭资源开采与矿区生态环境保护协调发展。生态环境低损伤、资源开采绿色化需求日益凸显。高强度开采引起的覆岩破断运动是引起采动损害与生态环境破坏的根源,控制采动

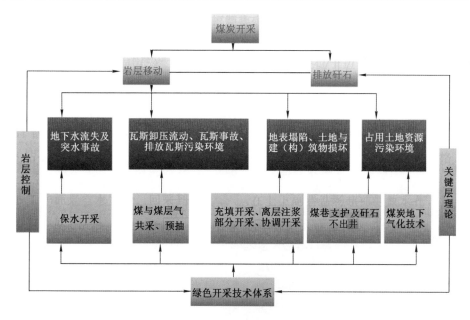

图 1-3-1　绿色开采技术

覆岩破断运动是绿色开采技术的基本手段,主要包括充填开采、覆岩离层注浆、部分开采、协调开采[87-89]。

1.3.1　充填开采技术

充填开采是解决固废资源堆积、采动覆岩破断、地表沉陷、采出率低等问题的重要途径,已成为煤矿安全、绿色开采的重要发展方向,具有巨大的经济、技术和环境优势以及广阔的前景,近年来得到了广泛应用。目前,我国充填采煤常采用固体充填、膏体充填、(超)高水充填等。

(1)固体充填开采是指将采掘及分选产生的矸石破碎后作为骨料,与粉煤灰、黄土、灰渣等辅料混合制备成充填材料放置在采空区,从而控制岩层移动以及缓解地表下沉,同时解决煤矸石排放及由此引发的土地资源占用问题,该方法已在很多矿区得到成功应用。固体充填液压支架如图 1-3-2 所示。张吉雄等[90]针对深部煤炭资源开发劣势,提出煤炭安全高效开采、煤矸智能分选、矸石充填一体化的"采选充+X"绿色开采新理念。刘建功等[91]通过深度调研分析了我国充填开采技术应用特点,提出了利用精准充填建设生态矿山与井下"采选充留"的开采思想。

(2)膏体充填开采是指将破碎煤矸石、粉煤灰、工业炉渣等固体废物加工制成浆状充填材料,通过充填泵将充填浆体输送至采空区。工作面膏体充填开采技术已经在河南、山东、河北等地进行了应用研究。孙希奎等[92]提出了条带遗留煤柱膏体充填开采回收技术,并通过确定合理的充填技术参数,实现了建筑物下安全开采,该技术在岱庄煤矿现场实践的过程中成功保护了地表建筑安全。徐斌等[93]基于充填开采顶板变形特征,提出了适用于昊源煤矿的连采连充式充填采煤技术,有效减轻了顶板沉降变形和地表沉陷。

(3)(超)高水充填开采具有充填材料流动性好、强度增长速度快、凝固速度快、充填成本低和工艺简单等优点,但其长期稳定性与地表控制效果还需进一步验证。该技术在永城

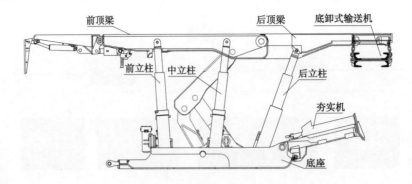

（a）六柱充填采煤液压支架结构

（b）ZZC10000/20/40 型六柱支撑式固体充填液压支架

图 1-3-2　固体充填液压支架

矿区城郊煤矿、邯郸矿区陶一煤矿等进行了应用。

1.3.2　覆岩离层注浆技术

覆岩离层注浆技术是一种整体减弱地表移动变形的注浆充填减沉开采新技术。该技术将充填材料注入离层空间来控制覆岩弯曲下沉，从而减轻地表沉陷，如图 1-3-3 所示。许家林等[94]揭示了采动覆岩卸荷膨胀累积效应及其对离层的抑制作用，并根据覆岩隔离注浆技术将注采比提高至 50%，地表减沉率提高至 80%。王志强等[95]提出覆岩离层连续一体化注浆充填技术，使注浆减沉率达到 44.6%。

1.3.3　部分开采

部分开采是通过留设部分煤柱支撑覆岩、控制地表下沉的开采方法，主要包括条带开采、旺格维利采煤法、房柱式开采等。

（1）条带开采随着充填开采以及工作面装备水平和采煤工艺的发展而逐渐淡出。由于

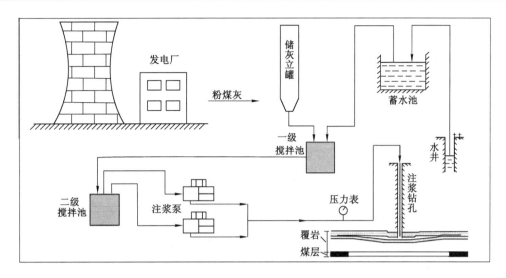

图 1-3-3　离层注浆示意

该方法效率及采出率低,常与充填开采配合使用。戴华阳等[96]提出了"采-充-留"协调开采技术。随着开采深度增加,结合煤柱受力状态,浅部普通条带开采逐渐向宽条带开采转变,并成功进行了现场应用。

(2)旺格维利采煤法具有工作面布置灵活、搬家速度快等特点,但搬家频繁又会影响矿井持续生产。在此基础上,郭文兵等[97-98]、谭毅等[99-100]结合条带开采的布置方式及断壁采煤工艺和装备提出了条带式旺格维利采煤法(图 1-3-4),研究了不同巷道布置方式的煤柱系统失稳机理,建立了煤柱稳定控制技术体系,实现了条带式旺格维利采煤法安全高效开采。

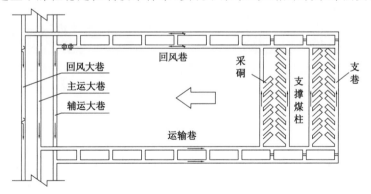

图 1-3-4　条带式旺格维利采煤法

(3)房柱式开采是在开采煤层内掘进一系列宽为 5~7 m 的煤房,煤房间用联络巷相连,形成近似长条形的煤柱,煤柱宽度由几米至十几米不等。煤柱可根据条件留下不采或在煤房采完后按一定要求部分采出,剩余的煤柱用于支撑顶板,房柱式开采布置方式如图 1-3-5 和图 1-3-6 所示。美国是世界上采用连续采煤机进行房柱式开采最早和产量最高的国家,回采率一般为 50%~60%,地表下沉系数为 0.35~0.68。

1.3.4　协调开采

协调开采是利用两个或多个相邻工作面,基于开采过程中覆岩时空演化规律,在工作面

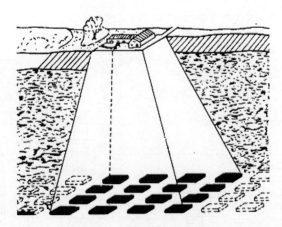

图 1-3-5　房柱式开采示意

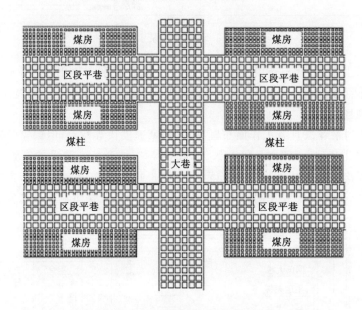

图 1-3-6　房柱式开采典型布置

向前推进时使地表抵消部分采动影响的开采方式,可分为两煤层(分层)或同一煤层多工作面协调开采、对称开采。如冀中能源峰峰集团有限公司采用 7 个工作面协调开采方法进行了建筑物下开采试验,确保了 90％以上房屋的安全使用;江西丰城矿业有限责任公司八一煤矿采用两个工作面协调开采方法进行建筑物下开采,地表无明显采动边界,有效减小了地表变形。虽然协调开采能有效降低采动影响下地表移动变形量,但会增大地表下沉速度,且增加生产管理的复杂性及难度,因此该开采方法应用范围有限。

1.4　主要研究内容

结合矿井地质采矿条件和实际生产情况,为实现绿色安全智能化开采目标,本书主要研究内容如下:

（1）研究"三软"煤层安全开采技术

结合矿井地质条件及煤层特征,分析矿井工作面开采时巷道支护技术及措施,研究总结支护及回采时巷道支护技术与措施的实施效果,为智能化矿井的安全开采提供依据。

（2）研究智能化掘进关键技术

根据矿井智能化掘进方面的相关方案及技术实施报告,研究智能化掘进设备选型,总结分析掘进方案、巷道支护技术及施工等效果,为智能化矿井的安全生产提供技术支撑。

（3）分析总结"三软"煤层智能化开采技术

基于搜集的智能化矿山建设方面的相关方案及报告,分析智能化矿井建设中的难点问题及关键技术,研究矿井实现智能化的关键技术与安全生产的关系,为智能化开采关键技术的推广提供支撑。

（4）研究采动影响下覆岩与地表运移规律

根据以往 11206 工作面地质采矿条件和地表地形特征,结合该工作面地表移动变形研究报告,总结分析井下工作面开采对覆岩与地表的破坏特征,阐明"三软"煤层开采地表运移规律,为绿色开采提供理论基础。

（5）研究总结绿色减排措施及效果

通过对清洁能源综合利用方案及技术进行总结,并结合实施效果,对矿井生产过程中的节能减排成果进行分析研究,将节能减排成果及效果与智能化开采相关联,以实现绿色智能化的目标。

1.5　研究方法与技术路线

针对新郑煤电智能化开采现状,通过对智能化掘进、工作面回采关键技术及管控系统进行总结研究,阐明岩层与地表移动规律,确定岩层与地表移动变形参数与地质采矿条件之间的关系,研究总结矿山地质环境保护与绿色开采技术,分析总结绿色节能减排技术与资源综合利用技术。总体技术路线如图 1-5-1 所示。

图 1-5-1　总体技术路线

2 "三软"煤层地质采矿条件

2.1 位置与交通

新郑煤电赵家寨煤矿位于河南省郑州矿区新密煤田东部,距离新郑市仅有 8 km,距离郑州市只有 53 km,与新密铁路、地方铁路相邻,有 107 国道、新密公路通过,交通便利(见图 2-1-1)。矿井设计生产能力为 3 Mt/a。

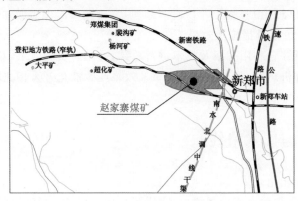

图 2-1-1　交通位置图

赵家寨煤矿北部以大隗断层为界,南部西段以欧阳寺断层为界,南部东段以新密公路为界,西部以二$_1$煤－800 m 底板等高线为界,东部以贾梁断层和二$_1$煤露头线为界。井田东西长 13.5 km,南北宽平均 3～4 km,面积为 50 km^2。

2.2 地形、地貌、气象等特征

(1)地形、地貌及气象

赵家寨矿区内为平原微丘地形,地势比较平坦,西北部沟谷发育。该区主要河流为双洎河,属淮河水系。矿区气候为大陆性半干旱气候,夏季多东南风和南风,冬季多西北风和北风。冻土深度为 100～150 mm。抗震设防烈度为 7 度。

矿区的主要自然灾害为气象灾害,降雨集中,雨量大时低洼处易形成水涝,雨量小时易造成干旱。矿区不受岩崩、滑坡、泥石流等灾害的威胁。

(2)矿区工业、农业及矿产开发概况

区内主要以农业生产为主,主产小麦、玉米、油菜等。工业主要有水泥生产,其次为小型石灰窑。

2.3 矿井地层

赵家寨井田内地层均被新生代地层覆盖,由老到新依次为寒武系上统、奥陶系中统、石炭系上统、二叠系及古近系、新近系、第四系。其中,二叠系山西组和石炭系太原组为井田主要含煤地层。其中山西组下部的二$_1$煤层为全区可采煤层,中部的二$_3$煤层、太原组底部的一$_1$煤层及上石盒子组下部的七$_4$煤层为部分可采煤层,其他煤层均为不可采或偶尔可采煤层。井田古近系、新近系为湖滨相沉积,可分为底部半固结砂砾石组和上部黏土、砂质黏土组。砂砾石组岩石浸水后易崩解;黏土、砂质黏土组中间夹有数层薄粉细砂,黏土具有压缩性中等、水稳性极差的特点,砂层易坍塌。第四系上部主要为次生黄土,其中有少量成层分布的姜结石,大孔隙发育,具垂直节理,压实程度差,透水性好,具湿陷性和轻度侵蚀现象;底部为砾石层,主要分布于西土桥—官刘庄—东郭寺一带,为古河床沉积,砾石直径50～100 mm,透水性极好,容易坍塌。

2.4 矿井地质构造

赵家寨矿区主体构造为一两翼地层产状平缓,倾角3°～15°,轴向北西西-南东东的宽缓背斜构造。井田内断裂构造发育,全区构造复杂程度为中等偏复杂。赵家寨矿井断层具体情况如表2-4-1所示。

表 2-4-1 赵家寨矿井断层具体情况

断层编号	断层名称	产 状				性质
		走向	倾向	倾角/(°)	落差/m	
F$_1$	大隗断层	近东西	北	45～65	600～1 000	正断层
F$_3$	贾梁断层	北西	北东	55～65	200～490	正断层
F$_4$	欧阳寺断层	北西	北东	38～65	40～150	正断层
F$_5$	双洎河断层	北西	北西	49～65	65～120	正断层
F$_6$	刘庄断层	北西	南西	37～70	30～75	正断层
F$_7$	东土桥断层	北西	北东	60～67	20～80	正断层
F$_8$	杜庄断层	北西	北东	33～56	7～40	正断层
F$_9$	张庄断层	北西	北东	37～60	15～50	正断层
F$_{10}$	岳庄断层	北西	北东	35～53	13～50	正断层
F$_{11}$	徐庄断层	北西	北东	44～62	11～80	正断层
F$_{12}$	官庄断层	北西	南西	50～70	5～80	正断层
F$_{13}$	官刘庄断层	北西	北东	50～65	40	正断层
F$_{14}$	宁沟断层	北西	北东	45～62	45	逆断层
F$_{15}$	温泉断层	北西	北东	35	25～70	逆断层
F$_{17}$	桃树园断层	北西	北东	70	10～50	正断层
F$_{18}$	马寨断层	北西西	北北东	29～60	7～50	正断层

14205 工作面地质构造情况如表 2-4-2 所示。

表 2-4-2　14205 工作面地质构造情况

断层名称	走向/(°)	倾向/(°)	倾角/(°)	性质	落差/m	对回采影响范围
SF_{63-2}	143	233	70	正断层	0~4	煤层起伏、打顶或打底
SF_{62-1}	296	26	70	正断层	0~8	无影响
SF_{62-2}	296	26	70	正断层	0~8	无影响
SF_{64}	119	209	70	正断层	0~60	无影响
$F_{联1}$	124	214	70	正断层	2.0	影响较小

根据实际揭露地质资料分析,14205 工作面里段位于潇沱背斜轴部附近,工作面煤层整体呈一单斜构造(207°~254° ∠0°~11°),受潇沱背斜影响,断裂构造及煤层顶、底板裂隙较为发育;工作面回采过程中将过 SF_{63-2} 正断层,同时工作面周边发育 SF_{62-1}、SF_{62-2}、SF_{64}、$F_{联1}$ 四条正断层,受断层影响,可能发育次生构造,煤层松软、顶板较破碎,同时可能出现顶板淋水、瓦斯异常等现象。

2.5　水文地质条件

赵家寨井田水文地质勘探类型为第三类第一亚类第二型,即以底板溶蚀裂隙充水为主的水文地质条件中等偏复杂的岩溶充水矿床。主要有以下含水层:

① 寒武系上统长山组($\in_3 ch$)白云质灰岩岩溶承压水含水层;

② 奥陶系马家沟组($O_2 m$)灰岩岩溶裂隙水含水层;

③ 石炭系太原组下段($C_2 tL_{1-4}$)灰岩岩溶裂隙承压水含水层;

④ 石炭系太原组上段($C_2 tL_{7-8}$)灰岩岩溶裂隙承压水含水层;

⑤ 二叠系山西组($P_1 sh$)砂岩孔隙裂隙承压水含水层;

⑥ 上、下石盒子组及上部砂岩孔隙裂隙承压水含水层;

⑦ 第四系孔隙潜水含水层。

(1) 11206 工作面水文地质情况

影响 11206 工作面正常掘进和回采的水文地质因素主要包括以下方面:

① 底板水:根据瞬变电磁物探成果资料和实际揭露地质资料,该工作面范围内无低阻异常区,但该区发育 SF_{16}、SF_{17}、SF_{19}、SF_{22}、SF_{32} 等 7 条断层。根据长观孔水位观测资料,井田内 L_{7-8} 灰岩水与 L_{1-4}＋O_2 灰岩水具有一定水力联系,这几条断层可能与 L_{1-4}＋O_2 灰岩水导通,掘进至断层附近时要防止断层出水事故发生。预计正常底板涌水量为 30 m^3/h,最大涌水量为 200 m^3/h。

② 顶板水:根据瞬变电磁物探成果和实际揭露地质资料,该工作面顶板砂岩含水层含水性较弱,虽然掘进时局部地段会出现顶板淋水、涌水现象,但涌水量不会太大,不会对掘进产生较大影响。预计正常顶板涌水量为 5 m^3/h,最大涌水量为 10 m^3/h。

③ 钻孔水:该工作面内及附近共有 6 个钻孔,具体情况如下。

7-2 钻孔:位于工作面外,距离下巷最短距离为 22 m,终孔于 L_8 灰岩,为 222 队施工,仅用强度等级为 42.5 的水泥与清水混合封孔(未加砂子),封孔质量不合格。

5-1 钻孔:位于工作面内,距离上巷最短距离为 56 m,终孔于 L_7 灰岩,为 222 队施工,仅用强度等级为 42.5 的水泥与清水混合封孔(未加砂子),封孔质量不合格。

0955 钻孔:位于工作面内,终孔于 O_2 灰岩,封孔合格。

812 钻孔:位于工作面内,距上巷最短距离为 1.5 m,终孔于 O_2 灰岩,封孔合格。

0853 钻孔:位于工作面内,终孔于 O_2 灰岩,封孔合格,上巷将揭露该钻孔。

0754 钻孔:位于工作面内,终孔于 O_2 灰岩,封孔合格,上巷将揭露该钻孔。

718 钻孔:位于工作面外,距上巷最短距离为 38.5 m,终孔于 L_8 灰岩,封孔合格。

④ 老空水:回采 11206 工作面变向点以内基本不受老空水的影响,变向点以外会受上部 31106 工作面老空水影响。回采到变向点前,在上下副巷钻场超前打放水孔,对上部采空区积水进行疏放。

(2) 14205 工作面水文地质情况

根据工作面掘进期间实际揭露情况及附近钻孔资料,该工作面顶板含水层主要有古近系、新近系砾石层和大占砂岩,底板含水层主要有 L_{7-8} 灰岩、L_{1-4} 灰岩和 O_2 灰岩,具体情况分析如下。

① 底板水:目前 L_{7-8} 灰岩水位 -301.2 m,低于工作面可采最低标高 -191 m,14205 工作面底抽巷沿 L_{7-8} 灰岩掘进期间无水;正常情况下,工作面回采不受 L_{7-8} 灰岩水影响;L_{1-4} 灰岩富水性较强,二$_1$煤距 L_{1-4} 灰岩顶法距约 62.7 m,L_{1-4} 灰岩水位标高 -142.79 m(2018 年 11 月,403 钻孔封孔时水位),巷道最低底板处承受 L_{1-4} 灰岩水压值为 1.1 MPa,利用突水系数计算公式计算突水系数为 0.018 MPa/m;二$_1$煤底板距 O_2 灰岩顶法距约 101.5 m,近三年 O_2 灰岩水位最高标高 -131.61 m,巷道最低底板处承受 O_2 灰岩水压值为 1.61 MPa,利用突水系数计算公式计算突水系数为 0.016 MPa/m。根据计算结果资料分析,正常情况下工作面不受 L_{1-4} 灰岩水、O_2 灰岩水威胁。在断层附近,垂向裂隙发育,可能成为下部灰岩水导水通道,14205 工作面附近断层已通过 14205 工作面底抽巷进行注浆加固,受断层水威胁较小。但 14205 工作面在回采期间可能会出现底板渗水,预计正常涌水量为 10 m³/h,最大涌水量为 20 m³/h。

② 岩浆岩体、陷落柱水:该区域无岩浆侵入、陷落柱,不受岩浆岩体及陷落柱水威胁。

③ 顶板水:顶板水主要为大占砂岩及古近系、新近系水,其中大占砂岩富水性较弱,对工作面生产影响较小。根据地面钻孔资料分析,基岩厚 206.91~246.7 m,导水裂缝带不波及古近系、新近系,因此 14205 工作面在回采期间受顶板水影响较小。预计正常涌水量为 20 m³/h,最大涌水量为 30 m³/h。

④ 断层水:根据三维地震、钻探及实际揭露资料,工作面内及周围发育的断层均无水,预计 14205 工作面回采过程中受断层水影响较小。

⑤ 老空水:该巷道四周无已回采过的工作面,因此不受老空水威胁。

⑥ 地表水:14205 工作面地面对应位置及附近无地表水体,因此不受地表水威胁。

⑦ 钻孔水:工作面附近共有 1 个钻孔,具体为 403 孔,位于 14205 工作面下副巷西侧,距下副巷最近距离 25 m,为 L_{1-4} 灰岩水文观测孔,全程下设套管,2018 年 11 月 27 日对该孔进行封闭,用水泥 2 t,封孔合格,因此工作面不受钻孔水威胁。

2.6 开采煤层及其顶底板特征

（1）煤层赋存情况

11206 首采面二₁煤层厚度变化较大，煤层厚度为 1.8～17.07 m，平均厚度为 6.54 m，煤层倾角为 4.0°～9.0°，平均倾角为 6.5°。该工作面开采煤层二₁煤层呈黑色，粉末状，半光亮型，煤质松软，强度较低，层理不清，故称为"松软煤层"。煤层结构简单，以瘦煤为主，低灰，低硫，硫分小于 1%，水分为 0.96%，发热量为 29.35～30.27 MJ/kg，视密度为 1.41 t/m³。由于煤层伪顶为碳质泥岩，直接顶为砂质泥岩，直接底为砂质泥岩，老底为 L₈ 灰岩，顶底板岩性偏软，故称为"三软"煤层。

14205 工作面煤层赋存情况如表 2-6-1 所示。

表 2-6-1　14205 工作面煤层情况

煤层名称	煤层厚度/m	煤层结构	煤种	煤层倾角/(°)	稳定程度
二₁煤	$\dfrac{0.8～16.3}{8.5}$	简单	贫煤	$\dfrac{0～11}{5}$	不稳定
煤层情况描述		该工作面主采二₁煤，黑色，粉末状、鳞片状，煤岩类型半光亮型，煤质松软，强度较低。根据实际揭露资料，下副巷煤厚变化较大，自下切口向外 240 m 范围二₁煤厚 0.8～3.0 m，开切眼自下切口到上切口方向 110 m 范围二₁煤厚 0.8～3.0 m，回采过程中会出现割矸现象				

煤质情况	M_{ad}/%	A_d/%	V_{daf}/%	$Q_{a,ad}$/(J/g)	FC_{ad}/%	$S_{t,ad}$/%	Y/mm	工业牌号
	0.91	14.9	13.13	30.14	94.8	0.38	0	贫煤
	该工作面煤层局部夹矸，过 SF_{63-2} 正断层及薄煤区时煤层顶板较破碎，回采时可能会增加外在灰分；受顶、底板水影响，回采时会增加外在水分，因此回采过程中要加强煤质管理							

（2）煤层顶底板情况

11206 工作面煤层顶底板情况如下。

基本顶：大占砂岩，厚度为 11.23～19.36 m，平均厚度为 16.18 m，灰色至浅灰色，中、细粒，层面富含白云母碎片及碳质薄膜，工作面内大部分直接压煤。

直接顶：砂质泥岩，厚度为 0～3.0 m，平均厚度为 1.5 m，深灰色，裂隙发育易脱落，在该区发育不稳定。

伪顶：碳质泥岩，厚度为 0～0.5 m，平均厚度为 0.35 m，灰黑色，松软，易脱落，在该区发育不稳定。

直接底：砂质泥岩，厚度为 9.8～13.36 m，平均厚度为 11.36 m，灰色、深灰色，含白云母片及植物化石，下部含黄铁矿结核并发育有 L₉ 灰岩。

老底：L₈ 灰岩，厚度为 2.21～7.23 m，平均厚度为 5.0 m，深灰色，致密坚硬，隐晶质结构，含动物化石、燧石结核，垂直裂隙发育并充填方解石脉。

14205 工作面煤层顶底板情况如表 2-6-2 所示。

表 2-6-2　14205 工作面煤层顶底板情况

类型	岩石名称	厚度/m	岩性特征
基本顶	大占砂岩	$\dfrac{11.95\sim13.44}{12.70}$	灰色、浅灰色,中、细粒,层面富含白云母碎片及碳质薄膜,工作面内大部分直接压煤
直接顶	砂质泥岩	$\dfrac{0.25\sim4.49}{2.21}$	深灰色,裂隙发育易脱落,在该区发育不稳定
伪顶	碳质泥岩	$\dfrac{0\sim0.40}{0.20}$	灰黑色,松软,易脱落,在该区发育不稳定
直接底	砂质泥岩	$\dfrac{0.35\sim8.00}{3.40}$	灰色、深灰色,含白云母片及植物化石,下部含黄铁矿结核,局部发育 L_9 灰岩
老底	$L_{7\text{-}8}$灰岩	$\dfrac{7.20\sim14.13}{9.57}$	深灰色,致密坚硬,隐晶质结构,含𧉏科类化石、燧石结核,垂向裂隙发育并充填方解石脉,局部发育有 L_8 灰岩

3 "三软"煤层智能掘进技术及装备

3.1 智能掘进技术概述

我国煤炭多以井工开采为主,井下各类巷道硐室数量庞大,因此煤炭开采过程中巷道掘进量大;巷道的快速掘进保证了煤矿稳产高产。巷道掘进是指在煤(岩)体中采用一定的破岩手段将部分岩体破碎,形成一定的空间,并对这个空间进行支护的工作。炮掘法作为巷道掘进施工的一种方法,具有适用性强、应用范围广、投资少的优点,因此在煤矿中得到广泛应用。炮掘是利用打眼爆破的方式将岩石破碎的掘进方法,主要工序为钻眼、爆破、临时支护、永久支护、出渣。虽然炮掘法优点众多,但其缺点也非常明显,如工序复杂、掘进速度慢、效率低、工人劳动强度大、对围岩稳定性影响较大等。

随着综采技术的发展,工作面推进速度加快,回采巷道年消耗数量大幅度增加,巷道快速掘进成为煤矿高效生产的重要保证。并且,随着巷道支护技术的进步及巷道布置方式的改革,煤层巷道在井巷工程中的占比越来越高。为应对上述巷道掘进发展要求,煤矿的高效掘进技术应运而生。高效掘进技术主要包括综合机械化掘进技术、连续采煤机掘进技术、掘锚一体化掘进技术三种。

3.1.1 综合机械化掘进技术

综合机械化掘进技术广泛运用于我国煤矿巷道中,主要由悬臂式掘进机、桥式转载机、可伸缩带式输送机(或刮板输送机)等一系列装备组成。我国悬臂式掘进机起源于20世纪60年代,从引进、吸收、消化,再到自主研发经历了几个阶段。20世纪80年代,我国从国外引进了两种优质类型的掘进机,这两种机型的应用和改进,在一定程度上改善了传统煤矿的机械化掘进技术模式。目前,我国研发的煤矿掘进机已经超过100台,拥有20多种不同机型,现有机型已经基本满足我国煤矿挖掘的需求。为了更加适应我国煤矿开采的特点,国内相关研究人员发明了国际领先的巷道掘进机。它的整体结构较小,改善了传统装备的重心,提升了机械的稳定性,同时该设备的破岩能力超强,能够适用于不同种类的巷道。此外,该设备使用的液压马达提升了装备的整体性能,从而对煤矿开发起到促进作用,提高了煤矿巷道掘进的效率和质量。

综合机械化掘进技术的许多工序使用机械代替人工,提高了掘进速度,但悬臂式掘进机机械化掘进作业线并不是真正意义上的综合机械化掘进技术。由于其掘进科学系统水平不高,而且机械化能力较低,悬臂式掘进机机械化掘进作业线在实际的掘进工序中,仅仅实现了截割以及运渣作业的机械化,许多掘进工序仍旧需要人工进行作业,而且这些工序比较分散,需要大量的准备时间。同时,掘、锚工序在掘进迎头有限空间交替作业,也严重影响了施工效率和作业的安全性。

3.1.2 连续采煤机掘进技术

连续采煤机掘进技术的配套设备主要有连续采煤机、锚杆钻车、梭车、铲车等(图 3-1-1),该技术适用于顶板稳定的巷道掘进或房柱式开采。煤矿巷道连续采煤机(图 3-1-2 和图 3-1-3)是一种高效的综合机械化掘进开采设备,它不仅能够实现大断面的落煤运送作业,同时还适用于多种井下矩形断面的双巷及多巷掘进工作。总的来说,连续采煤机拥有极强的采煤能力。最初我国没有能够生产这种设备的厂家,只能通过引进设备来满足煤矿巷道掘进的需求。现如今,我国有几家大型煤炭企业利用连续采煤机进行巷道掘进。其中,神东矿区使用连续采煤机创下了单日掘进接近 70 m 的超高记录,至今未被打破。

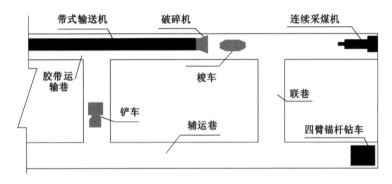

图 3-1-1 连续采煤机与锚杆钻车配套作业线路图

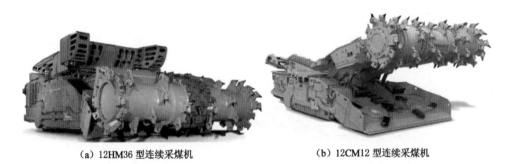

(a)12HM36 型连续采煤机　　　　　　(b)12CM12 型连续采煤机

图 3-1-2 连续采煤机的外形

就我国煤矿企业的实际开采情况而言,连续采煤机可以运用于长壁工作面双巷和多巷实现高效快速的掘进,并且比悬臂式掘进机的成本低。但是,使用连续采煤机也有一定的缺陷,连续采煤机与锚杆钻车配套作业线主要是通过连续采煤机与锚杆钻车来完成掘进工序作业的,因此当连续采煤机完成一定长度的作业之后,必须调动至另一个巷道进行作业,只有这样,锚杆钻车才能进入连续采煤机作业的巷道进行锚杆支护作业,而这样的作业方式给煤矿掘进技术带来一系列的作业问题,具体问题如下:

第一,连续采煤机与锚杆钻车在进行交叉作业时要同时挖掘两条以上的巷道,因此,连续采煤机与锚杆钻车配套作业线只能应用在双巷以及多巷的掘进工序作业中。

第二,连续采煤机与锚杆钻车在进行交叉作业时,由于转移连续采煤机的工作用时较长,大大影响了掘进工作效率。

第三,为了保证连续采煤机与锚杆钻车配套作业线开机率的经济合理性,需要保证连续

图 3-1-3　12CM30 型采锚一体机的外形

采煤机的截深以及维持巷道顶板的稳定性。由于连续采煤机与锚杆钻车配套作业线在掘进过程中需要多次调动掘进设备,因此,需要保证巷道底板的稳定安全性,也因此限制了连续采煤机与锚杆钻车配套作业线的应用范围。

第四,连续采煤机与锚杆钻车配套作业线的掘进工序复杂,系统操作烦琐,设备的投资力度大。

第五,连续采煤机与锚杆钻车配套作业线工艺系统较为烦琐,因此,对操作员工的专业程度和熟练程度要求较高,从而导致连续采煤机与锚杆钻车配套作业线应用范围受到制约。

3.1.3　掘锚一体化掘进技术

掘锚一体化掘进技术的核心装备是掘锚一体机,运输设备一般采用桥式转载机、梭车、破碎转载机等,如图 3-1-4 所示。

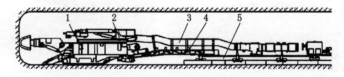

1—掘锚一体机;2—机载锚杆机;3—除尘系统;4—桥式转载机;5—带式输送机。

图 3-1-4　掘锚一体机作业配套线路图

掘锚一体化掘进技术的发展是实现巷道高效掘进的重要途径,但该技术还需进一步完善才能在我国煤矿中使用。从现场实际应用来看,掘锚一体化掘进技术在地质条件较好的地区能够达到较好的应用效果,但在许多矿井区域的施工中无法取得令人满意的施工效果。而这种问题产生的原因是掘锚机组一体化无法完全解决掘锚平行作业以及外界因素干扰的相关问题。掘锚机组一体化一般只适用于煤巷掘进,其后期的维护成本较高,设备体积庞大,不仅导致掘进工作面的安全通道面积缩减,而且在遇到底板不稳固的区域时,极易陷入其中,工作人员需要耗费大量的时间将其挖掘出。同时,掘锚机组一体化设备的调试安装周期较长,设备体积较大,在进行支护作业时,操作人员的站位受到较大的阻碍,从而威胁到操作人员的安全。

掘进机是煤矿高效掘进技术的核心装备,但掘进机手动操作视野差,断面成形质量受施工人员经验影响较大,工作效率低、危险性高、断面超挖量较大,导致煤巷掘进成本增加。为提高掘进机的自动化程度,促进煤巷掘进工作安全、高效、优质,掘进机逐渐向智能化、无人化方向发展。

巷道掘进技术经历了机械化、自动化、信息化和数字化的发展历程。自从实现机械化采矿之后,进一步实现智能化成为采矿界的不懈追求。无论是借助计算机技术发展构建的自动化采矿技术,还是利用信息技术发展的数字化采矿,以及近年来基于互联网技术建设的矿山物联网,都为智能矿山建设奠定了发展基础。

智能快速掘进技术是指采用具有感知能力、记忆能力、学习能力和决策能力的掘锚机、锚杆机、破碎转载机、带式输送机等煤巷掘进装备,以自动化控制系统为枢纽,以远程可监视为手段,实现掘进工作面巷道掘进系统"全面快速掘进,掘进、支护、运输平行作业"的安全协调高效掘进技术。智能快速掘进技术创造了掘进、支护、运输"三位一体"的快速掘进类型,实现了设备的集中控制,为掘进工作面无人化奠定了基础。智能化掘进是指掘进机器人群组设备多机协同完成巷道智能化掘进作业,智能化掘进相比自动化掘进具有自感知、自学习和自控制能力。掘进机器人群组多机协同完成掘进、护顶、锚固作业,即掘进机、临时支架、钻锚机等群组装备进行采掘—临时护顶—布网—锚固作业,实现智能化快速掘进。

智能化掘进技术的实现,离不开智能化快速掘进关键理论的发展和创新。具体内容如下。

(1)实现掘进技术的关键理论

① 智能化超前钻探感知理论。创新超远距离钻探感知地质性状与硬质煤岩控制新方法。

② 智能化掘进机操控关键方法。构建掘进机器人群组自主定向闭环控制系统。

③ 协同护顶新装备结构与控制方法。研制掘进机器人与支护装备作业协同控制系统,为掘进机器人的安全掘进与护顶协调作业控制提供技术支撑。

④ 高可靠性锚固自动化新方法。研制自动钻孔与锚护控制一体化集成装备,实现掘进巷道的顶锚杆全自动锚护。

(2)智能掘进感知技术与理论

① 基于超宽带(UWB)原理的位姿感知。通过对安装在掘进机机身上的定位节点进行超宽带测距,得到定位基站相对掘进机的空间距离。

② 双频激电法超前探测技术。基于电场激励原理控制探测电场的发射方向和范围,在指定探测区域内,根据电场同性相斥原理,对富水体及导水通道等有害地质体进行精细有效的探测预报,实现远距离的矿井巷道超前探测精准感知。

③ 基于即时定位与地图构建(SLAM)原理的巷道环境感知。利用激光雷达的SLAM技术实现掘进机器人对巷道环境的感知,建立煤矿巷道中掘进机运动学模型和激光雷达观测模型,将煤矿巷道地图构建的实际问题转换为概率数学模型的逻辑推理问题。

(3)智能临时支护与协同掘支控制

① 巷道超前围岩压力感知。基于巷道围岩控制理论和方法,通过对围岩压力、顶底板状况、支架支撑力和支架位姿等多维信息的智能感知,建立巷道围岩临时支护装备稳定性预测与控制模型,分析临时支护下相关工程参数对巷道围岩应力应变的影响规律,实现超前支架根据巷道顶板载荷变化与围岩变形智能调节支护姿态。

② 协同掘支控制方法。提出一种基于液压支护平台的异步自抗扰平衡控制方法,采用

逐高双向异步控制策略,建立自移式临时支架支撑立柱的动态响应模型,对平台四个立柱油缸的位移解耦和轨迹跟踪,最终实现支护平台平衡稳定、控制可靠。

(4)智能永久支护与自适应钻进控制

① 矿压感知与锚网优化。针对锚护网络方案的支护质量、支护成本和支护时间等评价目标,基于多目标优化进化算法,提出融入交互过程的进化算法与代理模型更新的并行框架。通过与已有静态支护质量代理模型对比,所提支护代理模型更新策略可行且能有效改善支护质量预测精度,从而优化锚护网络结构。

② 自适应钻进控制。针对当前钻锚车和掘进机交替作业耗费时间较长的问题,研发了机器人化并行作业钻锚车。相比普通钻锚车,机器人化并行作业钻锚车可在巷道掘进的过程中,快速同步完成锚网铺设-钻锚孔-装锚固剂-装锚杆的钻锚工序。

巷道掘进机智能化的目标是结合智能感知技术与自适应作业实现巷道断面自动精确成形。煤矿智能化开采是我国煤炭综采技术发展的新阶段,也是煤炭工业技术革命和升级发展的需求和必然方向。

3.1.4 智能化掘进技术体系

煤矿智能化掘进技术体系构架如图 3-1-5 所示。

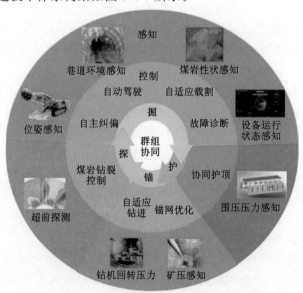

图 3-1-5 智能化掘进技术体系构架

(1)掘进机位姿检测与导航技术

掘进机现有的陀螺惯导、激光指引、全站仪测量、超宽带定位等单一导航设备和方法,很难满足强振动、高湿度等综掘巷道环境工况,因此采用多传感器测试、数据融合方法与技术,将具有不同特点的多种导航传感器、位姿检测方法进行组合,充分发挥各自特点与优势,实现掘进机高效、精确导航。组合导航技术可包括超声波和惯性导航组合、机器视觉和惯性导航组合、激光标靶和倾角传感器组合(图 3-1-6)、全站仪与惯导组合等多种方式。其中,激光标靶和倾角传感器组合导航技术系统由激光发射器、激光接收标靶、控制器组成,激光发射器安装在固定位置(此位置为基准坐标),激光接收标靶和控制器安装在设备上(设备为随动坐标)。激光发射器工作时发射十字形激光,激光接收标靶接收到十字形激光后,控制系统根据激光在标靶上的位置变化量,计算出设备的姿态参数及其与理论行走路线的偏移量,给出设备的纠偏控制参数,实现设备的定向导航。

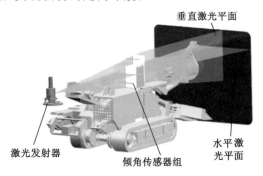

图 3-1-6 激光标靶和倾角传感器组合

(2) 自动打锚杆技术

锚杆机位姿控制技术与锚杆孔位置确定方法是自动打锚杆技术的基础。该技术首先通过巷道断面三维测量技术获取巷道断面的几何形状,建立巷道的三维数学模型,确定锚杆的钻孔位置,然后利用钻机的坐标变换与逆变换方法解算出钻机分度机构的各控制参数值,进行锚杆钻孔工作。自动打锚杆机械装置如图 3-1-7 所示。

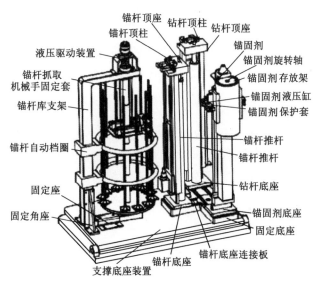

图 3-1-7 自动打锚杆机械装置

(3) 自动铺锚网技术

自动铺锚网装置安装在锚杆钻车上,与锚杆钻车配合使用,可完成顶板和侧帮锚网的铺装工作。操作人员将锚网挂在铺网底座上,通过油缸旋转、钢丝绳提升等动作,将锚网送至指定位置,完成铺网工作,工作过程如图 3-1-8 所示。

(4) 掘进巷道三维建模与成形质量监测技术

该技术通过在掘进设备上安装三维激光扫描系统对掘进巷道进行快速扫描测量,获取

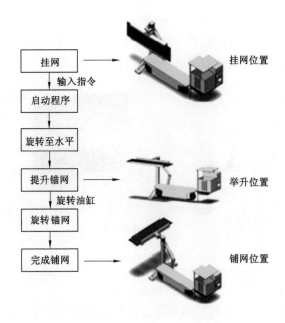

图 3-1-8　自动铺锚网工作过程

巷道断面的点云数据,通过对点云数据的融合处理,以及重采集、图像拼接匹配算法,构建掘进巷道三维精确模型,实现对巷道成形质量的精确监测。

(5)掘进机远程集中监控技术

该技术通过对智能化掘进装备与地质、巷道空间信息等多源信息的融合,实现掘进工作面全息感知与场景再现;通过井下远程监控操作台向连续采煤机发送控制指令进行远程控制,实现地面分控中心对掘进机远程集中监控。

(6)掘进成套装备协同控制

掘进成套装备协同控制采用超声波和激光组合测距传感器,实现对掘进工作面各设备间相对位置的宽泛与精确测量,利用超声波测量范围广的特性确定关联设备的空间相对运动模式,利用激光测距精度高的特性确定关联设备的精确位置,应用人员识别传感器对非工作区域的人员进行感知,根据各种设备的操作工艺规程与参数编制成套装备连锁与协同控制程序,实现掘进成套装备的协同控制。

3.1.5　智能化掘进技术难题

目前智能化掘进采用的设备主要是掘锚护一体机,设备尺寸较大且笨重,主要在新疆、内蒙古一带的煤层顶底板赋存条件较为稳定的煤田使用,华北地区大部分将掘进机和锚护机分开使用,工序复杂。赵家寨煤矿处于新密煤田东部,属于"三软"煤层,掘进和锚护设备对巷道宽度要求较高,支护难度大。

技术难点主要有:① 受"三软"煤层巷道宽度限制,巷道同时使用掘进机和锚护机交替作业困难,影响施工进度;② "三软"煤层掘进后支护不及时迎头顶煤易冒落,影响安全生产;③ 远程操作信息传输方式不统一,有电话、电铃、载波等通信方式,信息传递杂乱,易造成误判。

3.2 智能掘进装备及要求

掘进装备的智能化是实现智能掘进的根本途径。因此根据矿井实际情况提出智能掘进装备总要求：通过掘进机远程监控系统（图3-2-1）、无线通信系统、远程操作系统，实现就地操作、无线遥控操作、井下远程（采用光纤传输）可视化操作、地面远程可视化操作四种操作模式；遥控、远程控制响应时间不小于300 ms；采用激光、雷达扫描或惯性导航等技术实现精确定位或三维定位；采用倾角、摆角等姿态传感器实现姿态感知；具备随机视频图像采集功能；具备第三方协同控制接口；具备定位切割功能，能够接入千兆及以上工业环网；能够在地面、井下设置集控中心；具备井上下可视化通信功能；掘进工作面实现人员精准定位，并对掘进机联动闭锁控制；具备设备及生产工况数据采集、分析、预警或决策功能；支持移动终端展示；具备云端接入功能；具备设备故障诊断与信息推送功能。图3-2-2为掘进机工作状态。

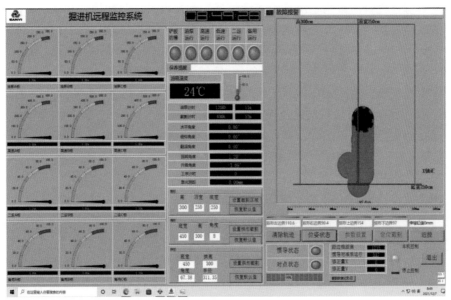

图 3-2-1 掘进机远程监控系统

3.2.1 技术要求

智能掘进装备的技术要求主要有以下几方面。

（1）远程遥控系统

① 掘锚机智能控制系统配置无线遥控、井下远程操作平台和地面远程遥控平台各1套。

② 在正常工作时，掘进机司机在远程遥控平台值守，对掘进机的自主掘进进行配置和人工干预；在进行设备维修或特殊情况下，司机携带无线遥控器，近距离控制掘进机。远程遥控平台可安装于井下专用硐室、卡车或者地面监控中心，在必要时实施人工远程遥控干预，实现对掘进机的远程智能遥控。

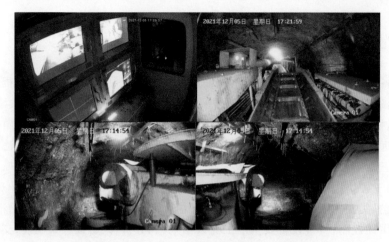

图 3-2-2 掘进机工作状态

③ 配备掘锚机自动截割系统近距离无线遥控和远程遥控两种控制功能。

④ 该系统要实现锚杆部无线遥控,掘进主机部无线遥控及远程遥控自动截割控制。

⑤ 本地、无线、井下远程、地面远控四种操作方式均应具备改造后掘进机所有的功能操作,均可对掘进机进行独立控制,并相互闭锁,能够实现一键紧急停机。

⑥ 实现掘进机自动截割功能,结合多参数传感器数据采集,掘进机自动控制截割臂的回转与液压缸升降,自动截割出符合设计要求的规整断面。

⑦ 遥控器应同时具备无线及远程操作能力,无线操作时无线通信距离不得小于100 m,遥控器应能实现所有本地操作的功能,电池应能方便拆卸。

(2)视频监控系统

① 视频监控系统应采用智能型高清晰低照度防爆型摄像仪,能够适应于截割现场粉尘、喷雾等恶劣环境。摄像仪数量不少于6个,能够对截割断面、掘进机运行情况、二运运行及落煤情况等进行全面监控。

② 视频监控系统优先使用光纤或通信缆线进行单独传输,如需与控制系统一并采用无线传输,则必须保证监测数据及控制指令的优先传输,不得因视频传输影响实际监控及操作。

③ 掘进机使用无线通信,无线基站能够实现自组网,方便现场布置及挪移。

④ 随机摄像仪必须具备内置语音对讲功能,内置的红外灯可以在低照度或者全黑的环境下进行补光且抗震、防潮,同时含除尘装置,以便于煤矿井下使用。

(3)掘进机位姿控制

为了实现掘锚机的自动掘进作业,该系统实时监测掘进机的位置和姿态。利用激光扫描仪实现掘进机的位姿测量,并在软件中实时显示掘进机的各种姿态和运行轨迹。掘进机机身位姿参数主要包括水平偏角、俯仰角、横滚角、水平偏距、车前距等。

(4)掘进机工况监控及自诊断

① 通过掘进机远程控制软件结合激光扫描仪、传感器等硬件,实现掘进机的自主截割功能,并能在复杂现场环境中,掘进机发生位移的情况下,及时补偿和纠偏,确保掘进机始终沿着预先设定好的截割路径行走作业。

② 实现掘进机的摆速自适应功能,根据截割电机负载、掘进机振动频谱、液压系统压力等,自适应控制截割臂摆速和滚筒转速。

③ 实现掘进机的工况监控,掘进机安装电压、电流、温度、压力、流量、加速度等传感器,实时监测掘进机工况参数,当数据超过门限值时发出声光报警,以上参数需在电脑控制界面显示。

④ 远程控制中心能够实现对掘进机主要运行参数(掘进机操作台及电控箱实时显示的状态及数据)、故障状态的远程监测,具备地面远程控制、监测及视频显示功能,并预留外置显示接口。

(5)配套设备要求

① 井下操作台及配套主机等设备应为防爆设备,具有煤矿安全标志,井上操作台及配套主机等设备为不防爆设备,且井上下电脑主机配置应不低于主流配置,视频监控系统显示器1台,掘进机控制软件显示器1台(显示掘进机运行状态,带式输送机、水泵、除尘风机等设备的运行状态,相关设备运行界面采用动态动画显示),视频保存时间不小于20 d,可通过本安型蓝牙鼠标实现井上下控制操作、视频回放、拷贝等功能,并配备网络交换机,接入矿井下网络,实现与地面控制中心实时通信,地面控制中心配备控制操作台1套及其他附属工具器材,确保方便使用。

② 采用比例多路防爆电磁阀,对掘进机原有液控系统进行改造,使之具备本地、无线、井下远程、地面远控操作等功能。电磁阀的更换应参照原有阀组流量特性等参数,改造后不得影响液压系统整体性能。对操作台进行必要的改造或更换,以满足实际安装及操作需要。

(6)数据采集

① 掘进机机身安装高清网络摄像仪,实时采集工作现场关键视角的视频图像信息,通过无线网络传输到远端监控中心的两台电脑上,一台实时显示工作面现场情况,一台显示远程遥控自动截割系统。

② 软件主界面主要功能有:a.截割头轨迹模拟显示;b.掘进机位姿模拟显示;c.机车车体参数配置;d.巷道断面参数设置;e.遥控控制动作提示;f.机车工作参数显示;g.计划任务配置和提示;h.截割进尺提示和统计;i.掘进机三维模拟动画显示。

③ 车体参数配置为:a.为了实现掘进机器人的自动掘进作业,需要实时监测掘进机的位置和姿态。掘进机机身位姿参数主要包括水平偏角、俯仰角、横滚角、水平偏距、车前距等。b.机车位姿检测需要预知车体结构参数和传感器安装位置,从而能够计算车体位姿参数并在截割过程中机身位姿变化时进行自动补偿。

④ 位姿检测功能有:a.多角度显示掘进机姿态;b.实时显示各油缸位移;c.实时显示截割头位置;d.实时显示截割头路径坐标;e.显示掘进机各个动作模拟动画。

⑤ 自动截割功能有:a.根据截割断面尺寸和形状自动计算截割路径;b.实时显示本循环历史截割轨迹;c.实时显示当前截割头位置;d.一键截割完成后,可实现自动扫帮功能。

⑥ 故障报警功能有:a.实时显示当前报警参数;b.显示历史报警参数;c.报警查询;d.报警信息提示。

⑦ 截割深度功能有:a.实时显示截割深度;b.实时统计截割深度;c.实时动画显示截割头切割煤壁深度;d.截割深度清零。

⑧ 保养提示功能有:a.设置维修计划;b.维修计划周期提醒;c.维修信息提醒;d.剩余

时间提醒。

⑨ 动作提示功能有：a. 实时提示当前掘进机动作；b. 实时提示掘进机当前状态；c. 截割深度统计；d. 基准值归零；e. 累计值归零；f. 实时显示掘进机截割深度。

⑩ 参数监测功能有：a. 实时显示母线电压；b. 实时显示截割电流；c. 实时显示油泵电流；d. 仪表显示或者数值显示；e. 显示数值可以进行配置。

（7）其他要求

① 各安装部件均应做好防护，防止被煤矸砸坏。

② 所有部件的刷漆颜色需满足要求。

3.2.2 其他要求

（1）掘进机须具备整机煤安标志，设备整机及涉及煤安标志及防爆的零部件交货时均必须有"MA"标志和"MA"标志使用证书及防爆合格证，符合国家煤安标志产品的相关要求。

（2）设备设计、制造、验收、安装等要符合国家、机械行业有关标准和规定。

（3）须使用技术成熟、先进、质量稳定、保护齐全且安全可靠的产品，各项技术性能参数应不低于技术参数表中规定范围。

（4）整机液压元件及主要液压元件选用国内国际知名品牌。

（5）液压冷却装置采取板翘式冷却装置。

（6）液压系统冲击小，管路连接可靠，无泄漏；液压系统简单，各类管路布置合理，便于检修维护。

（7）整机采用模块式结构，拆卸方便，便于解体、运输、安装，最大不可解体件高度不大于 1.8 m，长度不大于 4.5 m，宽度不大于 1.4 m。

（8）整机自带瓦斯断电仪，当发生故障、瓦斯超限时，断电仪能够自动断开整机电源。

（9）一次停机后（履带位置不动），可通过纵移滑座移动进行两排锚固作业。

（10）各部件材质和性能要求适应井下恶劣条件，耐磨损、寿命长。装备对巷道顶板、侧帮均能实现锚固作业。

3.3 智能掘进工艺与方案

3.3.1 掘进方案

由于井下地质条件复杂，巷道顶板处存在多处破碎区，传统掘进方案中采用的掘进机一次掘进成形方式会产生大量的碎石，需要不断停机清理，巷道掘进效率低下。智能化掘进结合井下巷道的实际情况，优化截割路径。掘进机选择智能化悬臂式掘进机，具有截齿密实、单轴抗压强度高的特点，在进刀时选择煤岩结合处，先截割煤炭再截割岩层，提高截割稳定性，掘进机在不同地质条件下的掘进截割路径如图 3-3-1 所示。因地制宜，采用最佳的掘进机截割路径，能够有效地提升巷道掘进作业的稳定性，避免出现大范围的碎石垮落，可缩短停机清理时间，有效提升巷道掘进效率和安全性。图 3-3-2 展示了掘进机工作现场仿真模拟。

3.3.2 施工方案

传统施工方案中，在井下综采工作面安装顶部锚杆和帮部锚杆、维护掘进设备及延长跟

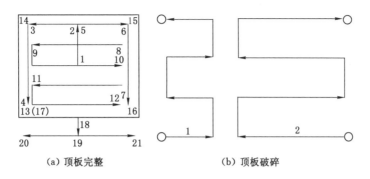

(a) 顶板完整　　　　　　　(b) 顶板破碎

图 3-3-1　掘进机在不同地质条件下截割路径示意

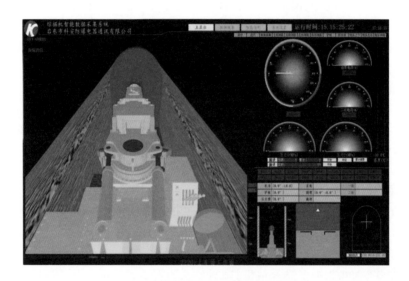

图 3-3-2　掘进机工作现场仿真模拟

机电缆等均是串行作业,虽然在一定程度上能减少综掘面同时工作的人员数量,但严重减缓了井下综掘作业的进度。因此,在对掘进工序及作业流程进行科学分析后对相关工序进行合并,实现了多工序的平行作业,提升了井下巷道掘进速度,多工序平行作业如图 3-3-3 所示。

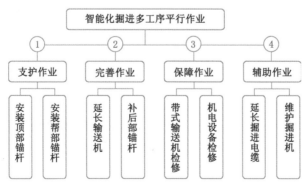

图 3-3-3　多工序平行作业

3.3.3 支护技术

(1) 支护顺序

锚杆(索)支护:综掘机切割(爆破落煤矸)→安全检查(顶板、瓦斯、探头位置等)→敲帮问顶→临时支护→上网连网及安装钢带→施工锚杆孔→安装锚杆→施工锚索孔→安装锚索→收尾整理工程。

支架支护:综掘机切割(爆破落煤矸)→安全检查(顶板、瓦斯、探头位置等)→敲帮问顶→临时支护→上网连网→上梁→立腿→上卡缆、螺丝→收尾整理工程。

(2) 临时支护

① 全锚网临时支护:掘进面用掘进机切割成形后,将顶网铺上与永久支护相连,然后用液压支柱支撑已铺好的网,上钢带、打设锚杆。帮顶完好时使用 2 根单体柱对顶板进行临时支护即可,出现局部片帮时可以使用 4 根单体柱(2 根支护顶板,另外 2 根对片帮处进行临时支护)。单体柱顶网过程中不得直接顶在编织网上,需配合专用柱帽(木板或椽子)使用,并配备防倒绳。

② U 型钢架棚临时支护:前探梁安装在巷道中线向左、向右偏 1 000 mm±300 mm,方向为顺巷;挂钩位置为前面一个在迎头向外数第二棚梁上,后面两个依次隔棚使用,临时支护跟迎头;临时支护必须用木楔背牢背实,以保证临时支护的稳定性。施工时必须严格执行先上梁后立腿的施工工艺。

(3) 锚杆(索)支护

① 打锚杆(索)眼

a. 要认真敲帮问顶,及时用长柄工具找到危岩,确认安全后方可进行工作,打眼时站在临时支护下作业,必须安排专人进行观察。

b. 打眼前,要根据设计及巷道围岩定好眼位,不符合要求时,必须处理。

c. 使用 MQT-130/3.1 型锚索钻机打眼,钻头直径为 28 mm。使用时要先送风、后送水,停止时要先停水、后停风。

d. 钻孔与岩层节理尽量垂直,夹角不小于 75°。打完眼后,负坡度钻孔必须用吹风管把眼内的积水、岩粉清理干净。

② 安装锚杆(索)挂网

a. 装树脂药卷前,先用锚杆(索)插入孔内试探孔深,看孔深是否符合要求,孔深不够时应重新打眼,达到要求为止。

b. 安装锚杆时,先把树脂药卷按规定的数量装入眼内,每根锚杆使用 2 卷 2350 型锚固剂,快速、中速配合使用,最里端一卷为快速,帮部锚杆可采用 1 卷 K2370 型锚固剂。随后插入锚杆,顶紧药卷慢慢送入孔底,安好搅拌器启动钻机使之旋转,搅拌 20~35 s,停钻,卸下钻机,等待 480 s 后方可进行紧固。锚杆的托板要紧贴岩壁,如煤(岩)壁不平时,先用手镐找平,再安装。

c. 安装锚索时,先把树脂药卷按规定的数量装入眼内,每根锚索使用 3 卷锚固剂,快速、中速配合使用,最里端 1 卷为快速。随后插入锚索,顶紧药卷慢慢送入孔底,安好搅拌器启动钻机使之旋转,搅拌 20~35 s,停钻,卸下钻机,等待 480 s 后方可安装托盘并张拉。

(4) U 型钢支护

① 巷道断面截割或爆破成形后,严格执行敲帮问顶制度,校核巷道尺寸。

② 上梁时,先将连好的网铺在 U 型钢梁上;采用机载上梁器将棚梁缓缓升起至指定位置,松掉前探梁卡子,人员站在永久支护下托起前探梁前移,使用木楔将棚梁固定好,之后将上梁器伸缩臂收回,按设计要求打楔子。

③ 立柱腿,上卡缆及拉杆,并将卡缆螺母扭矩拧紧至设计扭矩。

3.3.4 其他技术

（1）顶煤冒落防治技术

为解决智能掘进顶煤冒落、安全性较差的问题,研制了可伸缩滑行式锚护装备。该装备由钻架组件、滑移组件和调节组件组成。将该装备安装在掘进机上,在巷道掘进落煤后,滑移组件及时伸出,通过调节组件调整角度,并由钻架组件及时锚护顶板,能有效防治"三软"煤层的顶煤冒落等问题,具有调节性能好、锚护效率高等优点。

（2）智能掘进信息传输

为解决智能掘进远程操作信息传递杂乱、容易造成误判的问题,提出了一种基于 CAD 测绘地图的多系统融合通信系统。该系统有定位系统、地图管理服务器和地图展示模块等,可以在地图管理服务器中上传 CAD 测绘地图,并将 CAD 测绘地图转换为矢量图形数据,同时还可以将接收终端设备信息和巷道距离数据进行平面坐标转换,并将处理结果通过地图展示模块展示出来,实现在一张图上进行多系统联动,确保了厚煤层智能掘进远程通信全覆盖。

4 "三软"煤层智能化放顶煤开采技术与装备

实现煤矿智能化开采的前提是构建透明工作面,在推进煤炭精准开采智能化建设中,地质条件透明化及动态信息平台搭建是保障煤炭精准开采实时可视、可预和可控的关键。透明工作面创建技术基于常规地质勘探,以地质雷达、电磁波 CT 等精细工程物探成果和巷道激光扫描数据为基础构建初始三维静态地质模型,以煤岩识别及巡检机器人实时监测等数据实时修正、多源异构信息数据的反演及多场地耦合为指导形成动态地质模型,融合设备位姿和环境状态等实时数据形成动态透明工作面。

4.1 工作面智能开采技术概述

4.1.1 工作面"三机"单个自动化

由于长壁开采工作面由采煤机、刮板输送机和液压支架三种主要设备组成,因此长壁开采的自动化可以分成两个部分:每台设备的"自动化"和长壁开采系统的"自动化"(即三种设备相互通信,在煤炭开采中自动操作)。理想情况下,在一个全自动长壁采矿作业中,长壁工作面在水平方向上要保持三条直线,即煤壁、溜槽和液压支架各自保持一条直线,在垂直方向上煤层顶板和底板也要光滑平直,此时系统将自动在运输巷和回风巷之间来回运行割煤,不需要人为干预。然而,实际中的顶板/煤层和底板/煤层接触面很少是均匀光滑的,而且这三条线(煤壁、溜槽、液压支架)在一个较宽的工作面中很难保持理想的直线。因此,要使这三种设备在煤炭开采过程中自动控制割煤和运煤,需要一个漫长的学习过程。这种类型的"自动化"是走向"完全自动化"的里程碑。因此,工作面智能化开采首先是"三机"单个自动化,即液压支架自动化、采煤机自动化和刮板输送机自动化。

(1)液压支架自动化

液压支架自动化包括单架支架控制自动化和从几架支架到整个工作面的成组支架控制自动化。液压支架的循环运动是线性的和简单的三个动作,即通过设置可以实现降架、向前推移一个截深距离、升架等动作,通过推移千斤顶可以拉动液压支架和推移刮板输送机一个截深距离。根据现在的工作面宽度,工作面通常有 150~270 架液压支架,需要按照一定的顺序进行移动。因此,液压支架是工作面"三机"中最容易实现自动化的设备,这也是液压支架自动化是工作面"三机"自动化中开始最早、最成熟的原因。

单架液压支架的自动化通过在液压阀上增加一个先导阀和一个电磁阀来控制每个循环的功能,只要轻触一个按钮,液压支架推进循环的三个独立步骤就依次自动执行,而当只有手动液压阀可用时,每个循环步骤都需要一个按钮。这种电液控制液压支架比只有液压阀的液压支架更快更安全。安装在每个液压支架上的控制器(如 PMC-R 或 RS20S)实际上是一台计算机。一个工作面上众多的液压支架控制器形成一个网络,通过编程菜单,液压支架由最初的单架控制扩展到整个工作面液压支架都能够有序精准运行。电液控制液压支架于1984年首次安装在美国 Loveridge 煤矿(现为莫农加利亚县煤矿)。这是一个在世界采煤历史上具有里程碑意义的事件,因为当时 IBM 的个人电脑刚刚进入市场,所以它说明采矿行业是最早在生产操作中使用计算机的行业之一。为了安全起见,通常采用邻架操作方式,电液控制液压支架可以单独操作,也可以成组操作3~8架,然后才扩展到整个工作面。

在1984年首次使用时,电液控制液压支架存在许多问题,其中主要问题是不适应地下环境(湿气、污垢和灰尘)和电缆故障,损坏很快,需要经常更换,因此,原始设备制造商努力解决这些问题。到1990年左右,电液控制液压支架已经变得非常可靠,并得到业界的充分认可。

为防止采煤机割煤后空顶距离过大、时间过长,液压支架在采煤机通过后需要立即完成降架—移架—支撑—推移刮板输送机等一系列动作,通常情况下花费时间较长。而随着电牵引采煤机割煤能力不断提高,采煤机的割煤速度大大增加,液压支架的移架速度则成为制约工作面生产能力的瓶颈。一套成熟的可浮动的成组控制电液系统有效地解决了该问题。该系统可以对工作面支架任意编组,进行成组控制,只需要2~3个按钮就可以实现采煤机更快地割煤,从而实现更高效、更安全的生产。具体来说,① 支架循环时间从大于40 s(手动)减少到6~12 s;② 初撑力自动保持的功能保证了工作面内所有液压支架都能够按照要求达到设定值,实现整个工作面上均匀加载;③ 减少了支架工的数量。目前,已经开发了许多用于保证该系统正常运行、诊断和纠正错误信息的计算机程序,从而使液压支架自动控制变得更加成熟。图 4-1-1 为 14205 工作面液压支架工作状态参数图。

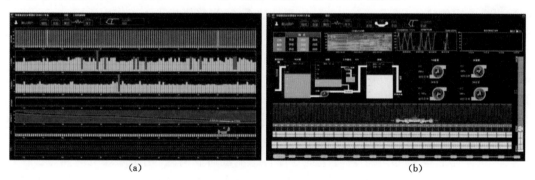

(a)　　　　　　　　　　　　　　　　　　(b)

图 4-1-1　14205 工作面液压支架工作状态参数

(2) 采煤机自动化

采煤机自动化是工作面"三机"中最困难的部分,因为它有许多组件,它们执行不同的交互任务,这些任务涵盖了人工智能的所有能力,如视觉、听觉和感觉等。

自动采煤机可以在不需要人工干预的情况下采煤。为了使采煤机能够代替人类完成这些任务,采煤机必须具备人类用来完成这些任务的视觉、听觉和感觉能力。对于采煤机来说,这种能力就是电子"传感器"。采煤机有许多执行不同功能的部件,每个部件需要一个或多个不同类型的传感器来完成其分配的任务。作为一个整体的采煤机,需要知道它在工作面中的位置,以及行进的方向和速度(或加速和减速);对于滚筒,需要知道它相对顶板煤岩交界面和底板煤岩交界面的高度以及采煤机位置;对于挡煤板,需要知道它在工作面的位置。这些信息必须能够实时显示在屏幕上。

用于监测采煤机位置、行走速度和方向的传感器有红外线传感器、陀螺仪或旋转编码器。红外线传感器包括红外线发射器和接收器。另外,倾斜仪用于监测采煤机的俯仰、侧倾和偏航位置。倾斜仪还用于监测滚筒(和截齿)摇臂的高度。采煤机在任何时刻的姿态都可以通过在三个相互垂直的方向上的运动来确定。在长壁工作面自动化开采中,"俯仰""侧倾"和"偏航"分别表示采煤机在工作面推进方向和工作面(面宽)方向上的倾斜,以及工作面(面宽)方向上的起伏(偏离直线)。一个陀螺仪可以同时进行这三种测量,如此可避免每个动作都需要一个单独的倾斜仪来监测,减少了传感器的个数。由于传感器的质量(分辨率和可靠性)在过去几十年中有了很大的提高,采煤机各部件和整体的自动化水平都有了很大的提高。因此,传感器控制变得更加精确,使得自动化达到更高的水平和成熟度。

采煤机自动化始于1978年(模拟信号)和1984年(数字信号)的无线电遥控。1986年引入"记忆割煤"技术,该技术有很多版本,最流行的一种是采煤机割煤过程中保持割煤高度不变。在这个版本中,在训练过程中前滚筒由采煤机司机引导,而后滚筒割底煤过程中始终与前滚筒之间保持着固定高度,该固定高度即割煤高度。采煤训练过程中的滚筒高度、摇臂倾角和采煤机位置等数据被记录下来。这些数据被储存,以便在没有人工干预的情况下进行后续的采煤机割煤,只要采煤机保持在煤层内或在预期的范围内。采煤过程中形成的煤壁切割剖面被显示出来。这种采煤机自动化需要摇臂倾斜传感器和采煤机位置传感器,还需要机载中央计算机来处理所采集的数据。当时的技术并不可靠,需要经常进行重复训练。针对采煤机的定位问题,在20世纪80年代中期开发了红外线传感器,该方法通过沿着工作面布置的支架号来识别采煤机的位置,但不能够对采煤机进行精确的自动化控制。为了提高采煤机的定位精度,开发了牵引链轮串联计数系统,当采煤机沿着工作面运行时该系统可以更加精准地进行定位探测。所有的现代化采煤机都同时配备了这两种系统。

近年来,"记忆割煤"技术有了很大的进步,采煤机切割断面的顶板和底板的轮廓能够控制和绘制得更精确,甚至可以随时更改切割轮廓。然而,由于地质条件的变化,在生产的顶板和底板剖面中有许多细微的震动。底板不平整不仅造成设备运行问题,而且给自动化带来困难。由此可见,对于煤层底板的控制超越了以顶板控制为核心的传统思维。设计者认为的理想状态为工作面各设备能够在平滑的底板上正常工作。

1989年年底至1990年年初,γ射线煤厚传感器被研制出来,用于采煤机的调高。在该自动化系统中,采煤机配备γ射线煤厚传感器,通过煤厚测量进行煤岩界面探测,采煤机机身位姿和摇臂高度采用倾斜仪测量,数据采集的间隔距离为0.6 m。由于所有传感器和仪表体积庞大,分辨率低,且γ射线煤厚传感器仅适用于页岩顶板,因此,该系统未得到业界的广泛认可,也未开展大规模的应用。

采煤机自动化的进一步发展需要开发更精密的传感器,以取代旧的传感器,从而更精确地控制采煤机,如采煤机机身的俯仰和侧倾传感器、摇臂的编码器和采煤机位置的旋转编码器等。其他方面包括端头操作和独立组件的自动化,如摇臂、挡煤板、破碎机、运输和喷雾除尘装置等。目前采煤机已有对应的软件可独立控制截割部、挡煤板、牵引部、摇臂等部件。因此,在采煤机不出煤层的情况下,其可以自动运行一整天。然而,采煤机仍然需要1~2名司机进行训练作业,并在新的训练作业时不断进行评估。

采煤机自动化最新的发展是采用俯仰转向传感器,通过该传感器可以定位割底板的采煤机滚筒,使其在随后的刮板输送机推进时转动到一个特定的俯仰角度,以保证底板平整。随着工作面变宽,工作面调直变得更加重要。如果工作面弯曲,采煤机割煤的位置会同步发生变形扭曲,自动化将会变得不可靠。

在手持无线电控制器方面,开发了一种内置加速度计的无线移动监控系统,用于检测操作工人的三种运动事件:停止不动、跌倒和突然碰撞。各子系统之间的通信及运输巷内的网关端计算机与地面控制站之间的通信已升级为光纤为主,以太网为辅的通信方式。

综上所述,通过使用各种高质量的传感器,自动采煤机能够通过编程实现整个采煤工作面的全自动顺序切割,包括端头往返。采煤机司机可以使用图形规划器创建初始切割轮廓和开采高度。采煤机自动复制剖面,直到条件发生变化。

(3) 刮板输送机自动化

由于刮板输送机本身是固定的,并且依靠液压支架移动,所以不需要自动化。因此,刮板输送机的自动化集中在驱动电机上,如保证链条的平稳运行、软启动、负荷分配、过载保护、最佳链速控制和链条张力控制等。

刮板输送机驱动系统需要静态和动态的功率储备去解决高负荷启动和松弛链的问题。20世纪80年代,由于链条尺寸和强度较小,刮板输送机经常发生突然过载,导致链条断裂或驱动电机烧毁。为此,1992年刮板输送机采用了软启动技术,解决了大负荷启动问题,保证了驱动电机之间的负载共享,避免了机头驱动架链条松弛。当突然过载时,刮板输送机将停止,以释放压力并快速重启离合器。近年来,变频调速技术的应用,使输送机在过载时速度减慢。

链条预紧力可通过机尾传动架液压油缸的伸缩自动调整到工作状态,其中有两个自动化的链条张紧系统。在一个系统中,基本电气系统由两个主要部件组成:油缸中的液压传感器和活塞位移传感器。这两个部件均连接到电液控制器PMC-R上,该控制器位于链条张紧器液压系统附近的尾部驱动装置上,根据可张紧驱动框架的设计,通过一个或多个液压张紧器油缸调节链条预紧力。控制单元是一个专用的液压支架控制器,连接到顺槽计算机。在另一个系统中,安装在尾部驱动链轮附近的非接触式负载传感器间接测量链条张力,系统可自动调整链条张力。链条张力控制在代表最小和最大链条松弛的两个关键值之间,以气缸中的压力或活塞行程(位移)表示。当输送机在满载状态下运行时,链条松弛度最大;当输送机在空载状态下运行时,压力会降至最低。当刮板输送机首次安装在工作面时,气缸压力分别根据三种现场生产工况进行校准,并将这三种压力作为链条张紧操作和调整的标准。或者使用气缸行程或位移来校准空载和满载的两个极限值,以进行位移控制。正常生产操作过程中,需要对气缸内的压力进行监控,使链条保持在最佳松弛链状态。自动链条张紧系统尝试在所有可能的负载条件下设置最佳链条张紧度,从而减少磨损,延长链条使用寿命,优化电机的电流消耗。

4.1.2 工作面智能开采关键技术

工作面智能开采的实现依赖于透明工作面和透明矿井的构建。对于复杂地质条件矿井,其复杂的地质条件限制了煤炭智能化开采的进程。为解决这一难题,有关学者基于精确大地坐标的透明工作面自适应采煤,研究了透明化工作面构建技术、动态修正技术、5G和设备与地质模型的耦合技术,并构建了TGIS管控平台,基本实现了复杂地质条件下透明化工作面采煤机的自适应截割。并按不同的地质结构、采掘阶段,以梯级构建模式建立了多层次、高精度地质模型,为复杂条件下的煤炭智能开采提供高精度地质保障。与此同时,为进一步提高三维地质模型精度,融入回采探测数据、煤岩数据及采煤机割煤轨迹数据,构建多层次、递进式的修正算法,提升了工作面煤层三维模型局部精度,形成了基于多源异构数据及多属性数据融合算法的透明工作面多属性动态建模技术。研究成果为绿色智能开采提供了坚实保障。

因此,结合工作面"三机"单个自动化的发展,基于透明矿井及透明工作面的构建技术,工作面智能开采关键技术主要包括煤岩界面识别技术、智能控制技术、设备定位与定姿技术、煤矿机器人技术、无线通信技术、大数据分析处理技术等。

(1)煤岩界面识别技术

煤岩识别是实现采煤机滚筒智能调高的关键技术,可靠的煤岩识别系统在提高煤炭开采质量、减轻设备磨损、保障工作人员生命安全、降低财产损失等方面具有突出的优点。煤岩界面的预先、精准识别技术是实现综采工作面智能化、无人化开采的关键技术之一。

近些年,众多学者对煤岩界面识别展开一系列研究,包括 γ 射线法、红外热成像法、探地雷达法、图像监测法、声学探测法、记忆截割法和多传感信息融合技术等。针对工作面环境复杂、工况恶劣、难以获得清晰煤岩图像的问题,有关学者构建了一种可表征全局先验信息的煤岩图像分割模型,实现了像素级别的煤岩区域划分。有关学者使用频率为 5.3~8.8 GHz 的无线电脉冲雷达技术对薄煤层的煤岩分界面进行探测,测量精度误差小于 20 mm。为了进一步提高煤岩界面识别精度,有关学者分析了开采过程中采煤机截齿在 4 种磨损状态下截割不同比例煤岩产生的电流、声发射及红外闪温信号的差异性,并构建信号样本数据库,优化求解其模糊隶属度函数。

为实现煤岩界面的高精度识别,确定煤岩界面的空间位置,应进一步研究煤岩界面实时识别的机理与方法,如可通过超宽带(UWB)雷达和图像识别相融合的方式,并结合多传感信息融合技术。煤岩界面识别可为采煤机智能调高和透明工作面信息修正提供依据。

(2)智能控制技术

智能控制技术是指基于智能化开采系统及煤岩界面识别技术,建立透明工作面的自适应智能开采控制模型,实现工作面采煤机自适应的智能调高、俯采与仰采控制、伪斜和直线度控制,工作面刮板输送机自适应智能调斜、自动调直控制及液压支架自动跟机、调直控制,从而实现"三机"智能控制,如图 4-1-2 所示。

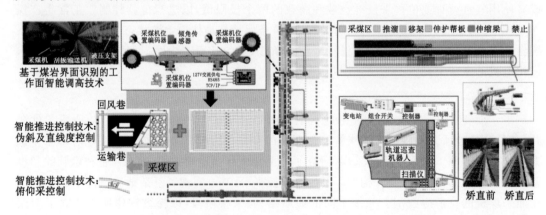

图 4-1-2 "三机"控制系统

通过 LASC 系统与采煤机、电液控制系统数据通信,获得采煤机当前空间位置坐标。根据顶底板高度、煤岩界面信息,利用安装在采煤机机身上的高精度轴编码器和倾角传感器,测量左右摇臂与采煤机机身之间的夹角及采煤机割煤时的运行速度和轨迹。当工作面割一刀煤后,导航系统结合煤层倾角为采煤机下一刀卧底调整,从而得到采煤机的运行轨迹曲线。采煤机控制系统将采煤机的位姿参数、截割参数储存,结合导航服务器,将数据提供给采煤机调高控制器,使采煤机下一刀形成自适应调高切割。采用智能传感器判定工作面仰俯采状态,主控平台与工作面地测信息相结合,计算出合适的工作面推进角度,控制采煤机卧底量,实现工作面的仰俯采(倾角)控制,如图 4-1-3 所示。

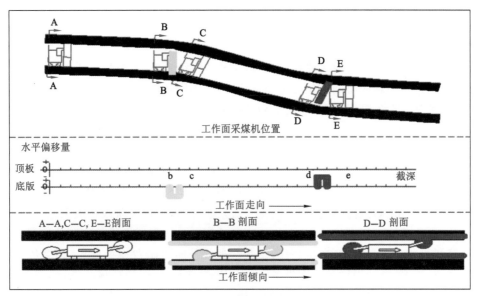

(a) 采煤机智能调高

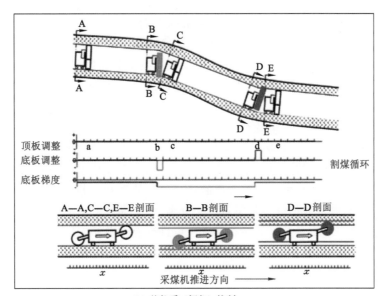

(b) 俯仰采(倾角)控制

图 4-1-3 智能控制技术

液压支架控制器通过支架电液控制系统接收采煤机控制数据后,结合支架之间的传感器、红外线接收器等传感元件,识别相邻支架位置关系,实现工作面液压支架群的直线度控制。同时,通过高精度推移油缸行程传感器、控制器、红外线扫描仪以及巡检机器人,对刮板输送机的直线度进行控制与检测,采用惯性导航技术对刮板输送机直线度检测,计算出偏差值,利用智能控制系统实现推移刮板输送机,消除偏差,使工作面刮板输送机实现自动找直。

(3) 设备定位与定姿技术

目前,煤层赋存条件较好的矿区已实现综采工作面采煤机记忆截割、自适应调高、自适应牵引控制、液压支架配合采煤机斜切进刀自动跟机移架、刮板输送机变频协同控制等,基于 LASC 技术与采煤机电液控制系统的通信构架实现了采煤机三维空间位置的精确定位及工作面直线度智能控制。

井下采煤机基于基站发射无线电信号,以 UWB 测距为主,各类传感器、惯性导航、轴编码器和激光雷达等为辅的协同定位与定姿方法,针对不同环境温度、不同介质条件提高定位精度的纠偏算法,最终构建协同定位平台,实现矿井设备的精确定位、定姿,如图 4-1-4 所示。

(4) 煤矿机器人技术

矿井煤机装备机器人化是无人开采的发展趋势。按照《煤矿机器人重点研发目录》,聚焦关键岗位、危险岗位,重点研发应用"采-掘-运-控-救"5 类 38 种煤矿机器人。国内外学者针对井下探测、巡检、防碰撞、救援等方面做了大量研究,并取得了阶段性成果。

机器人巡检系统包括巡检小车、巡检轨道及控制部分。机器人搭载测距传感器、避障传感器,保障煤机装备行为规则、避免碰撞;搭载红外线及防尘暗双视摄像头、环境传感器、拾音器和寻线传感器,自动识别工作面设备温度和声音、装备位姿和环境状态,实现全方位实时监视设备自动运行情况和工作面遇到的隐患。巡检机器人原理如图 4-1-5 所示。

(5) 无线通信技术

设计抗多径干扰算法,搭建简单而高效的高速以太环网,在工作面、巷道安装无线基站,开发融合 Wi-Fi、4G/5G、ZigBee、UWB 一体化无线网络装置,构建井下高带宽、高密度、低功耗的稳定可靠的无线网络平台,以保证井下无线网络覆盖和数据移动传输的需求,实现工作面视频无线传输、装备无线遥控、人员感知定位、大容量传感数据无线接入。

(6) 大数据分析处理技术

智能工作面的构建需要大量的数据信息支撑,如图 4-1-6 所示。通过对大数据进行分类、管理,以及数字孪生、5G、工业互联网等信息技术的融合应用,实现多层次、多场源、多方位、多时态、多源异构信息的实时共享和动态反馈。创建工作面开采设备的效能优化模型,构建井下环境、设备、人员和生产相关方面的安全评价体系和分析处置方法,建立大数据采集分析处理平台,对海量数据进行采集、挖掘、分类、统一储存和管理,实现数据互联互通无障碍、信息实时共享,从而对开采效能和安全决策进行有效分析,实时进行工作面开采效能和安全风险分析评价,指导智能控制系统的运行,实现效率的优化。

4.1.3 工作面智能开采技术难题

目前国内采煤工作面智能化回采移架操作工序通常为降架(前后立柱同时)、收伸缩梁、移架、升架(前后立柱同时)、伸伸缩梁。由于赵家寨煤矿煤层属于"三软"煤层,顶、帮、底均

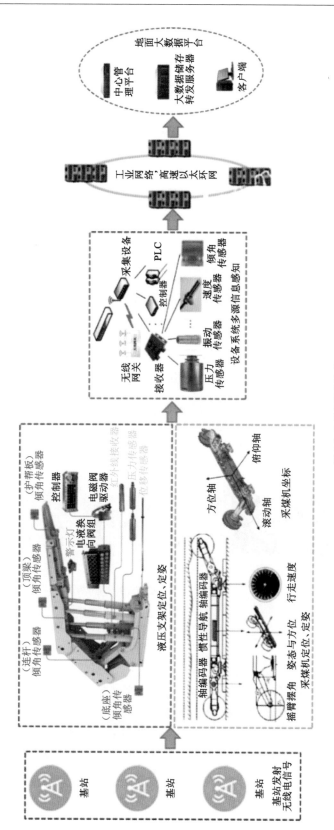

图 4-1-4 设备定位技术

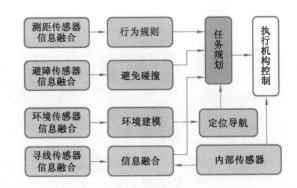

图 4-1-5　巡检机器人原理

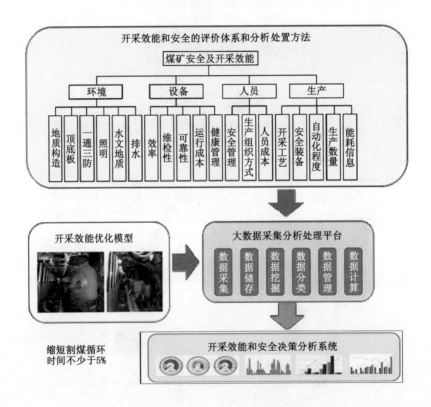

图 4-1-6　大数据分析处理技术

软,用正常的方式移架很容易产生片帮、顶煤冒落、支架栽头等问题,从而制约生产。

　　支架移架技术难点主要有:① 前后柱同时降架后移架,降架程序尚未执行完毕就发生顶煤冒落;② 移架前执行降柱收伸缩梁程序,收伸缩梁程序未执行完就发生煤壁冒落;③ 移架后执行升架程序,由于顶煤较为松软,支架后顶部较空,程序执行过程中前柱初撑力达到设定值停止上升,后柱由于支撑力达不到程序要求一直上升,发生支架栽头,前倾后仰,影响正常推进;④ 由于工作面装备多,且生产厂家不一,控制系统多,融合度差,开启时需要一一远程开启等,远程操作困难。

4.2 工作面信息集成与控制总体方案

4.2.1 控制系统类型

从目前采用的信息集成与控制的技术来看,常见的控制系统主要有集中式控制系统和分层分布式处理系统以及网络控制系统。

4.2.1.1 集中式控制系统

集中式控制系统,其各种功能,如数据采集、数据处理、人机通信等均采用集中控制的方式完成。这里既包括逻辑上的集中,同时也含有物理上的集中。集中式控制系统通过数据采集系统对工作面设备生产过程的参数进行采集、处理、分析计算,并将结果用于生产设备的自动化运行、操作、监督和报警。该系统通常只设置 1 台或 2 台监控计算机,对整个工作面设备进行集中监视、控制,系统如图 4-2-1 所示。

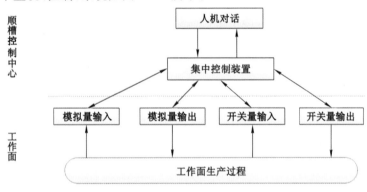

图 4-2-1　集中控制系统

由于工作面生产中所有信息都要输送到计算机进行处理,所有操作、控制命令都由计算机发出,所以集中式控制系统存在以下缺点:

(1)所检测的物理量需要通过信号电缆从现场引进控制室,且这些电缆传送的大多数是非电量的物理信号或者微弱的电信号,抗干扰能力差、误差大、电缆成本高、安装维护不方便。

(2)由于数据采集、控制、图形画面显示等所有工作都由一台计算机完成,CPU 主板负荷重,可靠性要求高,一旦 CPU 主板出现错误,将导致整个系统瘫痪。由于采用总线式接口,一旦出现故障,则整个系统不能正常工作。

(3)工程化水平低,大多数系统由研制单位作为研究成果提供,不能保证质量,系统无开放性,系统可扩展性和可维护性差。

4.2.1.2 分层分布式处理系统

分层分布式处理系统是集成控制系统中采用较多的控制方式,如图 4-2-2 所示。它以控制对象分散为主要特征,即以采煤机、前部输送机、后部输送机等控制对象为单元设置多套相应的装置,构成工作面生产设备控制单元,完成控制对象的数据采集和处理、主要设备的控制和调节,并通过网络完成各装备的数据通信功能。

与集中式控制系统相比,分层分布式处理系统有以下优点:

(1)采集控制站就地安装在设备现场,测量点到采集控制站之间的距离很短,采集控制

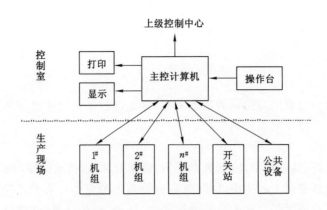

图 4-2-2　分层分布式处理系统

站到顺槽控制中心采用数字通信,故抗干扰能力强、误差小、电缆成本低、安装维护方便。

（2）各采集控制站功能独立,即使某一采集控制站失效,也只影响局部功能,故障范围不会扩大。另外,在控制室的监控操作站退出运行时,各采集控制站仍然能够继续工作。

（3）系统采用模块结构,系统规模可以根据用户的要求灵活组态,系统操作画面、操作方式由用户自己定义。

（4）软件、硬件技术成熟。商品化的硬件和监控软件的质量有可循的标准和开放性,服务质量有保证。

（5）系统可靠性高。

4.2.1.3　网络控制系统

网络控制系统是通过网络形成的反馈控制系统。在网络控制系统中,被控制对象与控制器以及控制器与驱动器之间是通过一个公共的网络平台连接的。它是一种空间分布式系统,通过网络将分布于不同地理位置的传感器、执行机构和控制器连接起来,形成闭环的一种全分布式实时反馈控制系统。该系统具有信息资源共享、易于扩展、连接线少、效率高、易于维护、性能可靠等优点。其典型结构如图 4-2-3 所示。

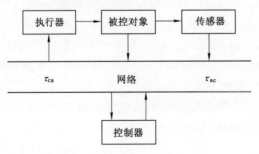

图 4-2-3　典型网络控制系统结构

网络控制系统是近年来发展并得到广泛采用的一种工业控制系统。这种新系统是围绕应用软件接口标准、网络通信接口标准和用户操作接口标准,遵循国际组织电气电子工程师协会（IEEE）、国际标准化组织（ISO）、国际电工委员会（IEC）等的有关标准组成的一个开放式的网络。根据分布控制对象而设置的现地控制单元（LCU）,也按标准通用规约接入网络。这样形成的系统,除了具有上述模式的优点外,最大的特点是具有全开放性,系统扩展、升级更新都非常方便,其应用软件可以在新设备、新环境下运行,最大限度地维护了用户的利益,实现了应用软件的移植。

4.2.2 系统整体方案设计

现代综采工作面的生产过程日趋复杂,生产设备的规模不断扩大,所要求的自动化水平也越来越高。在生产过程中,需要对大量的现场数据进行分析与决策,并进行过程控制,以实现对生产过程的协调和优化。如前文所述,集中控制系统存在一些缺点,而分层分布式处理系统具有可靠性高、便于修改扩充、实时性好、配置灵活、开发周期短和组态方便等优点,因此本书中系统采用分层分布式处理系统构建工作面控制系统的主体结构。

放顶煤技术作为煤矿生产的一种特殊开采工艺,开采设备涵盖了采煤机、前部输送机、放顶煤液压支架、后部输送机、乳化液泵站、智能组合开关等。实现顶煤下放自动化控制的前提是利用先进的检测技术和方法实现放煤过程的煤矸识别和故障信息检测。准确可靠的煤矸识别及故障信息检测能够保证工作面放煤自动化系统稳定可靠运行。

在集中控制系统中,一切控制指令都由控制中心统一、独立发出,因此系统的整体协调性高。但是,集中控制方式对下层控制器没有充分利用,控制中心的处理能力有限,极易导致系统反应迟钝,且软件通常直接与硬件设备进行数据交换,系统控制功能比较集中,硬件和软件也比较集中,通用性差,现场各 I/O 接口直接与控制中心相连,控制中心的负荷较大,开放性较差。如果控制中心出现故障,整个系统将崩溃。集中控制系统总体结构如图 4-2-4 所示。

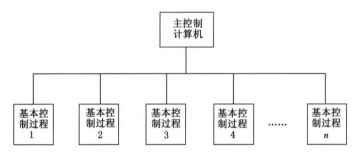

图 4-2-4 集中控制系统总体结构

综采工作面"三机"之间的配合实时性要求很高,各设备之间的信息联系十分紧密,设备协调统一工作是提高生产效率的必要条件。工作面内的地质条件非常复杂,大型设备繁多,干扰较强,设备易出现故障,操作不当也极易引起伤亡事故,造成人员和财产损失。

在综采工作面控制系统中,应利用多台控制器分别控制工作面设备的多个控制回路,但这些控制器必须可以集中获取数据、管理和控制。控制系统采用微处理器控制各个回路,各控制回路之间和上下级之间通过高速数据通信总线进行信息交互,因此可以实现数据获取、集中优化、数字控制、现场人机交互和监督管理等功能。

在综采工作面控制系统中,按照控制系统各自的特点,把微处理器直接安装在传感器或者执行机构附近,将控制功能尽可能分散,管理功能可相对集中,也可以进行现场就近管理。在分散控制的同时,分布式控制系统把可靠性也进行了分散,这极大地改善了控制系统的可靠性,不会因主控制器的故障而使整个系统失去控制。在控制中心发生故障时,现场控制器仍能独立控制各控制回路,个别控制回路出现故障时也不会引起全局失控,且可以在线更换,迅速排除故障,对系统的整体影响较小。此外,系统中各分控制器所承担的任务比较单一,可以针对某一特定功能设计专用控制器以及软硬件结构,从而提高分控制器的可靠性。系统通过通信总线将各现场控制站串联并传送信息,整个系统可共享信息,控制中心优化控制各现场控制站,并统一协调工作,完成系统的主体功能。控制中心和各现场控制站的控制算法可以不相同,可以具有自己独立的控制算法,也可方便、随意地在任意控制器中加入所需的特殊控制算法,不会影响其余控制器的运行。与多级控制系统相比,分层分布式处理系统在结构上更加灵活、布局更加合理且成本更低,可以方便、快速地构建所需的控制系统。

随着计算机和通信技术的迅速发展,分散控制系统将向着多元化、开放化和集成化方向发展,从而使得不同型号的分散控制系统可以方便互连,数据交换无障碍,并可将分散控制系统和上级网络相连,构成更大的控制系统,极大地提高综采工作面的综合自动化水平,可以方便地将其余控制模块接入控制系统,提高综采工作面控制的集成化水平。

实现综采工作面放煤过程的自动化控制,需要利用高性能高可靠性的可编程控制器、防爆计算机、电液控制阀、检测传感器等实现放煤过程中煤矸混放的信息检测与识别,控制中心通过对电液控制阀的控制实现对放顶煤支架尾梁和放煤插板的控制,同时通过井下防爆变频器实现对后部刮板输送机的变频调节,放煤后液压支架直线拉移后部刮板输送机。

图 4-2-5 所示为综采放顶煤工作面自动化的总体结构设计,该设计涵盖了"三软"煤层综采放顶煤工作面开采的采煤和放煤两大部分。

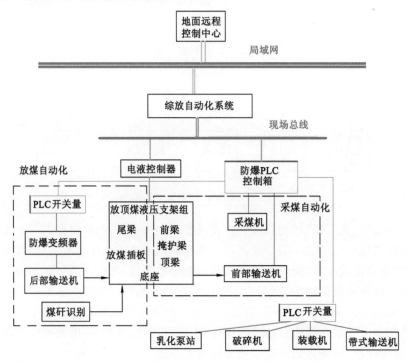

图 4-2-5　综采放顶煤工作面自动化的总体结构设计

由图 4-2-5 可以看出,该设计分为采煤自动化和放煤自动化两部分,并揭示了采煤自动化和放煤自动化的关系和相互作用。图中右边虚框内为采煤自动化部分,涵盖了采煤机、前部输送机以及液压支架的前梁、顶梁、掩护梁等控制。左边虚框内为放煤自动化部分,涵盖了放煤过程煤矸识别、后部输送机以及液压支架的尾梁、放煤插板等控制。综放自动化系统包括采煤自动化、放煤自动化及运输、泵站、组合开关等辅助设备控制。综放自动化系统通过 CAN 及 PROFIBUS 总线的通信方式与两个子系统通信联络。

控制装置选用 KXJ-660 型矿用隔爆兼本安型 PLC 控制箱,工作面监控装置采用另一台 KXJ-660 型矿用隔爆兼本安型 PLC 控制箱,顺槽控制中心采用两台 KJD127 型防爆计算机,工作面通信联络系统采用 KTL115 型泄露通信系统,通信协议采用 PROFIBUS 总线与 MODBUS 通信。系统现场实现如图 4-2-6 所示。

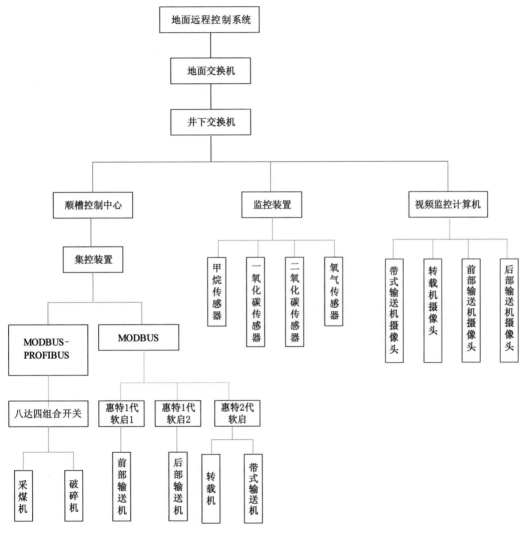

图 4-2-6 系统现场实现

4.2.3 复合网络通信协议设计

4.2.3.1 设计总体说明

整个工作面自动化系统集成的主干采用基于 TCP/IP 的工业以太网通信方式,传输平台为工业以太网和总线结构混合的传输平台。

该系统理论结合实践,在总结采煤机、刮板输送机、液压支架等控制技术及通信技术的基础上,利用先进控制技术、自动检测技术及工业以太网技术、现场总线技术、MODBUS 通信技术、CAN 总线通信技术、RS485 总线技术等的复合网络协议技术等建立多机协同闭锁控制模型,实现计算机仿真与实验室模拟,实现工作面作业中的综合信息采集、多机设备协同控制的无人值守自动化,实现放顶煤工作面生产过程的综合无人值守自动化的控制和工作面环境状况在线检测。研究采用计算机仿真、实验室模拟、现场试验的方案路线,采用先进的自动控制技术、现代传感及复合网络通信技术、安全防爆技术及工业现场总线等多项先进技术,突破煤炭行业工作面自动化控制的多项关键技术,实现了放顶煤工作面自动化的带式输送机、破碎机、转载机、刮板输送机、采煤机与煤仓等的多机联锁与闭锁等协同控制。

系统由工作面实时控制部分、顺槽控制中心(数据接口转换器、防爆计算机、光纤交换机)和远程监控中心(数据库服务器、地面监控计算机、光纤交换机)三部分组成,可实现工作面的联动采煤,实时显示井下各采煤设备的动作流程、压力、行程、采煤机位置和方向信号。井下和井上的数据采用标准的 TCP/IP 协议,利用光纤进行传输,服务器客户端采用开放式 OPC 技术进行数据存取。液压支架电液控制系统、刮板输送机控制系统等布置在工作面,数据接口转换器、光纤交换机、顺槽控制中心计算机及其他采煤设备布置在顺槽,远程监控中心布置在地面。

综采自动化系统的主要功能是将工作面主要生产设备的相关信息及时传输到顺槽和地面,并通过计算机网络实现共享,达到生产管理网络信息化;实现综采工作面生产过程自动化,以减轻劳动强度、提高生产效率;实现对工作面主要生产设备工况的实时在线监测,及时发现故障隐患,及时采取措施避免设备损坏,提高设备正常开机率。

(1)实现工作面生产过程的自动化

综采自动化系统由顺槽控制中心计算机实现工作面采煤设备的集中控制、自动化运行及自动控制各设备顺序开机、停机和闭锁。启动顺序为"带式输送机→破碎机→转载机→刮板输送机→采煤机",停机顺序为"采煤机→刮板输送机→转载机→破碎机→带式输送机",工作面设备闭锁根据煤流方向自动实现。

(2)在线监测工作面状态

在线监测功能是为了控制功能的实现,为控制功能提供参数依据。综采自动化系统可实现对工作面各设备运行状态、运行工况、设备故障诊断等信息的连续在线实时监测,系统对各个生产设备的监测情况如下。

① 在线监测并显示主要生产设备的工作状态

在线监测主要生产设备的工作电流、电压、负荷等,包括采煤机、刮板输送机、转载机、破碎机、带式输送机和泵站系统。

采煤机:对采煤机进行监测的信息为位置、方向、速度信息,采煤机总电压、电流、负荷,各个电机的电压、电流、负荷、温度、保护信息及过载信息等。

刮板输送机、转载机、破碎机、带式输送机:对刮板输送机、转载机、破碎机、带式输送机进行监测的信息为各个电机的电压、电流、负荷及运行时间,对带式输送机还要根据现场需要进行工作状态监测。

② 在线监测工作面环境状况

在线监测工作面的瓦斯浓度、温度和一氧化碳浓度,回风巷的瓦斯浓度、温度和风速,随时监测工作面的环境条件,一旦出现异常情况能够及时发现并采取有效处理措施,及时消除安全隐患。

地面计算机监控系统(集成主机)通过井下监控中心实现对采煤机、液压支架、组合开关箱和扩音电话的实时数据采集,并将采集到的参数信息通过光纤交换机传输到地面监控中心,使地面人员能够及时掌握井下设备的工作状况,以便对异常情况做出快速、正确的决策。

4.2.3.2 网络传输平台建设

自动化系统的网络分为感控层、传输层和应用层。感控层采用非主从式控制,实现工作面数据采集和各设备的自动控制。传输层采用 CAN 现场总线结构进行数据传输。应用层采用 OPC 技术,该层是一个开放式的非独占通信协议平台,可以使系统随意加接多个监测监控终端,并为今后组建多工作面甚至多矿井的大型综合监控中心奠定基础,降低组网成本。图 4-2-7 是自动化系统的网络架构。

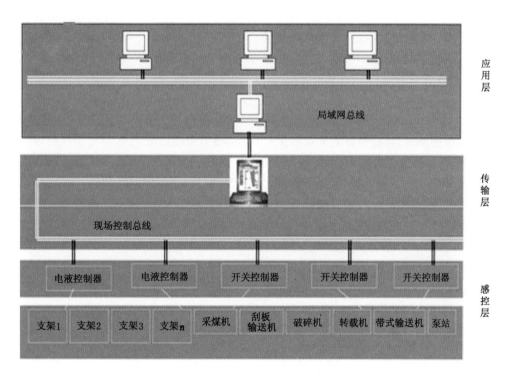

图 4-2-7 自动化系统的网络架构

(1)应用层

系统利用 100 M 以太网接口,通过 Web 信息数据发布服务器将整个系统的数据发布到矿局域网上,为生产管理者提供真实、翔实、实时的监测数据,使生产管理人员能够就地获得工作面的相关信息。信息监测的相关管理部门利用矿局域网上的计算机对工作面的信息进行实时监视和历史数据查询、分析等,对工作面生产进行管理。信息查询只要用浏览器即可,输入相应的 IP 地址或 Web 地址,便于生产管理者不在矿的时候掌握工作面的状况。

（2）传输层

传输层采用顺槽控制中心计算机，向上与地面监控计算机相连，向下与感控层设备相连。该层主要为顺槽控制中心计算机与地面监控计算机及工作面各种控制器之间提供接口，采用 TCP/IP 协议与地面监控计算机交换数据，采用 CAN 总线与工作面各种控制器交换数据。现场设备层采用 PROFIBUS 总线及 MODBUS 通信协议实现底层设备的连接，通过标准的 OPC 协议保证整个系统无缝连接。

（3）感控层

感控层是综采自动化系统的关键层，该层主要由控制器、电磁阀驱动器、防爆电源、电源适配器、隔离耦合器及各种传感器组成，传感器采集各种数据，控制器自动实现各种动作。综采自动化系统将 CAN 现场总线技术引入煤矿设备控制系统中，将井下顺槽控制中心计算机与现场各控制设备相连，构成现场总线监控网络，实现采煤过程的自动控制。

4.2.3.3　工业以太网通信

基于 TCP/IP 协议的以太网采用国际主流标准，协议开放，容易互连且具有可操作性，可提供良好的技术支持，具有很好的发展前景。

采用工业以太网具有以下优点：

（1）应用广泛

以太网是目前应用最为广泛的计算机网络技术。几乎所有的编程语言都支持以太网的应用开发，如 Java，Visual C++ 及 Visual Basic 等。这些编程语言由于使用广泛，并受到软件开发商的高度重视，具有很好的发展前景。因此，如果采用以太网作为现场总线，可以保证有多种开发工具、开发环境供选择。

（2）成本低廉

以太网的应用最为广泛，受到硬件开发商与生产厂商的高度重视与广泛支持，有多种硬件产品供用户选择。而且由于应用广泛，硬件价格也相对低廉。目前以太网网卡的价格只有 PROFIBUS、FF 等现场总线的十分之一，并且随着集成电路技术的发展，其价格还会进一步下降。

（3）速率高

传统以太网的信息传输速率为 10 Mb/s，快速以太网的信息传输速率为 100 Mb/s，相关机构正在研发 10 Gb/s 的以太网。以太网的信息传输速率比目前的现场总线快得多，另外，以太网可以满足对带宽的更高要求。

（4）软件资源丰富

以太网已应用多年，人们在以太网的设计、应用等方面有很多的经验，其技术也十分成熟。大量的软件资源和设计经验可以显著降低系统的开发和培训费用，从而可以显著降低系统的整体成本，并大大加快系统的开发和推广速度。

（5）可持续发展潜力大

以太网的广泛应用，使它的发展一直受到广泛的重视并吸引了大量的技术投入。当今时代，信息瞬息万变，企业的生存与发展在很大程度上依赖于通信管理网络，信息技术与通信技术的快速发展将为以太网技术持续发展提供保证。

（6）易于与 Internet 连接，能构建办公自动化网络

以太网可以与工业控制网络的信息无缝集成。在传统的工业控制网络体系结构中，企

业网络不同层次应用不同类型的网络,各层次之间需要安装网关对数据进行转换。如今的控制网络中,以太网已经成为企业层和控制层的主要网络技术。同时,控制器、PLC 和分散控制系统厂商已经开始提供以太网接口,这使得整个网络的瓶颈效应集中在应用现场总线的设备层上。

通过以上分析可以看到,以太网在技术、速度和价格等方面都具有其他网络无可比拟的优势,随着以太网性能的提高和解决以太网实时性问题的技术不断推出,以太网应用于工业现场将是工业控制领域的必然选择。

4.2.3.4 PROFIBUS 通信

PROFIBUS 是一种不依赖设备生产商的国际化、开放式的现场总线标准,是用于现场设备层或工厂自动化车间级监控的数据通信与控制的现场总线技术。该技术可实现现场设备层到车间级监控的分散式数字控制和现场通信网络连接,从而为实现工厂综合自动化和现场设备智能化提供了可行的方案。PROFIBUS 协议采用 ISO/OSI 模型的第一层、第二层、和第七层(ISO/OSI 模型的第一层到第四层是面向网络的,第五层到第七层是面向用户的)。PROFIBUS 为用户提供了三种通信协议类型,即 PROFIBUS-DP(decentralized periphery,该总线成本低,速度高,用于分散式 I/O 的通信与现场设备级控制)、PROFIBUS-PA(process automation,该总线具有本征安全规范,适合于本质安全的场合,可使传感器和执行机构连在一根总线上,为过程自动化而设计)、PROFIBUS-FMS(fieldbus message specification,该总线是一个令牌结构,实行多主网络,用于车间级监控网络)。PROFIBUS 传输速率为 9.6 Kb/s~12 Mb/s,因此 PROFIBUS 可适应于不同控制对象和通信速率等要求,开放性好并且技术成熟。

PROFIBUS-DP 用于现场层的高速数据传送。主站周期地读取从站的输入信息并周期地向从站发送输出信息。总线循环时间必须要比主站(PLC)程序循环时间短。除周期性用户数据传输外,PROFIBUS-DP 还提供智能化设备所需的非周期性通信以进行组态、诊断和报警处理,其主要特征如下。

(1) 传输技术:RS485 双绞线、双线电缆或光缆。

(2) 总线存取:各主站间采用令牌传递方式,主站与从站间为主-从传送。支持单主或多主系统。总线上最多站点(主-从设备)数为 126。

(3) 通信:点对点(用户数据传送)或广播(控制指令)。支持循环主-从用户数据传送和非循环主-主数据传送。

(4) 运行模式:运行、清除、停止。

(5) 同步:控制指令允许输入和输出同步。同步模式:输出同步;锁定模式:输入同步。

(6) 功能:DP 主站和 DP 从站间的循环用户有数据传送;各 DP 从站的动态激活和可激活;DP 从站组态的检查;强大的诊断功能,有三级诊断信息;输入或输出的同步;通过总线给 DP 从站赋予地址;通过总线对 DP 主站(DPM1)进行配置,DP 从站的输入和输出数据最大为 246 字节。

(7) 可靠性和保护机制:所有信息的传输按海明距离 HD=4 进行;DP 从站带看门狗定时器(watchdog timer);对 DP 从站的输入/输出进行存取保护;DP 主站带可变定时器的用户数据传输监视。

(8) 设备类型:第二类 DP 主站(DPM2)是可进行编程、组态、诊断的设备。第一类 DP

主站(DPM1)是中央可编程控制器,如 PLC、PC 等。DP 从站是带二进制值或模拟量输入输出的驱动器、阀门等。

4.2.3.5 采煤机通信

该系统的 PLC 通过 PROFIBUS-DP 总线和负荷中心进行通信。在连接时,顺槽控制中心作为主站,采煤机 315-2DP 作为从站;地址:ID＝1,协议:MODBUS RTU(remote terminal unit,远程终端);传输速率:9 600 b/s;数据位:8 位;校验位:偶检验(EVEN);停止位:1 位。

（1）数据上传信息

数据上传信息如表 4-2-1 所示。

表 4-2-1　数据上传信息

序号	含义	对外地址	单位	备注
1	采煤机速度	44001		35,代表 3.5 m/min
2	左牵引电流	44002	A	
3	右牵引电流	44003	A	
4	左截割电流	44004	A	
5	右截割电流	44005	A	
6	左截割温度	44006		
7	右截割温度	44007		
8	油泵电机电流	44008		35,代表 3.5 A
9	状态信号 Bool 量 1 为报警 0 为正常	44009		bit 15 瓦斯限速,bit 14 机头刮板输送机限速,bit 13 机尾刮板输送机限速,bit 12 刮板输送机限速 注:这里是采煤机限速提示
10	状态信号 Bool 量 1 为闭锁或者提示 0 为正常	44010		bit 15 采煤机侧左截割停止闭锁,bit 14 采煤机侧右截割停止闭锁 bit 13 采煤机侧牵引断电闭锁,bit 12 采煤机侧破碎停止闭锁 bit 11 采煤机侧牵停闭锁,bit 10 采煤机侧急停闭锁 bit 4 方向选择提示,bit 3 牵启提示,bit 2 牵引送电提示 bit 1 上位机控制有效状态 bit 0 数据通信状态(顺槽产生,1 Hz 方波)
11	状态信号 Bool 量 1 为动作 0 为正常	44011		bit 14 左截割启动,bit 13 右截割启动,bit 12 牵引送电 bit 11 破碎启动 bit 10 向左,bit 9 向右 bit 8 左升,bit 7 左降,bit 6 右升,bit 5 右降 bit 3 预警,bit 2 破升,bit 1 破降,bit 0 松闸
12	报警信息 Bool 量 1 为报警	44012		15 左截割温度过高,14 右截割温度过高 13 左截割过载,12 右截割过载 11 左截割反牵,10 右截割反牵

表 4-2-1(续)

序号	含义	对外地址	单位	备 注
13	报警信息 Bool 量 1 为故障	44013		15 左截割严重过载停机,14 右截割严重过载停机 13 左牵引过载停机,12 右牵引过载停机 11 变压器温度异常停机 10 左截割漏电,9 右截割漏电,8 牵引漏电 7 油压异常信号
14	当前采煤机位置	44014	mm	
15	采煤机实测速度	44015		35,代表 3.5 m/min
16	左摇臂采高或卧底	44016	cm	
17	右摇臂采高或卧底	44017	cm	
18	工作模式状态 Bool 量 1 为当前状态			4 传感器配置模式,3 自动割煤模式,2 自学习模式,1 人工操作

（2）上位机控制信息

上位机控制信息如表 4-2-2 所示。

表 4-2-2　上位机控制信息

序号	含义	对外地址	单位	备注
1	控制启动 Bool 量 1 为控制	44031		15 通信标志(上位机发出,1 Hz 方波) 13 向右,12 向左,11 牵停,10 牵启 9 牵引断电,8 牵引送电 7 右截割断电,6 右截割启动,5 左截割断电,4 左截割启动 3 右降,2 右升,1 左降,0 左升
2	速度控制	44032		35,代表 3.5 m/min
3	模式控制 Bool 量 1 为命令	44033		bit 3 自动割煤模式,bit 2 自学习模式,bit 1 人工操作模式 在状态变化后,控制端释放命令
4	三机运行状态 Bool 量 1 为运行 0 为停止	44036		15 机头刮板输送机运行状态,14 机尾刮板输送机运行状态 13 刮板输送机运行状态
5	机头刮板输送机负荷	44037		
6	机尾刮板输送机负荷	44038		

4.2.3.6　MODBUS 通信

（1）MODBUS 协议简介

MODBUS 协议是 OSI 模型第 7 层上的应用层报文传输协议,是一种请求/应答协议,被称为工业串行链路的事实标准。MODBUS 协议结构简单,且具有开放、可扩充、标准化的特点,得到了广泛的支持,它可以对多种设备进行控制,如 PLC、变频器等,并使这些设备构成网络进行通信。作为 OSI 模型第 7 层的应用层报文传输协议,MODBUS 协议只定义了一个简单协议数据单元,并未对基础通信层进行规定。MODBUS 协议描述了控制器对其他设备进行访问、回应其他设备的请求报文、侦测错误并记录的过程。在 MODBUS 网络上通信时,控制器使用主从技术进行通信,直接或经由 Modem 组网;在其他类型网络上传输时,控制器使用对等技术进行通信,如图 4-2-8 所示。

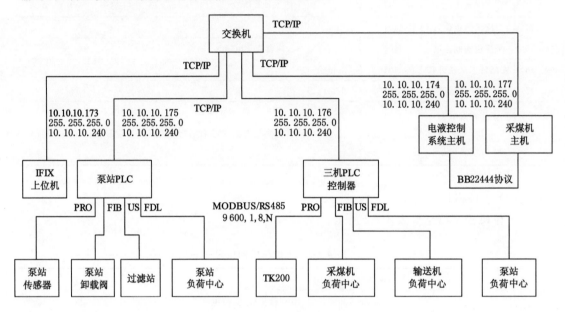

图 4-2-8　系统通信结构

（2）MODBUS 协议的通信模式

在标准的 MODBUS 网络上通信时,MODBUS 控制器的通信模式可以设为 ASCII 模式或 RTU 模式。用户在选择不同的模式时,必须对串口通信参数（传输速率和校验方式）进行设置,并且保证同一 MODBUS 网络的设备采用相同的传输模式和串口参数。

MODBUS 消息在网络上传输时,传输设备将其转化为帧,并设置起点和终点。接收设备可以侦测消息的起点开始工作,读取地址信息,判断所选设备,并判断信息的完成时间。

控制器将 MODBUS 消息在网络上以 ASCII 模式进行通信时,每 8 位字节可作为 2 个 ASCII 发送。ASCII 模式的优点在于字符发送频率快且不易产生错误。

控制器将 MODBUS 消息在网络上以 RTU 模式进行通信时,每 8 位字节可作为 2 个 4 位的十六进制字符。在传输速率相同的情况下,RTU 模式比 ASCII 模式可以传送更多的数据。

本书采用 MODBUS RTU 模式实现 PLC 与 TK200 的通信。

（3）通信帧格式

MODBUS 帧格式由地址、功能码、数据段、校验码组成。根据主-从或从-主关系,数据段内容可包括寄存器起始地址、寄存器数据位等。

主机向从机发送的请求帧格式（主-从）MODBUS 通信格式如表 4-2-3 所示。

表 4-2-3   主-从请求 MODBUS 通信格式

1	2	3		4
地址	命令	寄存器起始地址	寄存器数	CRC 校验码
1 字节	1 字节	2 字节	2 字节	2 字节

从机得到请求后向主机发送的响应帧格式(从-主)MODBUS 通信格式如表 4-2-4 所示。

表 4-2-4   从-主响应 MODBUS 通信格式

1	2	3		4
地址	命令	数据长度	响应数据	CRC 校验码
1 字节	1 字节	1 字节	n 字节	2 字节

其中,数据长度就是响应数据的实际字节数。

(4) 系统设计

① 系统驱动配置

系统的 IP 地址设置如图 4-2-8 所示,MODBUS 协议设备的驱动设置如表 4-2-5 所示。

表 4-2-5   MODBUS 协议设备驱动设置

通道	地址	传输速率/(b/s)	数据位	奇偶校验	停止位	看门狗(定时时间)/s	查询周期/ms	响应时间/ms	响应错误数量/个	线程错误数量/个
1		9 600	8		1	20	500	1 500		

② 系统软件设计

该系统中,通信由作为主站的 PLC 发起,控制器作为从站在没有收到来自主站的请求时不发送数据。主站只启动 1 个 MODBUS 事务,分站系统收到请求,CRC 校验正确,向主站返回 1 个应答报文,否则丢弃请求帧不做应答,退出通信程序,准备进行下一轮通信。系统的部分通信流程如图 4-2-9 所示。

4.2.3.7   太原惠特高压软启动通信

太原惠特 QJR-350/3.3S 型软启动器可以与其他设备进行 MODBUS-RTU 通信,其传输速率为 9 600 b/s,8 位数据位,1 位停止位,校验方式为偶校验。通信前需将软启动器的通信协议设置为 MODBUS-RTU,同时还需要对通信地址进行设定。通信地址可以在 0~199 之间设定,默认为 0,即不进行通信;若要进行通信,可将地址设为 1~199 之间任意数值,但不能与通信网络中其他设备地址相同(注:地址设定完毕需要断电复位)。

使用地址 40001~40027,27 个字进行通信,详细内容如表 4-2-6、表 4-2-7 和表 4-2-8 所示。

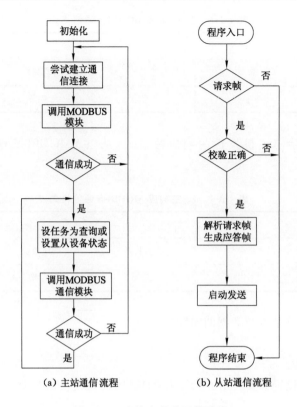

（a）主站通信流程　　　　（b）从站通信流程

图 4-2-9　主从方部分通信流程

表 4-2-6　设定信息

序号	地址	地址功能（含义）	具体值
1	40001	额定电压/V	3 300～13 600
2	40002	低速额定电流/A	0～350 可设定
3	40003	高速额定电流/A	0～350 可设定
4	40004	启动延时/s	1～10 可设定
5	40005	低转高自动方式时间原则/s	0～299 可设定
6	40006	低转高自动方式电流原则（倍）	0　0.8倍　1　0.9倍　2　1.0倍 3　1.1倍　4　1.2倍　5　0倍 6　0.5倍　7　0.6倍　8　0.7倍
7	40007	启动方式	0　直起　低速　　　1　直起　低转高自动 2　直起　低转高手动　3　软起　低速 4　软起　低转高自动　5　软起　低转高手动 6　软起　高速　　　7　直起　高速 8　直起　一拖二　　　9　软起　一拖二
8	40008	本/远设定	0　远控　　　1　本控
9	40009	单/多设定	0　多台　　　1　单台

表 4-2-7　运行信息

序号	地址	地址功能	具体值
1	40010	运行电压/V	
2	40011	低速运行电流/A	
3	40012	高速运行电流/A	
4	40013	工作状态	0 停止　1 检漏态 2 软启中　3 运行 4 复位　5 漏试
5	40014	进线真空 KM1 运行状态	0 KM1 分断　1 KM1 吸合
6	40015	旁路真空 KM2 运行状态	0 KM2 分断　1 KM2 吸合
7	40016	低速真空 KM3 运行状态	0 KM3 分断　1 KM3 吸合
8	40017	高速真空 KM4 运行状态	0 KM4 分断　1 KM4 吸合
9	40018	载荷超限预警	0 载荷正常　1 载荷预警

表 4-2-8　故障信息

序号	地址	地址功能	具体值
1	40019	当前故障	0 无故障　1 自检错误 2 工作方式改变　3 控制器故障 4 额定电流设置超限　5 漏电闭锁 6 低速1.2倍过流　7 低速1.5倍过流 8 低速过载　9 低速6倍过流 10 低速短路　11 高速1.2倍过流 12 高速1.5倍过流　13 高速过载 14 高速6倍过流　15 高速短路 16 过压　17 欠压 18 KM1合真空超时　19 KM1分真空超时 20 KM2合真空超时　21 KM2分真空超时 22 KM3合真空超时　23 KM3分真空超时 24 KM4合真空超时　25 KM4分真空超时 26 漏电解锁　27 急停 28 低速断相　29 高速断相 30 自动切换设置错误　31 非法启动方式 32 本台切换失败　33 他台切换失败 34 载荷超限　35 低速电流不平衡 36 高速电流不平衡　37 启动频繁 38 延时到可复位
2	40020	最近第1次故障记录	同上
3	40021	最近第2次故障记录	同上
4	40022	最近第3次故障记录	同上
5	40023	最近第4次故障记录	同上
6	40024	最近第5次故障记录	同上
7	40025	最近第6次故障记录	同上
8	40026	最近第7次故障记录	同上
9	40027	最近第8次故障记录	同上

采用八达电气有限公司生产的四组合开关(以下简称八达四组合开关),其具体通信定义如表 4-2-9 所示。

表 4-2-9 八达四组合开关通信定义

上传数据			寄存器	数据定义
编号	二进制	十进制		
40001	<0000010010101110>	<01198>	VW1048	系统电压
40002	<0000000000100010>	<00034>	VW1050	第 1 路电流
40003	<0000000000101101>	<00045>	VW1052	第 2 路电流
40004	<0000000000101101>	<00045>	VW1054	第 3 路电流
40005	<0000000000011110>	<00030>	VW1056	第 4 路电流
40006	<0000000000011101>	<00029>	VW1058	第 1 路功率
40007	<0000000000011011>	<00027>	VW1060	第 2 路功率
40008	<0000000000011011>	<00027>	VW1062	第 3 路功率
40009	<0000000000011011>	<00027>	VW1064	第 4 路功率
40010	<0000000000101000>	<00040>	VW1066	第 1 路故障
40011	<0000000000110101>	<00053>	VW1068	第 2 路故障
40012	<0000000000110101>	<00053>	VW1070	第 3 路故障
40013	<0000000000100011>	<00035>	VW1072	第 4 路故障
40014	<0000000000000010>	<00002>	VW1074	漏电状态
40015	<0000000000000011>	<00003>	VW1076	运行状态
40016	<0000000000000010>	<00002>	VW1078	远程复位

表 4-2-9 中的数据意义如下。

(1) 功率

实时功率,单位为 kW。

(2) 故障

40010 为第 1 路故障,当数值为"1"时,短路故障;当数值为"2"时,断相故障;当数值为"3"时,相不平故障;当数值为"4"时,过载故障;当数值为"5"时,接触器启动异常。

40011 为第 2 路故障,定义与第 1 路相同。

40012 为第 3 路故障,定义与第 1 路相同。

40013 为第 4 路故障,定义与第 1 路相同。

(3) 漏电

40014.0 位,第 1 路漏电状态,当数值为"0"时,正常,当数值为"1"时,漏电。

40014.1 位,第 2 路漏电状态,当数值为"0"时,正常,当数值为"1"时,漏电。

40014.2 位,第 3 路漏电状态,当数值为"0"时,正常,当数值为"1"时,漏电。

40014.3 位,第 4 路漏电状态,当数值为"0"时,正常,当数值为"1"时,漏电。

(4) 运行状态

40015.0 位,第 1 路运行状态,当数值为"0"时,停机,当数值为"1"时,运行。

40015.1 位,第 2 路运行状态,当数值为"0"时,停机,当数值为"1"时,运行。

40015.2 位,第 3 路运行状态,当数值为"0"时,停机,当数值为"1"时,运行。

40015.3 位,第 4 路运行状态,当数值为"0"时,停机,当数值为"1"时,运行。

（5）远程复位

当 40016 为"1"时,故障 40010 到 40013 复位为"0"。

4.2.4 控制装置设计

控制装置选用 KXJ-660 型矿用隔爆兼本安型可编程控制箱（以下简称控制箱）,控制器采用进口西门子 S7 系列 315-2DP 型 PLC。KXJ-660 型控制箱用于煤矿井下监控系统,在煤矿井下含有爆炸气体的环境中,根据系统的工艺要求,采集系统的状态信息,实现自动控制或手动控制。

（1）装置工作环境条件

① 环境温度:0~40 ℃;

② 相对湿度:不大于 95%(25 ℃);

③ 大气压力:80~110 kPa;

④ 在有甲烷、煤爆炸性混合物的煤矿井下;

⑤ 无长期连续滴水的地方;

⑥ 污染等级:3 级;

⑦ 安装类别:Ⅲ类。

（2）控制箱的特点

① 采用进口 PLC 作为中心处理器;

② 工作运行可靠,性能稳定;

③ 控制箱由井下 AC 660 V 电源供电。

（3）主要技术指标

① 交流供电电源:

a. 额定电压:AC 660 V;

b. 工作电流:≤3 A。

② 本安参数:

DC 18.4 V;IO:1 000 mA;LO:0.1 mH;CO:2.2 μF。（内置六块本安电源,不接点,生产厂家为无锡煤科电器有限公司,防爆合格证号为 32009566U）

电缆长度:≤50 m;电缆分布参数:分布电感≤1 mH/km。

分布电容:≤0.1 μF/km。

③ 外形尺寸（长×宽×高）:758 mm×574 mm×815 mm。

④ 质量:190 kg。

⑤ 输入信号:

a. 本安开关量输入:16 路无源触电;

b. 非本安开关量输入:48 路无源触电;

c. 本安模拟量输入:12 路模拟量输入。

⑥ 输出信号:

a. 本安开关量输出:16 路无源触电;

b. 非本安开关量输出:32路无源触电。

⑦ 本安接点容量:24 V DC,0.5 A。

⑧ 报警方式:光信号闪烁报警。

(4)控制系统硬件配置

控制系统硬件选型如表 4-2-10 所示。

表 4-2-10 控制系统硬件选型

序号	主要零部件 (材料)名称	规格型号(材质)	生产单位	安标编号 (或其他认证编号)	受控 类别
1	S7-300 PLC	CUP 315-2DP	德国西门子	—	D
2	PLC 电源模块	PS7 10A	德国西门子	—	D
3	开关量输入模块	EMS311	德国西门子	—	D
4	开关量输出模块	EMS312	德国西门子	—	D
5	模拟量输入模块	EMS313	德国西门子	—	D
6	模拟量输出模块	EMS315	德国西门子	—	D
7	转换协议桥	MODBUS-PROFIBUS	北京鼎实创新科 技股份有限公司	—	D
8	壳体	677×445×763(Q235A)	山东华辉自动化 设备有限公司	—	C
9	密封圈	22×20×9, 39×20×15(阻燃橡胶)	无锡煤科电器有限公司	—	D
10	观察窗玻璃	257×173×12 (钢化玻璃)	秦皇岛市众和特种 玻璃有限公司	—	D
11	电磁继电器	HH62P	欣灵电气股份有限公司	—	D
12	直流信号输入 隔离安全栅	TM5044	重庆宇通系统软件 有限公司	防爆合格证: CNEX11.2946	C
13	开关电源	S-350-24	上海明纬实业有限公司	CE 认证: BVE0904275	D
14	显示屏	TPTC1062K	北京昆仑通态自动化 软件科技有限公司	编号: 1011000110705360	D
15	输出本质安全型电源	MKD-I	无锡煤科电器有限公司	防爆合格证: 32009566U	C
16	九芯接线端子	JD9-220 M48(H62+a 级 不饱和聚酯料团)	无锡煤科电器有限公司	防爆合格证: 32009597U	D
17	螺杆式接线端子	JF6-660 M12(H62+a 级 不饱和聚酯料团)	无锡煤科电器有限公司	防爆合格证: 32009596U	D
18	光纤穿墙端子	JZ10-220 M48(H62+塑酯)	无锡煤科电器有限公司	防爆合格证: 32009598U	D

（5）控制系统电气图设计

集控装置控制系统主模块为西门子 PS-307、315-2DP、EMS312、EMS313 等模块，主模块电气原理如图 4-2-10 所示。

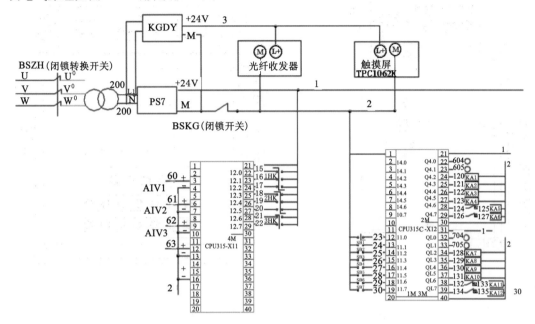

图 4-2-10　主模块电气原理

开关量的光电隔离如图 4-2-11 所示。

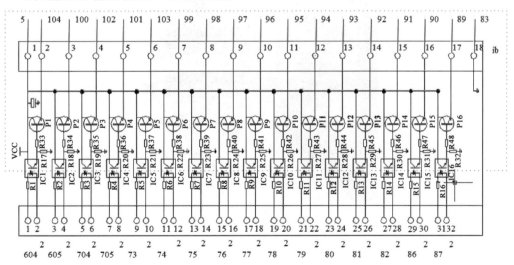

图 4-2-11　开关量的光电隔离

（6）控制装置外形、尺寸

控制装置的外形、尺寸如图 4-2-12 所示。

装置实物如图 4-2-13 所示。

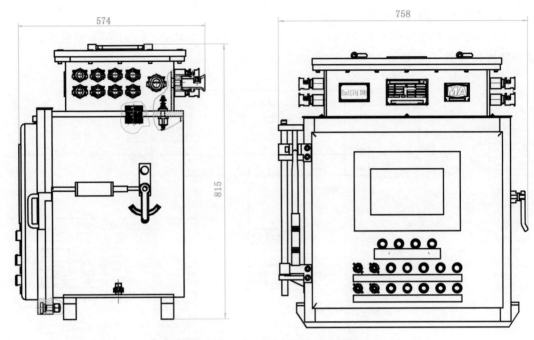

图 4-2-12　控制装置的外形、尺寸

图 4-2-13　装置实物

4.2.5　防爆计算机选型设计

防爆计算机选用 KJD-127 型矿用隔爆型计算机,用于顺槽控制中心的控制及视频信息的监控。

4.2.5.1　防爆计算机技术特性

（1）输入电源

额定电压：AC 127 V,电压波动范围为标称值的 $75\% \sim 110\%$；

额定电流:1 A。

（2）传输信号

① 网络信号

a. 传输方式:TCP/IP(1 310 nm 单模光纤);

b. 传输速率:100 Mb/s;

c. 发射光功率:−15～−5 dBm;

d. 接收灵敏度:≤−35 dBm;

e. 最大传输距离:20 km。

② 无线鼠标、键盘与计算机间的传输

信号频率:(2.4±0.1) GHz;

传输距离:3 m。

（3）外形尺寸(长×宽×高)

495 mm×275 mm×430 mm。

（4）质量

80 kg。

4.2.5.2 防爆计算机外形、尺寸

防爆计算机外形、尺寸如图 4-2-14 所示。

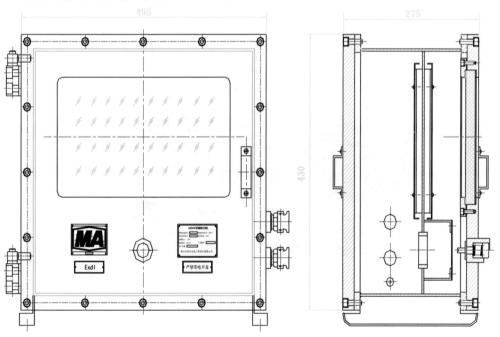

图 4-2-14　防爆计算机外形、尺寸

防爆计算机实物如图 4-2-15 所示。

4.2.6 控制策略

综采工作面控制系统是一个分布式控制系统,主要由控制器中心、通信总线和各现场工

作站等部分组成。其中通信总线是该控制系统的核心,主要起互联作用,是发挥系统整体性能的保证。工作面控制中心安放在顺槽内,各现场工作站都安放在前沿,实现就近控制。综采工作面控制系统总体结构如图4-2-16所示。

图 4-2-15　防爆计算机

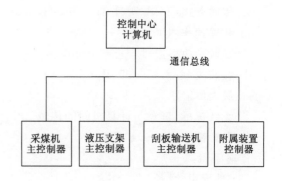

图 4-2-16　综采工作面控制系统总体结构

在综采工作面控制系统中,主控制器不负责具体的细节工作,而是把各细节工作分配给分控制器工作,控制中心只起到优化、协调和管理的作用。控制中心的主控制器具有较高的性能,可以实时优化整个工作面的运行参数,合理安排各设备的工作量,协调"三机"有序工作。其中各现场工作站的主控制器还可构成二级网络,进一步分散工作面各功能,提高系统的整体可靠性。图4-2-17为控制系统在实验室调试照片。

图 4-2-17　控制系统在实验室调试照片

4.3　工作面设备智能化

4.3.1　煤矿通信控制装置

结合工作面设备及其尺寸情况,煤矿通信控制装置的使用环境如下:① 环境温度为0~40 ℃;② 平均相对湿度不大于95%(25 ℃);③ 大气压力为80~106 kPa;④ 无显著振动和冲击的场合;⑤ 煤矿井下有爆炸性混合物,但无破坏绝缘的腐蚀性气体。

工作面集控设备组成及配备位置如表 4-3-1 所示。

表 4-3-1 工作面集控设备组成及配备位置

序号	名 称	规格型号	单位	数量	备注
1	矿用本安型控制台	KTC118.1	台	1	带式输送机机头
2	矿用隔爆兼本安型直流稳压电源	KDW660/18	台	1	带式输送机机头
3	矿用本安型双向急停扩音电话	KTC118.4	台	16	带式输送机沿线
4	矿用本安型终端	KTC118.7	台	1	带式输送机沿线
5	矿用本安型输入输出	KTC118.5	台	2	带式输送机沿线
6	带插头七芯电缆(100 m)	MHYVPBV 2×4+5×0.75	根	6	带式输送机沿线
7	带插头七芯拉力电缆	50 m	根	20	带式输送机沿线
8	带插头七芯电缆(2 m)	MHYVPBV 2×4+5×0.75	根	3	带式输送机沿线
9	带插头七芯拉力电缆	15 m	根	1	带式输送机机尾
10	线缆连接器		台	9	带式输送机沿线
11	矿用隔爆兼本安型远程控制器	KTC118.9	台	1	带式输送机机头
12	矿用煤位传感器	GUJ30	个	1	带式输送机机头
13	矿用跑偏传感器	GEJ20/50	个	8	带式输送机沿线
14	矿用速度传感器	GSH10	个	1	带式输送机机头
15	矿用撕裂传感器	GVD1	个	1	带式输送机机头
16	矿用温度传感器	GWD100	个	1	带式输送机机头
17	矿用烟雾传感器	GQG5	个	1	带式输送机机头
18	矿用隔爆型电磁阀(不含管路)	DFB20/10	个	1	带式输送机机头
19	矿用张力传感器(含转换板)	GAD150	个	1	带式输送机机头
20	电话安装护板	KTC118	套	16	带式输送机用
21	矿用阻燃控制电缆	MHYVP 1×4×7/0.43	m	600	外径 10 mm
22	矿用阻燃控制电缆	MYQ-4×1.5	m	200	外径 10~13 mm
23	电缆挂钩		个	350	
24	控制台支架	KTC118	个	2	
25	光纤接线盒		个	3	
26	带护套束状光纤跳线	4 芯 5 m SC 口	个	3	
27	隔爆兼本安型广播分站	KT507-F	台	1	集控中心
28	网络话筒	8003	台	1	调度室
29	网线(带水晶头)	2 m	根	2	控制台用
30	光电交换机板		个	4	控制台用
31	光电隔离模块		个	2	工作面用

煤矿通信控制装置实现功能如下。

(1)工作面设备情况

前部输送机长 200 m;后部输送机长 200 m;转载机长 50 m,一驱;破碎机一驱。

工作面集控主机置于距离输送机机尾 200 m 附近的设备列车上,控制破碎机、转载机、前部输送机、后部输送机。泵站布置在回风巷外部距离设备列车 700 m 位置,实现启停控制和通信。

(2)顺槽胶带设备情况

顺槽一部胶带长 800 m,带式输送机机头控制磁辊破碎机一部,带式输送机集控主机位于顺槽一部带式输送机机头附近,此方案配置山东大齐通信电子有限公司生产的 KTC118 通信、控制、保护一体化系统。间隔 50 m 配置通话和急停点,配置 4 组跑偏传感器,上胶带和下胶带各 2 组。此系统用于实现工作面破碎机、转载机、前部输送机和后部输送机及顺槽带式输送机的通信、控制和保护。

KTC118 一体化系统控制台连接 KT507 分站,可与地面网络话筒实现语音通话,语音报警上传。

① 能对被控设备进行"集控""就地""检修""点动"控制。

② 通过地面集控中心远程对控制台发布指令,控制带式输送机顺序启停车,逆煤流启车,顺煤流停车。

③ 沿线状态检测及显示。

④ 对设备的启停状态进行检测,对带式输送机各种工况和沿线挂接设备进行检测。主控单元对以上参数进行检测后,将检测结果以图形和文字的形式显示在控制台的彩色液晶平板显示器上。

⑤ 设备开机率的统计显示,对设备的运行时间以及统计的开机率进行显示。

⑥ 通过按键,对带式输送机、抱闸等设备进行启停控制,并对带式输送机实现保护及洒水,监测其温度、电流等参数;实现带式输送机沿线的拉线闭锁、呼叫及通话等功能。

⑦ 具有完善的语音报警功能,设备启动前以及发生各种故障时进行语音报警,报警时间的长短可以通过参数设定。

⑧ 具有灵活的参数设置功能,通过控制台上的参数设置功能,可以对参数进行相应的设置和调整,不同的设置能实现不同的逻辑控制。

⑨ 通话功能,采用半双工通信方式,声压级达到 100 dB 以上(声音大小可调),话音清晰。

⑩ 闭锁及拉线急停功能,带式输送机沿线每 50 m 安装扩音电话或急停开关,按下闭锁键就可以实现被控设备的紧急停车,并显示急停位置。

⑪ 沿线电压监测功能,数据传输功能。

⑫ 预留标准 RS485 信号接口及光信号接口,可将数据实时上传到井上。(井下传输所需电缆及井上设备由矿方提供)

⑬ 系统连接采用 MK-7Z 型快速插接件,安装简便快捷,可以避免因连接错误而造成设备损坏影响使用。

⑭ 可通过多控电话实现远程控制功能。

⑮ 在停电情况下可保持正常通话,通话时长大于 24 h。

⑯ 系统电源箱具有过流、过压、短路、双重保护功能,当故障排除后自动恢复。

⑰ 实现与工作面"三机"、带式输送机控制器等设备的双向通信。

⑱ 实现对前后刮板输送机、转载机、破碎机及带式输送机的单设备远程启停控制。

⑲ 实现对前后刮板输送机、转载机、破碎机及带式输送机的顺序远程启停控制。

⑳ 实现对前后部输送机、转载机及破碎机等设备的集中控制。

㉑ 实现与组合开关的双向通信。

㉒ 前后刮板输送机、转载机、破碎机、带式输送机、泵站开关状态显示,包括各个回路运行状态,实现与泵站控制器的双向通信。

㉓ 实现对泵站的单设备启停控制。

㉔ 扩音电话防护等级为 IP67,可以防止水对设备的喷淋及浸泡。

㉕ 装置具有矿井电话接入功能,可实现无人自动接听,并可在电话沿线进行广播,同时控制台具有拨号功能,设备终端具有音频及数据扩展通信功能。

㉖ 装置电话均有通话、打点、闭锁及各类传感器接入功能。

㉗ 调度室安装一部网络话筒,井下工作面控制台处安装一台广播分站,实现井下与地面实时对讲功能,在控制台和地面接通情况下,工作面及带式输送机沿线通话装置也可与地面实现实时对讲功能。

4.3.2 采煤机自动化控制系统说明

采煤机自动化控制系统是上海创力集团股份有限公司电气研究院自主开发,基于 CAN 总线的集中-分部嵌入式控制系统,是该公司研制的电牵引采煤机控制系统的一个高级选配功能,包括采煤机远程监控系统和采煤机智能记忆割煤系统。

采煤机自动化控制系统可与上海创力集团股份有限公司的 CAN 总线采煤机标准版电控系统(STAG)配套,并可在 CAN 总线采煤机标准版电控系统的基础之上进行自动化升级改造。该系统在原有标准版电控系统的应用基础上极大地提高了采煤机的自动化水平,增强了采煤机的操控性能,减轻了采煤机司机的劳动强度,提高了采煤生产效率。

4.3.2.1 采煤机自动化控制系统功能

采煤机自动化控制系统有以下功能。

(1) 具有采煤机位置检测功能,实时显示采煤机在工作面中的位置。

(2) 具有采煤机速度检测功能,实时显示采煤机在工作面中运行的速度。

(3) 具有摇臂采高检测功能,实时显示摇臂采高信息。

(4) 具有采煤机机身仰俯角检测功能,实时显示采煤机机身仰俯角信息。

(5) 具有采煤工作面中部自动化割煤功能,即记忆割煤功能。

(6) 具有三角煤自动割煤功能。

(7) 采煤机具有功能强大的中文字幕显示屏,并且可以通过显示屏进行所有参数设置,工作面采煤机工作状态参数如图 4-3-1 所示。

(8) 具有实时语音播报功能,对于采煤机主要的操作指令以及所有的故障信息可以进行实时语音播报。

(9) 具有双向遥控系统,并可实时监测遥控系统的无线信号状态、电池电量状态。

(10) 具有遥控器保护停机功能,当遥控器故障、断线或电量低时,系统及时进行遥控器保护停机并发出报警信息,此功能可以根据矿方意愿选择是否配置。

(11) 具有瓦斯浓度和牵引速度联动控制功能,当瓦斯浓度增加时,线性限制采煤机的运行速度,此功能可以根据矿方意愿选择是否配置。

(12) 具有远程数据通信和远程控制功能,采煤机与顺槽监控箱控制器之间采用高速

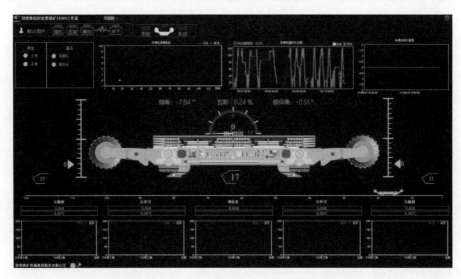

图 4-3-1　工作面采煤机工作状态参数

OFDM 调制通信技术，实现双向实时控制数据通信，数据稳定可靠，如图 4-3-2 所示。

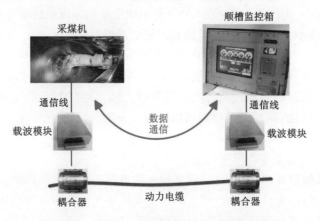

图 4-3-2　采煤机与顺槽监控箱数据通信原理

（13）具有与矿方允许的第三方集控系统上位机通信的功能，采煤机运行参数和故障信息通过载波通信系统传输至位于顺槽电液控集控中心小车上的顺槽监控箱，顺槽监控箱设计有 RS485 接口与集控中心上位机相互通信，通信采用 MODBUS RTU 模式，如图 4-3-3所示。

（14）具有授权矿方允许的第三方集控中心上位机操作采煤机的功能，可以通过集控中心实现对采煤机电机启动停止、摇臂升降和牵引调速等操作。

（15）具有授权矿方允许的第三方集控中心上位机读取采煤机状态及采煤机相关参数的功能，包括采煤机行走方向、行走速率、滚筒高度、电机电流、电机温度、报警信息等。

（16）顺槽监控箱配置 15 英寸显示器，实时显示采煤机的运行数据，包含电机电流、温度和运行状态，采煤机运行速度、调高状态、采高和牵引位置、故障信息、操作提示和诊断信息等。

（17）具有刮板输送机、带式输送机负载联动控制功能；当刮板输送机、带式输送机负载

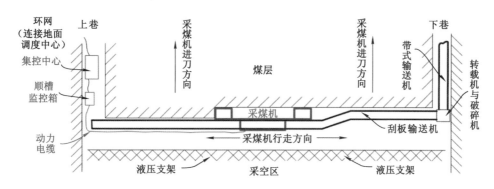

图 4-3-3　采煤机与顺槽监控箱通信

超过设定的保护值时,系统自动降低采煤机的运行速度。

(18) 实时监测变频器的运行状态,如频率、转速、输出电压、输出电流、通信状态等。

(19) 载波的稳定通信距离为 400 m,当通信距离远超过 400 m 时,可在采煤机和顺槽监控箱之间增加光纤中继箱体。

14205 工作面采煤机工作现场监控如图 4-3-4 所示。

图 4-3-4　14205 工作面采煤机工作现场监控

4.3.2.2　采煤机智能记忆割煤系统

采煤机智能记忆割煤系统采用自由曲线记忆割煤方式,带端头割煤工艺,满足复杂的截割条件,可以准确地按照学习的采煤机割煤工艺实现端头复杂的斜切、割三角煤、扫底等自动化割煤工艺。该系统具有以下特性:

(1) 具有手动和自动两种工作模式,手动模式优先级更高。

(2) 采煤机处于自动模式时,可随时进行人工手动操作干预,干预后的数据可选择是否存储。

(3) 可以根据需要灵活选择执行工艺段操作。

(4) 可以方便地在线学习调整,规范动作,学习过程可以分多次,自由暂停或继续,自动完成。学习模式根据采煤机运行方向存储前滚筒上曲线和后滚筒下曲线,可以随时暂停和开启。

（5）当工作面长度及高度变化时，可以在线对变化点进行修改。

（6）三角煤自动割煤需要与支架配合，需要根据割煤工艺在显示屏或者顺槽监控箱上进行参数设置，灵活的工艺参数可确保完美地进行记忆割煤。

（7）支持多个截割工艺段运行状态的记忆和准确再现，近乎完美地支持端头截割工艺，可实现采煤机循环作业全过程的自动化智能截割。

（8）记忆割煤时行走位置控制精度小于 ± 2.5 cm，滚筒截割高度的稳态重复误差小于 ± 4 cm，在采煤机反复行走中没有累积误差。

4.3.2.3 采煤机自动化所需配置设备

采煤机自动化所需配置的设备如表 4-3-2 所示。

表 4-3-2 采煤机自动化所需配置设备

名称	数量	安装或放置位置	功 能	备 注
左摇臂编码器	1	左摇臂	检测左滚筒采高	
右摇臂编码器	1	右摇臂	检测右滚筒采高	
牵引编码器	1	牵引二轴	检测采煤机在工作面位置、运行速度	
机身倾角传感器	1	电控箱	检测机身仰角、俯角	
左显示器	1	采煤机机身	显示左滚筒高度等	
右显示器	1	采煤机机身	显示右滚筒高度等	
载波控制器	2	分别在电控箱、顺槽监控箱内	远程通信用	
耦合器	2	分别在电控箱、顺槽分线箱内	远程通信用	
顺槽分线箱（含电气设备）	1	顺槽侧，集控设备附近	动力电缆过线，安装耦合器	
顺槽监控箱（含电气设备）	1	顺槽侧，集控设备附近	与采煤机和上位机进行通信和数据传输	与上位机通信采用 MODBUS RTU 通信
光纤中继箱（含电气设备）	1	顺槽分线箱附近	延长远程通信传输距离	采煤工作面与顺槽集控中心之间距离大于 400 m 时配用

采煤机具有远程监控功能，采煤机监测数据通过载波控制器传输至顺槽监控箱，顺槽监控箱通过 RS485 数据接口与第三方集控厂家通信，以此完成采集采煤机运行数据和控制采煤机等工作。

4.3.3 采煤机故障诊断

虽然采煤机控制系统具有监测和故障诊断功能，但由于工作环境恶劣，采煤机零部件多，结构复杂，操作司机很难及时掌控采煤机的各项运行参数，从而造成采煤机"带病工作"，甚至出现故障。

进行采煤机运行状态的实时远程监测，有助于保障采煤机的安全运行以及综合调度工作面生产，提高煤矿生产的自动化、信息化管理水平，并可为实现自动化无人工作面奠定基础。

电牵引采煤机的监测参数分为内部参数和外部参数两类。内部参数指采煤机运行的内部系统参数,外部参数指需要加装相应的外部传感器而获得的采煤机运行宏观参数。图 4-3-5 所示为采煤机监测参数种类。

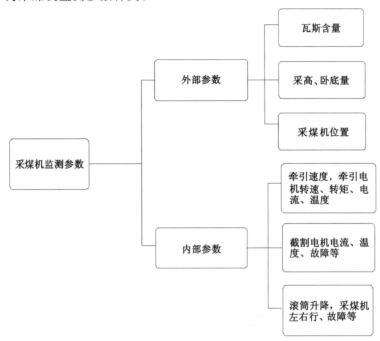

图 4-3-5 采煤机监测参数种类

采煤机内部参数由采煤机的 PLC(可编程控制器)和牵引变频器采集。PLC 完成截割、滚筒升降、系统故障诊断等的操作与控制。牵引变频器在 PLC 控制下,负责采煤机牵引操作,二者通过 RS485 通信端口实现主控通信。牵引变频器完成牵引参数的采集并上传至 PLC,PLC 完成其他内部参数的采集。全部内部参数数据由 PLC 通过 RS485、RS232 接口传输给通信工控机。

采煤机故障诊断系统内部结构如图 4-3-6 所示。由图 4-3-6 可知,知识库由规则和故障树组成。规则是根据相关专家知识而总结出来的;故障树是故障诊断分析的知识模型,它记载故障源的特性、故障决策和求证该故障源所需的目标节点等。

监控中心在线实时监测电牵引采煤机在井下工作面的运行参数,更新动态数据库;知识库根据动态数据库存放的当前监测数据、历史数据和中间结果,通过推理机制对采煤机状态进行分析、推理,判断故障,然后通过故障决策与评价系统送至人机接口并反馈至系统。

诊断推理过程分为四步。

(1) 将当前监测的数据及历史状态记录并进行预处理,生成可表征系统性能且可被推理机使用的数据。

(2) 应用规则采用广度优先搜索策略搜索各子故障树顶事件,应用逆向推理求证该顶事件的目标节点,得到相应的子故障树,由此得到可用的故障规则组和所采用的推理策略。

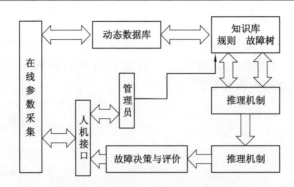

图 4-3-6　采煤机故障诊断系统内部结构

（3）应用相应的推理策略和选用的故障规则组求证搜索到的树节点的目标节点。

（4）如果所求证的目标节点成立，则计算顶事件发生的概率，若概率大于阈值，则找出相应的故障源，显示故障性质及采取相应故障的控制措施，否则提示存在故障，即报警。

4.3.4　智能化综采工作面实现功能

14205 智能化综采工作面以万兆工业环网为传输基础，配套智能化跟机监控系统、语音通信系统、设备工况监测监控和集控系统，达到调度中心和井下集控仓对工作面综采装备的远程操作和运行工况可视化监控，实现工作面"一键式"启停操作，形成采煤机记忆割煤、液压支架自动跟机移架、自动放煤为主，人工干预为辅的智能化开采模式，如图 4-3-7 所示。

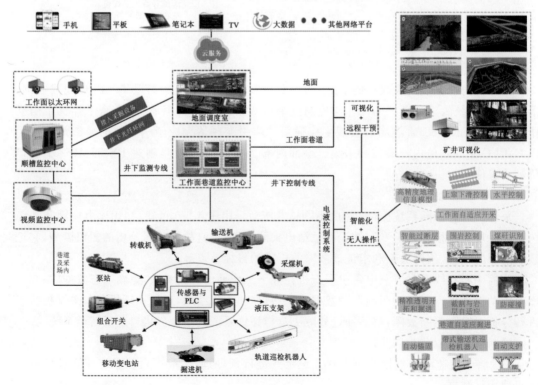

图 4-3-7　数字化透明矿井

（1）采煤机记忆割煤

基于总线传输，配套载波控制器和顺槽控制箱实现采煤机远程操控。通过学习人工割整刀煤（包括中间割煤、端部割三角煤等），记忆采煤机割煤时每个位置的方向、速率、滚筒轨迹以及割三角煤往返刀等参数，实现采煤机记忆割煤，如图 4-3-8 所示。在记忆割煤过程中，根据现场情况可人工调整采煤机速度、滚筒高度、割三角煤方式，以便修正采煤机记忆割煤参数。采煤机割煤方式以记忆割煤为主，人工修正为辅，减少工作面作业人员，减轻工人劳动强度。

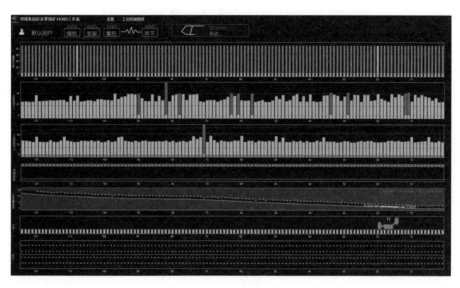

图 4-3-8　采煤机记忆切割

（2）液压支架自动跟机移架

液压支架电液控制系统将以往的手柄操作阀组更换为先导阀，配套电液控制箱，实现本架、邻架、隔架操作和成组动作。

通过读取压力、位移、倾角等传感器数据，判断液压支架工况；通过红外线传感器获取采煤机行走方向，定位采煤机准确位置，集控中心依此下发液压支架自动跟机移架指令，完成采煤机相应位置范围内的液压支架自动伸收护帮板、推前部输送机、拉后部输送机、喷雾、移架、放煤等动作，如图 4-3-9 所示。

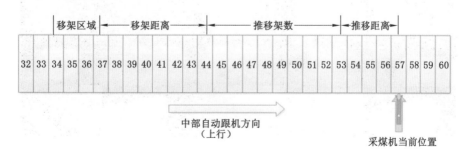

图 4-3-9　液压支架自动跟机移架

（3）煤流运输设备智能控制

煤流运输设备包括带式输送机、转载机、破碎机、前后部输送机和工作面监控系统。各设备除自身就地控制外，还可在集控中心远程"一键式"启停。各设备配套监测系统，实时在线监测设备工况。集控中心通过对工况采集、分析、预警，对各设备运行状态做出相应控制。

在井上调度室和井下集控中心均可实现煤流运输设备的一键启动。启动前，集控中心向全工作面发出声音预警，避免设备误动作或各种不安全因素对操作人员的伤害。集控中心如图 4-3-10 所示。

图 4-3-10　集控中心

（4）视频智能监视工作面开采

在带式输送机机头、转载机机头、前后部输送机机头、设备车和液压泵站处各安装 1 台固定点摄像仪。在工作面内每 6 架液压支架安设 1 台云台摄像仪，利用红外线传感器判定采煤机机身位置，邻近的 4 台云台摄像仪自动对焦采煤机，将采煤机割煤画面实时传输至集控中心。当采煤机超过云台摄像仪追机范围时，云台摄像仪将自动切换合适角度持续监控，保持工作面可视化管理，如图 4-3-11 所示。

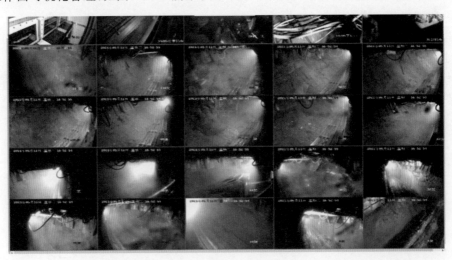

图 4-3-11　视频智能监视工作面

（5）智能泵控

液压泵站安设净化水装置、乳化液浓度配比装置、乳化泵、高压反冲洗和回液反冲洗装置，并配套智能泵站集控系统，实现乳化液浓度自动配比和自动供液。系统根据进、出口压差自动反冲洗，与工作面液压支架自动反冲洗装置共同满足供液系统的纯度要求，为工作面安全生产提供纯净的"血液"和充足的"动力"。智能泵控系统如图 4-3-12 所示。

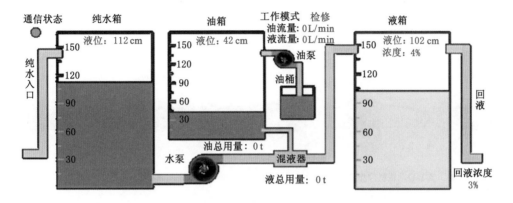

图 4-3-12　智能泵控系统

（6）万兆工业环网传输

根据 14205 智能化综采工作面建设要求，调度中心与井下集控仓采用井下万兆工业环网传输，工作面采用"以太网＋总线"传输模式。工作面内每 6 架液压支架安设 1 台交换机，下切口及上巷设备车各安设 1 台交换机，完成视频及设备工况数据的传输，液压支架和采煤机则以总线方式传输。万兆工业环网为工作面、集控中心和地面调度中心构建了稳定可靠的网络传输基础。

（7）工作面"一键式"启停控制

集控中心装有智能集控系统，融合了智能泵控系统，采煤机、带式输送机、刮板输送机控制系统和液压支架电液控制系统，可以实现液压泵站一键启停，智能供液，煤流运输系统逆煤流启动、顺煤流停机，采煤机记忆割煤，液压支架自动追机拉架、放煤等功能，形成工作面以自动化开采为主、人工干预为辅的新开采模式，如图 4-3-13 所示。

（8）上下巷无极绳绞车运输

14205 工作面上下巷各安装 1 部 SQ-120/32B 型无极绳绞车，下副巷安装无线视频跟机系统，将无极绳绞车运输画面实时传输至机头；另外，无极绳绞车具备远程定位与调度功能，可以实现上下巷至工作面运输设备、配件、物料远距离连续运输，从而提高设备运输效率及运输安全可靠性。

（9）数据集中化管理

数据集中化管理系统通过远程控制、视频监控设备和信息采集系统，对井下综采设备进行数据采集、储存和分析，实现井上、井下信息共享，完成整个工作面的远程操控管理，如图 4-3-14 所示。

图 4-3-13 工作面"一键式"启停控制

图 4-3-14 数据集中化管理

4.4 工作面智能化开采工艺

4.4.1 工作面运输三机工况监测

布置范围:监测装置布置在右工作面(面向煤壁,刮板输送机机头在右端)。

(1)配置说明

成套刮板输送设备配套的动力部工况监测装置,用于对布置在综采工作面的刮板输送机、破碎机、转载机的减速器高低速轴的轴承温度、润滑油油温、润滑油油位、电动机的轴伸端轴承温度、定子绕组温度以及各个传动部冷却水回路的流量、温度、压力等关键工况参数进行在线监测。将工况监测装置主站通信模块采集到的工况数据经 RS485 通信接口,通过 MODBUS RTU 协议上传到上位机,满足工作面综合自动化要求。

前后部输送机机头、机尾及转载机动力部附近分别布置一台矿用隔爆兼本安型控制器。由于破碎机传动方式为"电机+耦合器+皮带轮"传动,破碎机电机的轴伸端轴承温度传感器、定子绕组温度传感器就近接入转载机主站,转载机控制器作监测装置主站。各个控制器之间通过高强度的矿用铠装通信电缆连接,以 MODBUS RTU 主从通信方式组成了刮板输送设备的动力部工况监测装置,实现工作面刮板输送机设备动力部工况的采集、显示、报警以及数据上传功能,如图 4-4-1 所示。

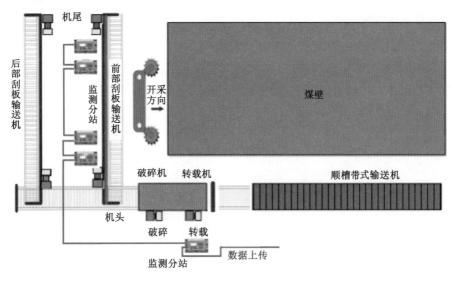

图 4-4-1　工作面运输三机工况监测配置示意图

（2）主要技术参数

防爆形式:矿用隔爆兼本质安全型;

防爆标志:Exd[ia] I Mb;

额定输入电压:AC 127 V;

额定输入频率:50 Hz;

工作电流:≤1.7 A;

开关量输入接口:4 路;

开关量输出接口:4 路;

模拟量输入接口:16 路;

RS485 通信接口:1 路;

以太网接口:1 路。

（3）系统主要功能

① 工况运行参数采集:布置在各个动力部就近位置的隔爆兼本安型控制器（监测分站）可采集各个动力部的减速器高速轴轴承温度、减速器低速轴轴承温度、润滑油油温、润滑油油位、冷却水压力、冷却水流量、电机绕组温度、电机轴承温度等关键工况参数。

② 工况运行参数显示:工况监测系统配置 7 英寸液晶彩色显示屏,通过组态软件编程,可以将采集到的各个工况参数集中显示在组态画面上,操作人员可以通过翻页按钮逐页查看各个动力部的工况参数。

③ 工况参数报警提示:根据程序设定的各个工况参数报警阈值,当实时监测值超出阈值时,组态画面上对应参数的状态会以红黄闪烁的形式发出警报,提示操作人员进行检查;现场还可以根据实际工况和用户要求对各个参数的报警阈值进行修改和设置。

④ 数据上传:布置在转载机动力部附近的监测主站,具备对外开放标准 RS485 通信接

口或以太网接口的功能,可以通过 MODBUS SLAVE 协议或 OPC 协议将采集到的工况数据上传给第三方,满足接入矿井综合自动化系统要求。

（4）系统基本配置明细

工作面运输三机工况监测系统配置明细如表 4-4-1 所示。

表 4-4-1　工作面运输三机工况监测系统配置明细

名称	型号（图号）	单位	数量	备注
隔爆兼本安型控制器	7DCD02	台	1	转载机监测主站
隔爆兼本安型控制器	6DCA01	台	1	前部输送机机头监测分站
隔爆兼本安型控制器	6DCA02	台	1	后部输送机机头监测分站
隔爆兼本安型控制器	6DCA03	台	1	后部输送机机尾监测分站
隔爆兼本安型控制器	6DCA04	台	1	前部输送机机尾监测分站
传感器组件	3JSC63B	套	5	减速器传感器
矿用铠装电缆	LCYVB4	套	1	传感器连接、通信等
矿用快换电缆连接器	WKJ16-2B	套	1	矿用铠装电缆连接
监控箱安装板	142SG13	件	4	输送机控制器安装板
流量传感器 KJ16	GLW15/3.6	个	5	
矿用多芯信号电缆 $1\times6\times7/0.28$	MHYVRP	m	120	电机传感器连接、数据上传等通信
矿用电缆 $3\times1.5\ mm^2$	MKVVR	m	120	监测主站、分站电源进线

注:按刮板输送机长度 200 m、转载机长度 50 m、转载机控制器作为监测装置主站的条件进行配置。

4.4.2　基于多传感的煤矸识别试验研究

放煤过程自动化控制的核心是要获得放煤时煤和矸石在不同下落阶段的特征值及在堵煤、卡煤故障状态时的特征值,并对其进行特征识别,进而为放煤过程自动化系统提供控制依据。由于综放工作面现场条件差,因此准确地采集到反映现场状况的信号是研究的关键。基于多传感的煤矸识别试验研究通过采集液压支架尾梁的振动信号以及声波信号分析识别煤矸界面。首先对尾梁的振动进行理论建模及分析,提出在煤和矸石下落随机冲击尾梁过程中尾梁的振动行为具有统计规律的观点,为后续煤和矸石特征的提取及识别提供了理论依据。然后根据传感器的选用原则及试验现场情况,介绍了试验所采用的煤矸信号数据采集系统的组成结构,讨论了传感器的安装位置以及现场工作面的情况。

4.4.2.1　信号的拾取

放顶煤过程中,煤或矸石的下落对液压支架尾梁形成冲击,造成尾梁振动,下落过程中同时会产生相应的声波信号。如何拾取放顶煤过程中的尾梁的振动和声波信号,是研究煤矸界面自动识别的重要步骤之一。

（1）振动传感器选型

尾梁振动信号采用加速度传感器采集,声波信号采用声压传感器采集。而传感器的选择应考虑以下技术指标。

① 灵敏度

通常在线性范围内,灵敏度越高越好。但是,灵敏度越高,传感器的输出信号受外界干扰的影响越大。因此,为了保证所采集信号的可靠性,需要选择合适的灵敏度。

② 频率响应特性

频率响应特性指的是灵敏度在频率变化时的特征,包括两个方面:一是传感器的输出不失真;二是传感器的响应时间。因此,要保证在所要测量频率范围内,响应时间越短越好。

③ 线性范围

线性范围表征传感器的测量范围,在线性范围内,传感器的输出信号与测量信号具有比例关系。因此,所测量的信号范围要在传感器线性范围内或者近似线性范围内,只有这样才能保证所测得的信号不失真。

④ 稳定性

传感器使用一段时间后,其性能保持不变的能力称为稳定性。要根据具体的环境合理地选择传感器,影响传感器稳定性的因素包括温度、湿度、电磁辐射、空间限制。对于振动传感器,还要考虑附加质量等。

⑤ 精度

精度是传感器的一个重要技术指标,要根据测量的目的对精度的要求合理地选择传感器。通常情况下,定量分析对传感器精度的要求较高,而定性分析对传感器精度的要求相对较低。

加速度计因具有频率范围宽、动态范围大、线性度好、稳定性高和安装方便等优点,通常被用来测量振动信号。本书研究选择 GBC80 型矿用本安型振动传感器(图 4-4-2)监测振动信号。

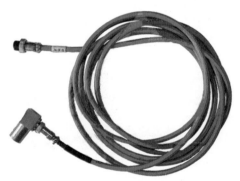

图 4-4-2 GBC80 型矿用本安型振动传感器

矿用本安型振动传感器是基于压电转换原理,内装微型集成电路测量振动信号的传感器,传感器为二线制 4～20 mA 标准电流输出。与电荷输出型压电加速度传感器相比,矿用本安型振动传感器最大的优点是其输出阻抗为电荷输出型压电加速度传感器的几百万分之一,抗干扰能力等综合指标大大增强;与二线制或多线制电压输出型传感器相比,矿用本安型振动传感器最大的优点是温度等环境因素变化时,电缆电阻、接线电阻等不会对信号造成任何影响。该传感器还具有关键技术创新点,高频、低频特性和稳定性得到突破性改善,是新型内装集成电路压电加速度传感器。

该传感器具有 0.1 Hz～35 kHz 的频率范围和 10～80 ms 的动态范围;具有良好的归一化特性、接插互换性和产品齐套性;可以独立组成最小测量系统;可与具有 4～20 mA 接口仪器无缝连接;可与众多仪器或信号处理设备配套使用;利用信号调理器积分功能可组成速度传感器系列和位移传感器系列。

该系列传感器变送器为矿用本质安全型设备,防爆标志为 Exib I Mb。

其主要技术参数如下。

工作电压:10~24 V。

工作电流:≤30 mA。

输出信号:4~20 mA(二线制)。

测量范围:0~80 m/s^2。

误差:±1.6 m/s^2。

频率:80 Hz。

输出信号制式:模拟信号型 4~20 mA,电平不大于 3 V,对应的显示范围为-80~80 m/s^2。

环境温度:-10~40 ℃。

相对湿度:≤98%。

工作环境:无显著振动和冲击的场合,含有煤尘或瓦斯的有爆炸危险的煤矿井下。

贮运环境温度:-40~60 ℃。

贮运环境相对湿度:≤98%。

贮运环境振动加速度:20 m/s^2。

贮运环境冲击加速度:300 m/s^2。

外形尺寸:43 mm×18 mm×17 mm。

质量:≤0.3 kg。

外壳材质:不锈钢。

(2) 声压传感器选型

放煤过程的声音信息采集选取 CRY2120 型声压传感器(图 4-4-3)。

图 4-4-3　CRY2120 型声压传感器

传感器技术参数如下。

测量范围:35~120 dB(A)。

动态范围:≥90 dB(A),不需要切换量程。

频率范围:10 Hz~20 kHz。

频率计权:A(默认)、C、Z。

时间计权:F(默认)、S。

声压级输出:RS485,4～20 mA。

供电:直流 5～24 V(标配 220 V-5 V 电源适配器)。

尺寸:ϕ24.5 mm×115 mm。

温度范围:－40～80 ℃。

相对湿度:≤80%。

外壳材质:不锈钢,坚固防腐。

4.4.2.2 煤矸信号数据采集

试验所采用的煤矸信号数据采集系统的结构组成如图 4-4-4 所示。该系统包括振动传感器、声压传感器、软件系统、无线路由器等,主要用于放顶煤过程中尾梁振动信号和声波信号的数据采集、记录、分析等工作。试验系统的平台包括软件、硬件两个部分:硬件部分为3560B 型数据采集前端,软件部分为 7700 型平台软件及其应用软件。

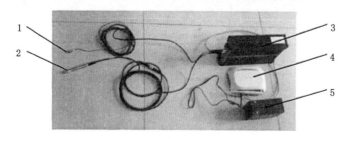

1—振动传感器;2—声压传感器;3—3560B 型数据采集前端;4—无线路由器;5—电源。

图 4-4-4　煤矸信号数据采集系统结构组成

在试验过程中,依次在全煤下落、含 30%矸石下落、含 50%矸石下落、全矸下落和卡煤五种状态下采集原始声波信号。试验模型如图 4-4-5 所示。

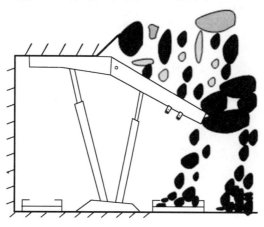

图 4-4-5　放煤过程的试验模型

试验现场照片如图 4-4-6 所示。

4.4.2.3 试验信号特征提取

在放顶煤过程中,煤或矸石下落撞击液压支架的尾梁,引起尾梁振动,并因碰撞发出声波。煤和矸石物理力学性能不同,造成的振动和声波也有所不同。

| 煤炭 | 液压支架 | 噪声源 | 矸石 | 声压传感器 |

图 4-4-6　试验现场照片

因此,可以通过检测尾梁的振动和声波信号达到煤矸界面识别的目的。该方法的实质是模式识别,包括煤下落和矸石下落两种模式。模式识别包括特征提取和识别两个方面,识别流程如图 4-4-7 所示。

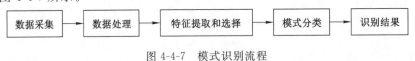

图 4-4-7　模式识别流程

本书所有研究数据全部采集于放煤现场,由于技术条件限制,识别过程采用离线方式,即现场采集数据并存储,在实验室利用 Matlab 软件对数据进行分析。

该试验研究采用经验模态分解的方法对液压支架尾梁的振动信号进行处理,首先提出了三种煤矸振动特征的提取方法,分别是基于 IMF(本征模函数)分量的能量特征提取方法、基于 IMF 分量的峭度特征提取方法和基于 IMF 分量的波峰因子特征提取方法。结合 Hilbert 变换,又提出了另外三种煤矸振动特征提取方法,分别是基于 Hilbert 谱能量的特征提取方法、基于 Hilbert 边际谱能量的特征提取方法和基于 IMF 分量的 Hilbert 边际谱能量的特征提取方法。然后,理论分析了能量图谱与尾梁振动状态之间的物理联系。最后,以马氏距离统计判别法结合 IMF 分量的能量、峭度和波峰因子三种特征,分别对尾梁振动信号进行了识别。

(1) 小波降噪

小波变换是一种崭新的时域(频域)信号分析方法。它的发展和思想都来自傅立叶分析,且在保留了傅立叶分析优点的基础上,较好地解决了时间和频率分辨率的矛盾,在频域与空间域中能够同时具有良好的局部化特性,可以进行局部分析。小波降噪的基本原理是根据原始信号和噪声的小波系数在不同尺度上所具有的不同性质,构造相应的规则,在小波域采用其他数学方法对含噪信号的小波系数进行处理。

① 连续小波变换

设 $\psi(t) \in L^2(R)[L^2(R)$ 表示平方可积的空间,即能量有限的信号空间],其傅立叶变换为 $\hat{\psi}(\omega)$。当 $\hat{\psi}(\omega)$ 满足允许条件:

$$C_\varphi = \int_{-\infty}^{+\infty} \frac{|\hat{\psi}(\omega)|^2}{|\omega|} \mathrm{d}\omega < \infty \qquad (4\text{-}4\text{-}1)$$

时,我们称 $\psi(t)$ 为一个基本小波或母小波。将母小波函数 $\psi(t)$ 伸缩和平移后,就可以得到一个小波序列。对于连续情况,小波序列为:

$$\psi_{a,b}(t) = \frac{1}{\sqrt{|a|}} \psi\left(\frac{t-b}{a}\right) \quad (a,b \in \mathbf{R} \text{ 且 } a \neq 0) \qquad (4\text{-}4\text{-}2)$$

式中 a——伸缩因子;

b——平移因子;

$\dfrac{1}{\sqrt{|a|}}$——能量归一化因子。

这样对于任一信号 $f(t) = \dfrac{1}{C_\varphi} \displaystyle\int_0^\infty \int_{-\infty}^\infty \dfrac{1}{a^2} \omega_f(a,b) \psi\left(\dfrac{t-b}{a}\right) \mathrm{d}a\mathrm{d}b$,连续小波变换定义为:

$$\mathrm{CWT}(a,b) = \langle f(t), \psi_{a,b}(t) \rangle = \int_{-\infty}^{m} f(t) \overline{\psi}_{a,b}(t) \mathrm{d}t \qquad (4\text{-}4\text{-}3)$$

其逆变换为:

$$f(t) = \frac{1}{C_\varphi} \int_0^\infty \int_{-\infty}^\infty \frac{1}{a^2} \omega_f(a,b) \psi\left(\frac{t-b}{a}\right) \mathrm{d}a\mathrm{d}b \qquad (4\text{-}4\text{-}4)$$

② 离散小波变换

实际应用中,尤其是在计算机上实现,如在信号处理领域,必须对连续小波加以离散化。需要强调的是,这一离散化都是针对连续的尺度参数 a 和连续平移参数 b 的,而不是针对时间变量 t 的,这与其他形式的离散化不同。在连续小波中,考虑函数:

$$\psi_{a,b}(t) = \frac{1}{\sqrt{|a|}} \psi\left(\frac{t-b}{a}\right) \qquad (4\text{-}4\text{-}5)$$

这里,$a,b \in \mathbf{R}$,$a \neq 0$ 且 ψ 是容许的,为方便起见,在离散化中限制 a 取正值,则容许条件变为:

$$C_\varphi = \int_0^{+\infty} \frac{|\hat{\psi}(\omega)|^2}{|\omega|} \mathrm{d}\omega < \infty \qquad (4\text{-}4\text{-}6)$$

通常,连续小波变换中的伸缩因子和平移因子的离散化公式为:

$$\begin{cases} a = a_0^j \\ b = k a_0^j b_0 \end{cases} \qquad (4\text{-}4\text{-}7)$$

这里,$j \in \mathbf{Z}$,扩展步长 $a_0 \neq 1$,是固定值,且假定 $a_0 > 1$。

$$C_{j,k} = \int_{-\infty}^\infty f(t) \psi_{j,k}^* \mathrm{d}t = \langle f, \psi_{j,k} \rangle \qquad (4\text{-}4\text{-}8)$$

其重构公式为:

$$f(t) = C \sum_{j=-\infty}^\infty \sum_{k=-\infty}^\infty C_{j,k} \psi_{j,k}(t) \qquad (4\text{-}4\text{-}9)$$

其中，C 是一个与信号无关的常数。

然而，怎样选择 a_0 和 b_0 才能够保证重构信号的精度是非常重要的，显然，网格点越密（即 a_0 和 b_0 越小），重构信号的精度越高。这是因为如果网格点越稀疏，使用的小波函数 $\psi_{j,k}(t)$ 就越少，离散小波系数 $C_{j,k}$ 就越小，信号重构精确度也就越低。

（2）Hilbert 变换

传统的傅立叶变换对处理平稳信号非常有效，分解出来的频率分布于整个信号范围内，而对于非平稳信号，其频率是随时间变化的，因此傅立叶变换处理非平稳信号具有很大的局限性。而经过实践验证，Hilbert 变换是研究信号瞬时特性的有效工具。对于非平稳信号，采用 Hilbert 变换把实信号变成复信号来处理，即解析信号。最终得到时频平面上的 Hilbert 能量分布谱图，从而准确地表达信号在时频面上的各类信息。

对于平稳信号，经过傅立叶变换后得到的频率曲线是一个正弦波或者余弦波，并且存在于整个时域范围内。但当信号的周期小于一个正弦波或者余弦波的周期时，傅立叶变换得到的频率就不能如实反映信号的频率，而非平稳信号就包含这样的信号，所以传统的频率概念不能反映非平稳信号的频域情况。因此提出瞬时频率的概念，它是时间的函数。瞬时频率的定义方法不统一，但是自从有了 Hilbert 变换以后，定义瞬时频率的困难基本得到解决。

对于任意一实函数 $x(t)$，它的 Hilbert 变换为：

$$y(t) = \frac{1}{\pi} P \int_{-\infty}^{+\infty} \frac{x(t)}{t-\tau} \mathrm{d}\tau \qquad (4\text{-}4\text{-}10)$$

式中　P——柯西主值，即瑕积分的积分值。

简单的 Hilbert 变换不能表达出一个一般信号的所有范围的瞬时频率，因此可以先把数据分解成简单的基本模式向量，这种基本模式向量即固有模态函数分量。满足以下两个条件的信号称为固有模态函数：① 信号在整个时间长度内，极值点的数量和过零点的数量必须相等，或者相差最多不能超过 1 个；② 在任一时刻，分别由局部极小值点连接而成的下包络线和由局部极大值点连接而成的上包络线的平均值为零，也就是说上、下包络线相对时间轴局部对称。根据定义可以看出，固有模态函数能够反映信号内部固有的波动性，在它的每一个周期上，仅仅包含一个波动模态，不存在多个波动模态混淆的现象。

求取信号的平均值是局域波分解的第一步，目前主要有三种方法：上下包络法、自适应时变滤波法以及极值域法，下面主要介绍上下包络法和自适应时变滤波法。

① 上下包络法

此法基于对原信号的直接观察，由连续交替的局部最大值与最小值或者由连续的过零点值来识别信号的特性。可分别用三次样条曲线对得到的局部最大值和最小值点进行拟合得到上下包络线，这样信号所有数据将被包含于上下包络线之间。

② 自适应时变滤波法

此法先找到原信号 $x(0)$ 全部的局部极大值点和极小值点，与上下包络法不同的是，其不用区分局部最大值和最小值，而是以这些极值点组成一个新的序列。

首先求出极值点处的均值，但求均值时使用了与其相邻的 2 个极值点间所有数据，然后对求得的局部均值进行三次样条曲线拟合，得到信号的均值曲线。

小波降噪后的放煤过程四种放煤阶段的声音信号经经验模态分解（EMD）后的波形如图 4-4-8 至图 4-4-11 所示。

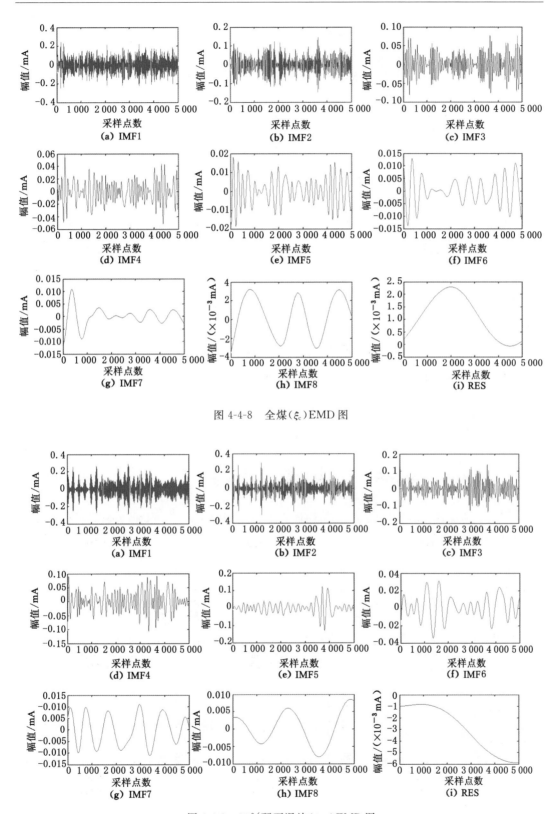

图 4-4-8 全煤(ξ_c)EMD 图

图 4-4-9 30%矸石混放($\xi_{0.3}$)EMD 图

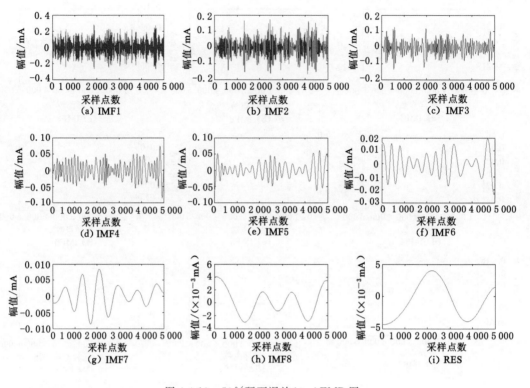

图 4-4-10　50%矸石混放($\xi_{0.5}$)EMD 图

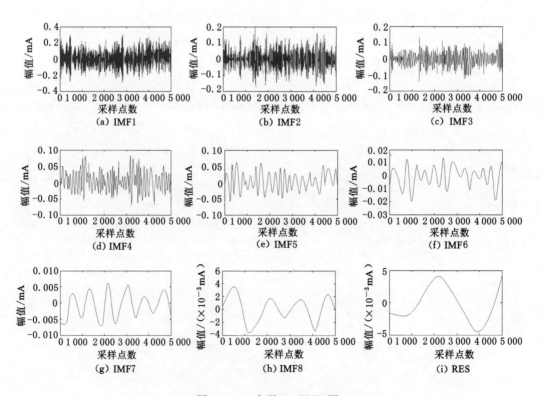

图 4-4-11　全矸(ξ_g)EMD 图

4.4.2.4 多传感融合的放煤融合算法

放顶煤的放煤过程参数化融合判决是一个多数据、多信息的复杂判决过程,需要解决振动、声波信号与图像信息的融合问题。鉴于放顶煤过程参数化所做的工作,针对放顶煤过程的煤矸识别,根据放煤过程中的煤和矸石对支架尾梁的振动信号、下落物体产生的声波信号以及煤和矸石下落的图像信息等,进行多信息融合的特征提取,并联合属性判决,找出需要关闭放顶煤窗口的合理含矸率。

不同的信息融合过程有不同的信息融合模型。在检测级融合中,有分散式结构、并行结构、串行结构、树状结构及带反馈的并行结构这几种典型结构。

图 4-4-12 所示为数据融合的并行结构。

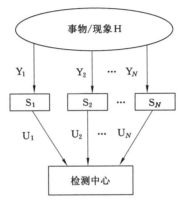

图 4-4-12 数据融合并行结构

从该结构可以看出,N 个局部节点的检测传感器 $S_1,S_2,\cdots,S_N$ 在收到未处理的原始信号 $Y_1,Y_2,\cdots,Y_N$ 后,在局部节点分别做出局部检测判决 $U_1,U_2,\cdots,U_N$,然后在检测中心通过融合得到全局判决。

在位置融合过程中常用的结构有集中式、分布式、混合式和多级式典型结构。

在属性识别过程中常用的结构有决策层属性融合、特征层属性融合和数据层属性融合结构。

图 4-4-13 为特征层属性融合的结构。

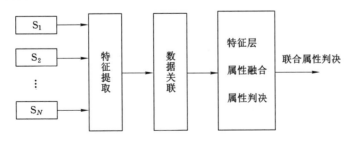

图 4-4-13 特征层属性融合结构

从图 4-4-13 中可以看出,每个传感器观测一个目标,然后对每个传感器的数据进行特征提取,并对提取的特征数据进行关联性融合,最终对其做出联合属性判决。

图 4-4-14 为放顶煤过程中煤矸识别的数据融合结构。

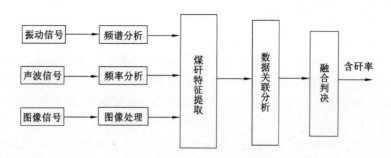

图 4-4-14　放顶煤过程中煤矸识别的数据融合结构

由图 4-4-14 可知,获取每个传感器在同一工况的特征信息后,数据关联分析和融合判决是数据融合的核心,如果将这两个过程统一称为信息融合中心,则图 4-4-14 的后面结构可以简化为图 4-4-15。

图 4-4-15　信息融合中心

利用多个传感器所获取的关于对象和环境的全面、完整信息,主要体现在融合算法上。因此,多传感器信息融合的核心问题是选择合适的融合算法。对于多传感器系统来说,信息具有多样性和复杂性,因此,对信息融合方法的基本要求是具有鲁棒性和并行处理能力。此外,还有方法的运算速度和精度,与前续预处理系统和后续信息识别系统的接口性能,与不同技术和方法的协调能力,对信息样本的要求,等等。综采放顶煤的放煤过程为一非线性系统,基于非线性的数学方法,如果它具有容错性、自适应性、联想记忆和并行处理能力,则都可以用来作为融合方法。多传感器数据融合虽然未形成完整的理论体系和有效的融合算法,但很多应用领域根据各自的具体应用背景,已经提出了成熟有效的融合方法。

对于放顶煤过程中的煤矸识别,每个检测器经过特征提取做出的局部判决 u_i 获取的参数信息为含矸率,其为 0～1 之间的任意数值。

$$u_i = i \quad 0 \leqslant i \leqslant 1 \tag{4-4-11}$$

因此经过信息融合中心得到的判决即其输出判决 u_0 也是 0～1 之间的任意数值,用式(4-4-12)表示:

$$u_0 = i \quad 0 \leqslant i \leqslant 1 \tag{4-4-12}$$

对于放顶煤过程中的堵煤或者卡煤,局部检测器做出是否堵煤的 0、1 判决,进而 u_i 为式(4-4-13):

$$u_i = \begin{cases} 0 & \text{检测器 } i \text{ 判决 } H_0 \text{ 不存在} \\ 1 & \text{检测器 } i \text{ 判决 } H_0 \text{ 存在} \end{cases} \tag{4-4-13}$$

局部判决形成后输入信息融合中心,经过决策判决后得到的输出判决 u_0 为式(4-4-14)。

$$u_0 = \begin{cases} 0 & H_0 \text{ 不存在} \\ 1 & H_0 \text{ 存在} \end{cases} \tag{4-4-14}$$

4.4.2.5 煤矸信号分类

试验数据特征提取后利用 LibSVM 进行分类,获得了比较理想的精度,并成功地对全煤信号、30%矸石信号、50%矸石信号、全矸信号进行了分类。分类结果如图 4-4-16 所示。

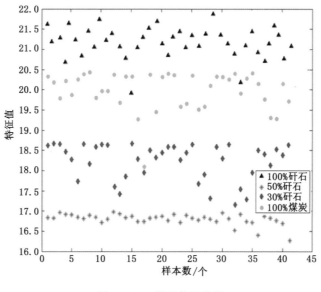

图 4-4-16　煤矸信号分类

由图 4-4-16 可知,经过上述方法特征提取后,获取的特征值经过分类,其精度基本为100%,这说明利用该试验方法实现煤矸识别是可行的。

在现场应用中,由于当前的声压传感器全部为一般型传感器,不能适应煤矿井下环境,同时,赵家寨煤矿在开采过程中上升为瓦斯突出矿井,因此在课题实施中无法使用该声压传感器。通过对 12211 工作面液压支架的振动信号进行分析发现,检测到的振动信号微弱,无法体现煤矸下放时的特性,分析原因为煤矸基本是顺着尾梁滑落到后部刮板输送机的,所以将传感器安装在液压支架尾梁后部时,信号采集效果不理想,应该将振动传感器安装在后部刮板输送机的合理位置。但考虑落煤会对传感器造成极大损坏,故而该方案也不可取。所以该课题最合理的方案是利用适应煤矿井下环境的煤安型声压传感器进行信号采集。

4.4.3 矿井煤质智能化管理

煤质智能化管理系统主要采集和处理电子皮带秤管理系统、灰分监测系统、自动配煤系统、煤质化验系统等系统的数据信息。煤质化验室承担公司商品煤和内部入选原煤的质量检测工作,以其检测数据作为商品煤和入选原煤结算的质检依据。电子皮带秤管理系统采用开封市测控技术有限公司生产的 CS-ST 型矿用带式输送机称重系统,负责全矿井主要带式输送机的流量统计。灰分监测系统采用北京斯凯尔科技有限公司生产的 SCL-2000A 型在线煤灰分仪(双源型)5 台、SCL-WY(KJ841)型自然 γ 射线无源型灰分仪 3 台,负责全矿井主要带式输送机的在线灰分数据监测。自动配煤系统采用徐州博林电子科技有限公司生产的筛选集控系统,主要实现筛选系统设备远程监控、自动配仓和自动配煤功能。

目前煤炭市场形势整体好转,煤炭价格上升趋势明显。为了增加矿井整体经济效益,实现矿山二次创业,对原筛选系统进行设备和工艺改造,将筛上产品进行二次筛选,优化和完善了整个筛选加工工艺,充分发挥了螺旋筛的性能,使其达到最佳分选效果,大大减少了煤炭资源流失,为公司创造了巨大的经济效益。利用返仓系统将残次煤种与原筛选系统生产的商品煤进行合理混配,利用成熟的 PLC 技术和现场总线网络通信技术实现对各类运输机械及辅助设施的控制,使其能按规定的煤质要求完成商品煤的配煤任务,并完成相关数据的管理工作。自动配煤系统可以有效地提高原煤利用率,节约资源,增加企业收益,实现经济效益最大化。

建立煤质智能化管理系统的总体目标是利用计算机网络快速、便捷、准确地传递、调取所需煤质数据,统计各种煤质信息;实现煤质数据管理自动化,改变目前煤质数据传递手段落后、工作效率低的局面,避免重复列表、重复填写质检数据,自动形成各种煤质台账,进行上下限审核、相关性审核等;实现煤质趋势分析、对比分析,并配以图形显示;使各相关部门和领导能及时了解和掌握公司入选原煤、各种商品煤的质量,为集团公司领导、各部门提供决策依据。

整个系统中,每个子系统都有各自所需要实现的功能,而每个功能的实现都离不开对数据库的访问。例如,煤质化验室需要从数据库中调入煤层煤样、商品煤样化验分析底账进行审核;数据修改功能能够根据样品编号调入煤层煤样、商品煤样化验分析底账等数据进行修改;生产调度中心煤质管理功能可以将煤质化验室的煤质数据进行汇总统计,形成煤质日报。

由于整个矿山的电脑等设备是经过多年逐批购买的,计算机硬件、安装的操作系统及数据库都有很大差异,尤其是由于数据库的开发时间不一样,数据库的类型、表结构、数据项都存在异构现象。因此,要开发煤质信息管理系统来统一管理矿山的各个质量监督环节,实现信息的共享,就必须解决异构数据库集成的问题,搭建一个统一的平台。

4.4.3.1 煤质智能化数据分析

地面筛选生产集控系统实现了在线灰分监测仪数据与筛选集控系统数据的通信,根据在线灰分监测仪监测的灰分数据对生产煤进行分装、分运、分储,通过预先设置的控制程序,实现自动配仓和自动配煤功能,有效分配和平衡优质煤和劣质煤,并通过对煤质化验结果的误差分析,对设备运行方式和系统参数进行优化改进,确保配煤的准确性,配仓时效性高、性能稳定,杜绝煤质事故,并实现煤质数字化管理。S7-1200 和 S7-300 通信网络拓扑如图 4-4-17 所示。

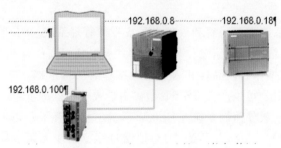

图 4-4-17　S7-1200 和 S7-300 通信网络拓扑

基于此,建立了一套基于灰分热量自动监测的筛选厂自动配仓系统研究模型,根据位于上仓胶带的在线灰分监测仪自动监测的数据对筛选系统各个设备进行自动化集控改造,使设备能够联锁控制,实现集中监测监控;根据对煤质化验结果的误差分析,对设备运行和系统参数进行优化。

我国动力配煤技术是在 20 世纪 80 年代实现产业化的,其中对配煤质量指标的计算是在煤的工业分析等煤质指标具有线性可加性的基础上实施的。煤炭系统自开展动力配煤以来,经过多年的实践、运行后发现,并不是所有基准的煤质指标都可以按含分析水的各种单煤的配比进行加权平均计算,只有空气干燥基的一些指标(如 A_{ad}、V_{ad} 和 $Q_{gr,ad}$ 等)符合线性可加性,可按加权平均法对配煤指标进行计算。

由于煤质指标的基准不同,因此,在计算配煤的主要煤质指标时,必须把各单煤煤质指标和配煤的煤质指标换算成同一基准,否则计算出的配煤各指标的理论加权平均值将会与其实测值之间产生较大的偏差。目前,上仓胶带使用的 SCL-2000A 型灰分仪采用穿透能力很强的低能及中能 γ 射线和智能化的计算机处理软件,对煤的粒度、煤的水分、煤层厚度、煤层断面的对称性等影响不大,可以连续测量输送带上物料的灰分值,以及加权平均值。

4.4.3.2 系统界面

该系统主色调为蓝色,简洁明快,各功能区划分清晰,和对话框、弹出框等风格匹配,节省空间,切换方便,合乎视觉流程和用户使用心理,易于操作。视图如图 4-4-18 所示。

图 4-4-18 煤质智能化管理系统主界面

系统采取删除确认来避免误删除;及时提供反馈,当录入错误数据时给予明确提示;告诉用户正处于系统的什么位置,避免用户在错误环境下进行操作。

统计管理功能用来统计各种煤质数据。它包含多个子功能,如形成质检日报、生成原煤质量统计表、生成商品煤质量统计表以及商品煤质量统计趋势分析等功能。在统计模块中以生成原煤质量统计表为例进行说明(图 4-4-19)。

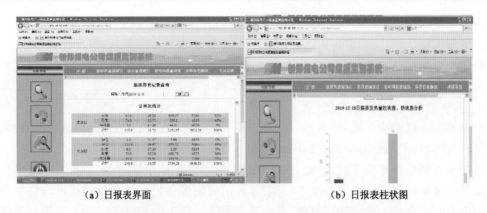

(a) 日报表界面　　　　　　　　　　　　　　(b) 日报表柱状图

图 4-4-19　煤质智能化管理系统原煤质量统计表

该系统可以控制不同热值区间的煤落至不同煤场,防止优、劣煤混放而造成煤质事故,并自动生成报表。通过系统生成的柱状图、饼状图分析每天、每班生产的优、劣煤比例,以此加强现场煤质管理以及合理调配生产组织。煤质信息管理系统已经通过了系统测试,测试表明,该系统模块功能完善,运行正常,实现了对用户的开户与权限设定、基础数据维护、系统初始化、数据导入、数据备份、数据恢复功能及各权限下的系统功能。

综上可知,煤质信息管理系统采用 SIEMENS S7-300 系列 PLC 作为核心,通信组网能力强,通过 OPC 技术将煤质数据(灰分值、皮带秤数据)经工业环网传输至 PLC,通过预先设置的控制程序,实现商品煤分装、分运、分储,并自动显示落煤点、落煤量、落煤时间。利用 SQL Sever 数据库强大的存储、处理数据能力,对商品煤质量指标进行计算,自动计算各个落煤点灰分值,及时掌握商品煤发热量数据。煤质信息管理系统实现了对原煤产量、灰分、配煤量、配仓量、煤质化验数据、商品煤销售数据等信息进行综合分析、自动处理、自动发布,达到了煤质信息智能化、公开化、透明化。应用煤质智能化管理系统,各相关部门和领导能及时了解和掌握公司入选原煤、各种商品煤的质量,从而为公司领导、各部门提供决策依据。同时该系统将这些分布式的"信息孤岛"连接起来,构建成一个统一的平台,实现信息的共享,并接入矿井综合自动化监控系统。

煤质智能化管理系统能够利用计算机网络,快速、便捷、准确地传递、调取所需煤质数据,统计各种煤质信息,实现煤质数据管理自动化,改变目前煤质数据传递手段落后、工作效率低的局面,避免重复列表、重复填写质检数据,能够自动形成各种煤质台账以及进行上下限审核、相关性审核等,实现煤质趋势分析、对比分析,并配以图形显示。该系统的应用能够产生显著的社会效益和经济效益。

4.4.4　系统设计及现场实施

4.4.4.1　工作面生产设备情况

根据技术协议要求,现场生产设备控制开关组成如下。

(1)采煤机

采煤机采用上海创立机械制造有限公司生产的 MG250/600-WD 型交流电牵引采煤机,与主可编程控制箱 PLC 采用 DP 通信。

(2)江苏八达四组合开关

江苏八达四组合开关分别给采煤机和破碎机供电,与主可编程控制箱采用 MODBUS 通信。

(3)太原惠特高压软启动开关

太原惠特高压软启动开关有 3 台,其中 2 台是一代开关,1 台是二代开关。一代开关没有 MODBUS 通信接口,后经厂家改造,但通信数据量很少,重要参数没有上传,比如运行状态、运行电流等。二代开关有 MODBUS 通信接口,通信数据量多,重要参数都能上传。3 台开关分别控制转载机、前部输送机、后部输送机。

4.4.4.2 控制设备组成及实施

根据系统控制需求及方案设计,系统硬件部分主要由以下设备组成:

(1)隔爆兼本质安全型可编程控制箱

12211 工作面综采工作面顺槽控制中心监控设备有隔爆兼本质安全型可编程控制箱 2 台,一台为集控系统可编程控制箱,负责采煤机、破碎机、转载机、前部输送机、后部输送机的控制集成,另一台隔爆兼本质安全型可编程控制箱为信息采集控制装置,负责现场环境的检测和现场所有信息的上传。

图 4-4-20 为系统现场安装调试图。

图 4-4-20 系统现场安装调试图

(2)矿用隔爆型计算机

设备车上安装 2 台矿用隔爆型计算机,一台采集可编程控制箱的数据,一台采集防爆摄像仪的画面。

(3)环境监测传感器

环境监测传感器包括甲烷传感器、一氧化碳传感器、二氧化碳传感器、氧气传感器、温度传感器。

(4)防爆摄像仪

防爆摄像仪有 4 台,主要检测带式输送机、转载机、前部输送机、后部输送机的运行状况。

(5)隔爆型振动传感器

隔爆型振动传感器有 4 台,主要检测工作面液压支架受下落的煤或矸石撞击的振动情况,用于煤矸的识别。

隔爆型振动传感器采用两线制接线方式,因此每台只需要铺设一条两芯通信线即可。由于振动传感器安装在液压支架的后部,通信线必须穿过液压支架,在每穿过一台液压支架时都留有一定长度的通信线,这样在移架时不至于扯断通信线。4 台振动传感器分别安装在 25# 架、50# 架、75# 架、95# 架上。

图 4-4-21 为振动传感器在放顶煤支架尾梁底部安装图。

图 4-4-21　振动传感器安装图

（6）矿用泄漏通信系统

该系统由基地站（包括基地台、汇接机、稳压电源、防爆手机）、信号传输电缆（包括泄漏电缆、双向中继放大器）以及手持机三部分组成。

（7）地面远程监控系统

整个集控系统的数据上传通过矿用光缆从设备车的监控可编程控制箱铺设至风井井底的环网交换机上,再从地面集控室铺设光缆至生产技术科,实现数据上传。

经过和自动化部协商,设置网关 172.16.10.254 的 TCP/IP 以太网通信,需要分配网络 IP 地址的系统设备如下。

生产科办公室:172.16.10.89；

集控可编程控制箱:172.16.10.97；

顺槽控制中心防爆计算机:172.16.10.106；

视频监控计算机:172.16.10.99；

带式输送机摄像头:172.16.10.105。

4.4.4.3　设备控制及实施

（1）采煤机控制及实施

采煤机为上海创立机械制造有限公司生产的 MG250/600-WD 型交流电牵引采煤机,整机采用多电机横向布置结构,采用机载交流变频器"一拖一"控制方式,采用 ABB 集团生产的四象限变频器,电控系统选用德国西门子可编程控制器,具有完备的故障诊断、显示和保护功能,同时具有遥控功能。

由于矿方购置采煤机在该技术项目实施之前,所以该台采煤机不具备通信协议,不具备远程控制功能。

井下工作面环境复杂,且采煤机工作环境恶劣,采煤机通信方式无法使用无线通信,在通信线路上,课题组经过调研和现场分析,特委托德汝电缆(上海)有限公司做了专用矿用抗拉抗拧电缆。该电缆为高柔性机器人电缆、采矿用电缆,采用99.99%无氧纯铜作为导体;在抗拉性上,采用凯夫拉纤维材料及双绞工艺屏蔽电磁干扰;外护套采用进口聚氨酯材料或机器人(robot)材料,可用于极端恶劣的环境;采用特殊的弹性体材料,抗扭抗撕裂耐磨性能优越,耐油耐酸碱耐紫外线。经过一年的使用证明,该电缆性能可靠,适应采煤机恶劣的工作环境。

该控制部分与采煤机厂家协同,通过标准 OPC 协议等实现采煤机顺槽控制中心控制,具有完善的控制、检测、诊断及显示功能,能够实时检测、处理采煤机运行中的各种参数,如电压、电流、速度、温度及负载情况,若某些参数超过允许值则发出相应的报警信号,并进行保护;对采煤机的关键部件进行自检和故障诊断,显示运行中各种参数的图形和数据,并可将图形和数据传送到地面监控中心。表 4-4-2 列出了采煤机主要监控信息。

表 4-4-2 采煤机主要监控信息

序号	名称	数据类型	数据来源	序号	名称	数据类型	数据来源
1	位置	数字量	采煤机监控子系统	25	右切割电机温度断开	开关量	采煤机监控子系统
2	运行方向	数字量	采煤机监控子系统	26	左拖动电机温度预警	开关量	采煤机监控子系统
3	牵引速度	数字量	采煤机监控子系统	27	左拖动电机温度断开	开关量	采煤机监控子系统
4	采煤机电压	数字量	负荷中心	28	右拖动电机温度预警	开关量	采煤机监控子系统
5	采煤机电流	数字量	负荷中心	29	右拖动电机温度断开	开关量	采煤机监控子系统
6	采煤机负荷	数字量	负荷中心	30	变频器温度预警	开关量	采煤机监控子系统
7	采煤机供电状态	数字量	负荷中心	31	变频器温度断开	开关量	采煤机监控子系统
8	左牵引电机电流	数字量	采煤机监控子系统	32	断开左切割电机	开关量	采煤机监控子系统
9	左牵引电机电压	数字量	采煤机监控子系统	33	断开右切割电机	开关量	采煤机监控子系统
10	左牵引电机负荷	数字量	采煤机监控子系统	34	断开左液压泵电机	开关量	采煤机监控子系统
11	左牵引电机温度	数字量	采煤机监控子系统	35	断开右液压泵电机	开关量	采煤机监控子系统
12	右牵引电机电流	数字量	采煤机监控子系统	36	断开左牵引电机	开关量	采煤机监控子系统
13	右牵引电机电压	数字量	采煤机监控子系统	37	断开右牵引电机	开关量	采煤机监控子系统
14	右牵引电机负荷	数字量	采煤机监控子系统	38	断开变频器	开关量	采煤机监控子系统
15	右牵引电机温度	数字量	采煤机监控子系统	39	切割电机漏电保护	开关量	采煤机监控子系统
16	左切割电机电流	数字量	采煤机监控子系统	40	牵引电机漏电保护	开关量	采煤机监控子系统
17	右切割电机电流	数字量	采煤机监控子系统	41	液压泵电机漏电保护	开关量	采煤机监控子系统
18	左切割电机温度	数字量	采煤机监控子系统	42	变频器漏电保护	开关量	采煤机监控子系统
19	右切割电机温度	数字量	采煤机监控子系统	43	左切割电机过载	开关量	采煤机监控子系统
20	变频器温度	数字量	采煤机监控子系统	44	右切割电机过载	开关量	采煤机监控子系统
21	变频器电压	数字量	采煤机监控子系统	45	左牵引电机过载	开关量	采煤机监控子系统
22	左切割电机温度预警	开关量	采煤机监控子系统	46	右牵引电机过载	开关量	采煤机监控子系统
23	左切割电机温度断开	开关量	采煤机监控子系统	47	左液压泵电机过载	开关量	采煤机监控子系统
24	右切割电机温度预警	开关量	采煤机监控子系统	48	右液压泵电机过载	开关量	采煤机监控子系统

（2）惠特高压软启动控制

① 惠特一代高压软启动控制

工作面共有惠特一代高压软启动装置 2 台，为非智能型控制软启动装置，无通信协议，无法使用集成空间的功能。经过与太原惠特科技有限公司协调沟通，最终与厂家软件工程师协同完成该装置通信协议。

该 2 台装置均采用 MODBUS RTU 通信，其传输速率为 9 600 b/s，8 位数据位，1 位停止位，校验方式为偶校验。其 MODBUS 地址固定设置为 11 号和 12 号。利用北京鼎实创新科技股份有限公司的转换桥采集信息，其提供的信息状态有三种：启动代码、运行代码、故障代码。

② 惠特二代高压软启动控制

该装置采用 MODBUS RTU 通信，其传输速率为 9 600 b/s，8 位数据位，1 位停止位，校验方式为偶校验。使用地址 40001～40027 进行通信。

（3）八达四组合开关高压软启动控制

八达四组合开关高压软启动控制采煤机和破碎机，该开关为智能型组合开关，提供远程通信接口，但该开关生产厂家不提供标准 MODBUS 通信协议。课题组先后多次到八达电气（昆山）有限公司调研及协调，经过最终沟通，与公司的工程师共同开发，完成了该智能型组合开关标准 MODBUS 通信协议，采用 8 位数据位，1 位停止位。

为了与该公司其他产品一致，该 MODBUS 通信协议采用无校验方式，而太原惠特开关采用偶校验方式，由于校验方式不同，所有八达四组合开关软启动信息需要北京鼎实创新科技股份有限公司的转换桥采集。

经过配置 MODBUS-PROFIBUS 协议转换桥，最终实现了该智能组合开关的远程控制。该通信信息如表 4-2-9 所示。

（4）输送机控制

前后部输送机均采用总装机功率 800 kW 的 SGZ800/800 型刮板输送机，机头卸载方式为端卸式，机头卸载高度为 900 mm，机尾卸载高度为 650 mm；机头传动部、机尾传动部均采用平行布置方式，联轴节形式采用半联轴＋弹性盘；中部槽采用整体铸造槽帮，中板和封底板采用耐磨材料，中部槽与支架连接为单耳形式，耳板厚度为 110 mm，孔径为 62 mm；牵引方式为齿轨式，节距 126 mm，锻造销排；电机为 YBSS-400G 型单速电机，制造厂家为宁夏西北骏马电机制造股份有限公司；防护等级为 IP54，绝缘等级为 H 级；冷却方式为水冷；数量：前部 3 台，后部 3 台。

该控制部分需与输送机厂家协同，通过标准 OPC 协议等实现顺槽控制中心控制，具有完善的控制、检测、诊断及显示功能；能够实现联锁控制下的协同控制，能够实时检测、处理前后输送机运行中的各种参数，如电压、电流、速度及负载情况，若某些参数超过允许值则发出相应的报警信号，并进行保护，将图形和数据传送到地面监控中心。表 4-4-3 所列为刮板输送机主要监控信息。

通过对工作面刮板输送机及转载机的负荷量的连续监测，随时监视其工作状况，在发生超负荷时（如刮板输送机发生超负荷）可放慢采煤机的牵引速度，减少煤量，从而减轻负荷，实现连续工作。

表 4-4-3　刮板输送机主要监控信息

序号	名称	数据类型	数据来源	序号	名称	数据类型	数据来源
1	刮板输送机运行状态	开关量	通信控制子系统	20	机尾电机高速定子温度2	数字量	设备工况监测子系统
2	刮板输送机闭锁信息	数字量	通信控制子系统	21	机尾电机高速定子温度3	数字量	设备工况监测子系统
3	机头电机高速定子温度1	数字量	设备工况监测子系统	22	机尾电机低速定子温度1	数字量	设备工况监测子系统
4	机头电机高速定子温度2	数字量	设备工况监测子系统	23	机尾电机低速定子温度2	数字量	设备工况监测子系统
5	机头电机高速定子温度3	数字量	设备工况监测子系统	24	机尾电机低速定子温度3	数字量	设备工况监测子系统
6	机头电机低速定子温度1	数字量	设备工况监测子系统	25	机尾减速箱主轴温度	数字量	设备工况监测子系统
7	机头电机低速定子温度2	数字量	设备工况监测子系统	26	机尾减速箱润滑油温度	数字量	设备工况监测子系统
8	机头电机低速定子温度3	数字量	设备工况监测子系统	27	机尾高速电机电压	数字量	负荷中心
9	机头减速箱主轴温度	数字量	设备工况监测子系统	28	机尾高速电机电流	数字量	负荷中心
10	机头减速箱润滑油温度	数字量	设备工况监测子系统	29	机尾高速电机负荷	数字量	负荷中心
11	机头高速电机电压	数字量	负荷中心	30	机尾高速电机运行状态	数字量	负荷中心
12	机头高速电机电流	数字量	负荷中心	31	机尾低速电机电压	数字量	负荷中心
13	机头高速电机负荷	数字量	负荷中心	32	机尾低速电机电流	数字量	负荷中心
14	机头高速电机运行状态	数字量	负荷中心	33	机尾低速电机负荷	数字量	负荷中心
15	机头低速电机电压	数字量	负荷中心	34	机尾低速电机运行状态	数字量	负荷中心
16	机头低速电机电流	数字量	负荷中心	35	链轮张紧装置链张紧度	数字量	设备工况监测子系统
17	机头低速电机负荷	数字量	负荷中心	36	链轮张紧装置电压	数字量	设备工况监测子系统
18	机头低速电机运行状态	数字量	负荷中心	37	链轮张紧装置主轴转速	数字量	设备工况监测子系统
19	机尾电机高速定子温度1	数字量	设备工况监测子系统				

（5）顺槽控制中心

顺槽控制中心包括数据接口转换器、顺槽控制计算机、光纤交换机，顺槽控制计算机实现工作面采煤设备的集中控制和自动化运行，主要功能为自动控制各设备顺序开机、停机和闭锁。启动顺序为"带式输送机→破碎机→转载机→刮板输送机→采煤机"，停机顺序为"采煤机→刮板输送机→转载机→破碎机→带式输送机"，工作面设备闭锁根据煤流方向自动实现。

顺槽控制中心的控制器采用德国西门子S7-300系列PLC，综合考虑各种控制因素最终确定选用模块CPU314C-2DP。表4-4-4所列为PLC分配的输入输出点数。

表 4-4-4　PLC 分配的输入输出点数

输入点数	实际意义	输出点数	实际意义
1	采煤机启停按钮	1	采煤机组合开关继电器线圈
1	组合开关继电器常开触点	1	前部输送机组合开关继电器线圈
1	前部输送机启停按钮	1	后部输送机组合开关继电器线圈
1	组合开关继电器常开触点	1	转载机组合开关继电器线圈
1	后部输送机启停按钮	1	破碎机组合开关继电器线圈
1	组合开关继电器常开触点	5	备用
1	转载机启停按钮	10	总计输出点数
1	组合开关继电器常开触点		
1	破碎机启停按钮		
1	组合开关继电器常开触点		
1	集控启动按钮		
1	集控停止按钮		
1	沿线闭锁线接入备用按钮		
10	备用组合开关继电器常开触点		
23	总计输入点数		

通过顺槽控制中心能够实现对工作面设备的集中控制。在设备列车的控制系统上，可以实现对工作面所有生产设备的全面控制，启动工作面生产自动控制程序，实现设备自动化运行。设备列车的控制系统对工作面生产设备的控制功能有：

① 单设备启停功能，包括刮板输送机、转载机、泵站等。

② 顺序开机功能，启动顺序如下：带式输送机→破碎机→转载机→刮板输送机。

③ 顺序停机功能，停机顺序如下：刮板输送机→转载机→破碎机→带式输送机。

4.4.4.4　控制系统设计

由于该系统涉及前后部输送机、组合开关、智能软启动设备等，需要控制的设备多，因此软件采用模块化的设计方法，将程序分成容易管理的小块，使程序结构简单清晰，易于查错和维护。整个系统由主程序、初始化子程序、控制方式子程序、采煤机控制子程序、采煤机故障诊断子程序、前部输送机控制及保护子程序、后部输送机控制及保护子程序、智能组合开关控制子程序、高压软启动控制子程序、数据处理子程序、通信子程序和保护功能子程序等组成。控制方式的流程如图 4-4-22 所示。

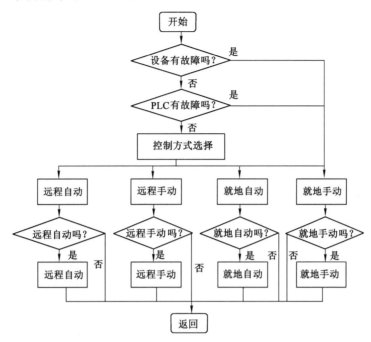

图 4-4-22　控制方式的流程

4.4.4.5　故障监测和保护功能实现

该系统故障监测和保护功能主要包括采煤机故障诊断、前部输送机故障诊断、后部输送机故障诊断、高压软启动故障诊断、智能组合开关故障诊断。在程序实现上,PLC 动态采集每一个物理量对应的传感器的信号,并对它们进行相应的滤波和抗干扰处理,得到更加真实的数据,然后根据系统运行的逻辑和实际情况,将这些数据和 PLC 内部设定的对应的物理量的正常值进行比较。如果满足正常值要求,则说明系统对应的物理量正常;反之,则说明系统对应的物理量不正常。如果不正常,则要报警,并根据对系统不同的危害程度采取不同的保护动作。

另外,还有逻辑错误故障保护。在设备正常运转时,控制系统的各个输入信号、输出信号、中间记忆装置等,相互之间存在确定的逻辑关系。一旦设备出现故障,就会出现异常的逻辑关系。因此,可以在程序设计时,加入系统常见故障的异常逻辑关系程序,一旦异常逻辑关系程序被执行,就表示相应的设备出现故障,即可采取报警、停机等保护措施。

该系统在上位监控计算机中设计了专门的故障画面,当发生故障时,故障画面将自动弹出,以提示和方便工作人员查看。每一种故障都有对应的故障画面,当发生故障时,对应的单元以红光闪烁报警,无故障时,则以绿光静态显示。故障画面形象生动,简单易懂。

5 矿井智能化管理平台及管控系统

5.1 智能矿山整体架构及技术路线

基于 GIS(地理信息系统)"一张图"与三维空间数据智能化矿山管控系统依据综合"一张图"的管理理念,采用最新的空间信息、云计算、大数据、物联网、移动互联网等技术,建立综合"一张图"、共享云服务、智慧矿区标准规范体系、新型安全管理体系及大数据分析平台,为安全生产管控平台提供空间数据和业务数据的集成与应用服务,实现协同调度、集中管控及科学决策;建立高精度全矿区透明化地质模型、巷道模型以及机电设备模型,实现三维矿井管理。

5.1.1 智慧矿山操作系统平台

基于 GIS"一张图"与三维空间数据智能化矿山管控系统将基于华夏天信智能物联股份有限公司(以下简称"华夏天信")自主研发的智慧矿山物联网开放平台(RED-IoT®)进行搭建。智慧矿山物联网开放平台是华夏天信为我国智慧矿山建设而研发的智慧化开放共享平台,是智慧矿山的顶层设计。RED-IoT®基于开放共享的软件定义理念,集成应用 GIM [GIS+BIM(建筑信息模型)]时空"一张图"、工业物联网、云计算、大数据、人工智能、移动互联、虚拟化、网络通信等技术,将矿山信息化、自动化深度融合,能够完成矿山企业所有数据的精准实时采集、高可靠网络化传输、规范化集成融合、可视化展现和实时动态分析,实现生产过程自动化、安全监控数字化、数据应用模型化、生产管理可视化、过程管控智能化,并对"人-机-环"的隐患、故障和危险源提前预知、预防和应急联动处置,使整个矿山具有自主学习、分析和决策能力。

基于 GIS"一张图"与三维空间数据智能化矿山管控系统依托整体架构的智能设备及泛在感知层、传输层、智慧矿山操作系统层(RED-MOS)和智慧矿山应用层(RED-App Store),如图 5-1-1 所示。

(1) 智能设备及泛在感知层:利用物联网技术,全面感知井下人、机、环等的位置、状态,并可以对设备进行控制。

(2) 传输层:除安全监测子系统独立组网外,其他系统均采用现场总线融合组网模式,在网络资源统一协议的基础上实现高效可靠的数据传输。

(3) 智慧矿山操作系统层:是基于矿山云数据中心的开放式、可扩展的智慧矿山内核与操作系统,向下实现各种感知数据的接入,向上为智慧矿山 App 开发提供服务和工具,包括基础设施层(RED-IaaS)和平台层(RED-PaaS)。基础设施层是在统一数据标准的基础上,利用数据标准化统一接入智能网关,兼容各种矿用设备和子系统数据通信协议,实现格式化数据、半格式化数据及非结构化数据的统一接入;采用虚拟化和云计算技术,构建矿山云数

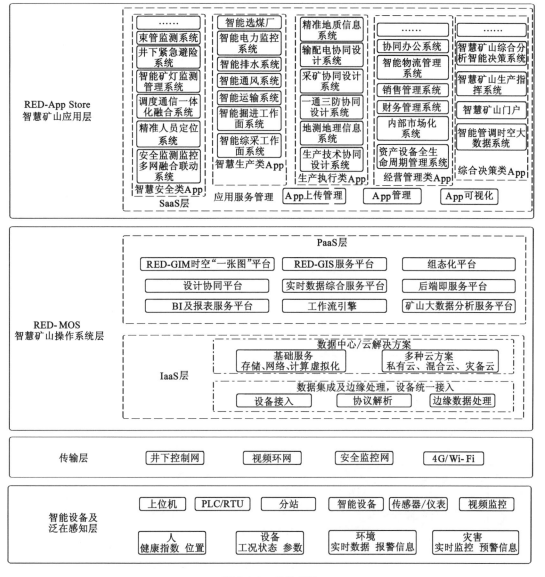

图 5-1-1　整体架构

据中心,实现计算资源、存储资源和网络资源的统一规划与集约建设。平台层包括 GIS 服务平台、GIM 时空"一张图"平台、组态化平台、实时数据综合服务平台、设计协同平台、后端即服务平台、工作流引擎、BI 及报表服务平台、矿山大数据分析服务平台。

(4) 智慧矿山应用层:主要面向矿井生产、安全、经营管理、决策分析实现自动化和信息化融合应用,同时可基于智能终端实现移动互联应用与服务,最终实现应用资源的集成融合、智能联动与动态扩展,真正做到用数据管理、用数据决策、用数据服务。

总之,智慧矿山建设通过对各子系统纵向贯通、横向关联、综合集成、融合创新,形成企业的安全、生产、经营管理的综合性智慧矿山管控平台。平台能够整体安全稳定可靠运行,子系统也能够独立运行,平台发生故障不得影响子系统运行,子系统发生故障不能影响平台运行。平台的人机交互形式包括调度大屏幕、PC 端、移动端 App、VR/AR 等多种形式。

5.1.2 整体技术架构

基于 GIS"一张图"与三维空间数据智能化矿山管控系统的技术架构如图 5-1-2 所示。

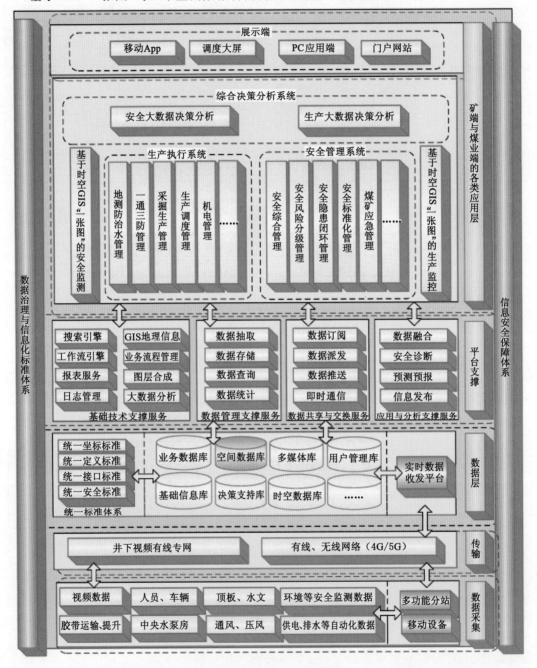

图 5-1-2　应用技术与系统架构

（1）数据感知层：数据感知层将前端感知的视频监控数据、安全监测数据、生产自动化等各类感知传感器的实时数据通过分站、多功能分站、移动设备等进行集中采集。

（2）传输层：传输层利用井下现有的工业环网、视频环网、4G 无线网络等将分站、移动设备等采集的数据统一进行传输。

（3）数据层：数据层统一对数据感知层的各类数据按照统一的标准进行分类存储。

（4）平台支撑层：平台支撑层基于实时数据和业务需求，提供基础的数据抽取、数据可视化、大数据分析等服务，提供基础技术支撑服务、数据管理支撑服务、数据共享与交换服务以及应用与分析支撑服务。

（5）应用层：应用层面向业务应用的服务，主要包括基于时空 GIS"一张图"的安全监测系统、基于时空 GIS"一张图"的生产监控系统、生产执行系统、安全管理系统以及综合决策大数据分析系统，并通过调度大屏、PC 应用端、门户网站、移动 App 等多种方式体现和展示，PC 端、门户网站和移动 App 均可以基于权限控制实现矿端与煤业端的不同用户需求。

5.1.3　核心技术架构

5.1.3.1　数据采集与控制技术路线

基于时空 GIS"一张图"的系统采集与控制的技术架构如图 5-1-3 所示。

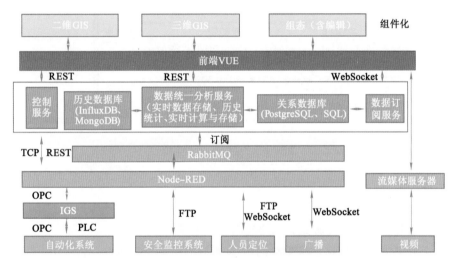

图 5-1-3　系统采集与控制技术架构

系统数据集成主要通过 Node-RED 来实现对井下各类子系统的数据采集与系统控制。Node-RED 支持的协议较多，可以通过 OPC 协议与自动化子系统通信，实现对各子系统的数据采集与系统控制；通过 FTP、WebSocket 等协议进行数据交换、数据获取，实现与安全监控、人员定位、广播等系统的数据共享。

5.1.3.2　微服务技术应用

微服务技术应用实现前后端分离，前端一次性加载后进行实时渲染，与后端通信只有业务数据，支持主浏览器，系统全部应采用 B/S 结构、零插件。

（1）架构原理

微服务架构风格是一种将单个单一应用程序开发为一组小型服务的方法，每个服务运行在自己的进程中，服务间通信采用轻量级通信机制（通常用 HTTP 资源 API）。这些服务围绕业务能力构建并且可通过全自动部署机制独立部署。这些服务共用一个最小型的集中式的管理，服务可用不同的语言开发，使用不同的数据存储技术。微服务技术架构如图 5-1-4 所示。

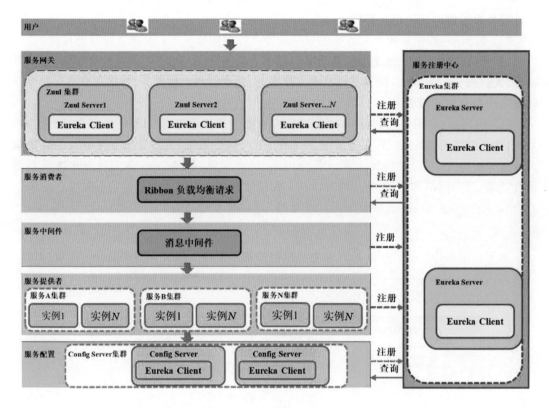

图 5-1-4　微服务技术架构

微服务架构应该具备以下特性：

① 每个微服务可独立运行在自己的进程里。

② 一系列独立运行的微服务共同构建起整个系统。

③ 每个服务为独立的业务开发，一个微服务只关注某个特定的功能，如组态管理、用户管理、GIS 服务等。

④ 微服务之间通过一些轻量的通信机制进行通信，如通过 RESTFUL API 进行调用。

⑤ 可以使用不同的语言与数据存储技术。

⑥ 全自动部署机制。

（2）架构优点

① 易于开发和维护。一个微服务只会关注一个特定的业务功能，所以它业务清晰，代码量较少。

② 低耦合，单个微服务启动较快。单个微服务代码量较少，所以启动比较快；局部修改容易部署；单体应用只要有修改，就得重新部署整个应用，微服务解决了这样的问题。

③ 技术栈不受限。在微服务架构中，可以结合项目业务及团队的特点，合理地选择技术栈。

④ 按需伸缩。可根据需求，实现细粒度的扩展。

⑤ 高可用。各服务模块本身无状态，或基于消息总线提供服务。一个服务可部署多套，通过注册中心统一对外提供服务，任何一个单体异常，不影响整体服务，实现高可用。

（3）组件介绍

① 服务发现组件

各个服务在启动时,将自己的网络地址等信息注册到服务发现组件中,服务发现组件会存储这些信息。

服务消费者可以从服务发现组件中查询服务提供者的网络地址,并使用该地址调用服务提供者的接口。

各个微服务与服务发现组件使用一定机制(如心跳)通信。服务发现组件如长时间无法与某服务实例通信,就会注销该实例。

微服务网络地址发生变更(如实例增减或者 IP 端口发生变化等)时,会重新注册到服务发现组件。使用这种方式,服务消费者无须人工修改服务提供者的网络地址。如图 5-1-5 所示。

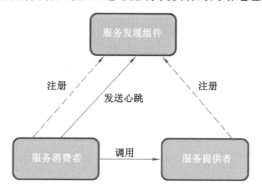

图 5-1-5　微服务注册

② 微服务容错机制

容错机制用于隔离访问远程系统、服务或者第三方库,防止级联失败,从而提升系统的可用性和容错性(图 5-1-6)。主要通过以下几点实现延迟和容错。

包裹请求:包裹对依赖的调用逻辑,每个命令在独立线程中执行。这使用到了设计模式中的"命令模式"。

跳闸机制:当某服务的错误率超过一定阈值时,可以自动或者手动跳闸,停止请求该服务一段时间。

资源隔离:为每个依赖都维护了一个小型的线程池(或者信号量)。如果该线程池已满,发往该依赖的请求就立即被拒绝,而不是排队等候,从而加速失败判定。

监控:可以近乎实时地监控运行指标和配置变化,例如,成功、失败、超时以及被拒绝的请求等。

回退机制:当请求失败、超时、被拒绝,或当断路器打开时,执行回退逻辑。回退逻辑可由开发人员自行提供,例如,返回一个缺省值。

自我修复:断路器打开一段时间后,会自动进入"半开"状态。如果没有容错处理,则"基础服务故障"导致"级联故障",从而形成雪崩效应。

③ 微服务网关

微服务网关可以和注册中心、负载均衡、容错机制等组件配合使用。网关的核心是一系列过滤器,这些过滤器的功能包括:身份认证与安全;动态路由;压力测试;负载分配;静态响

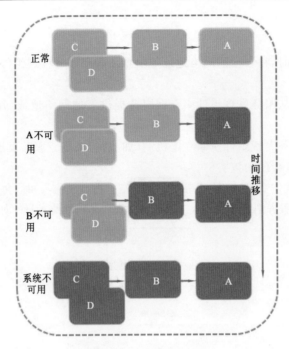

图 5-1-6 微服务容错机制

应处理;多区域弹性。

网关大部分功能是通过过滤器实现的,如图 5-1-7 所示。

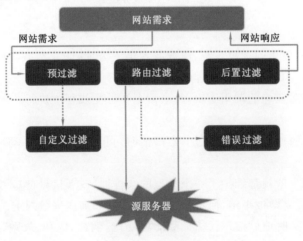

图 5-1-7 微服务网关

④ 配置中心

配置中心组件支持在 GitLab、SVN 和本地存放配置文件,使用 GitLab 或者 SVN 存储库可以很好地支持版本管理,具有如下优点。

a. 集中管理配置。一个使用微服务架构的应用系统可能会包含成百上千个微服务,因此集中管理配置是非常有必要的。b. 不同环境不同配置。例如,数据源配置在不同的环境(开发、测试、预发布、生产等)中是不同的。c. 运行期间可动态调整。例如,可根据各个微服务的负载情况动态调整数据源连接池大小或熔断阈值,并且在调整配置时不停止微服务。

d. 配置修改后可自动更新。如配置内容发生变化,微服务能够自动更新配置。如图 5-1-8 所示。

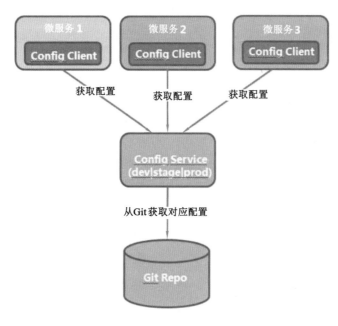

图 5-1-8　微服务配置

5.1.3.3　GIS 技术构架应用

该方案系统设计所采用的 GIS-2D 和 GIS-3D"一张图"管控平台(包括内核系统)都是自主研发,并拥有自主知识产权的。系统内核和应用服务可以根据需求进行定制开发,且不依赖第三方商用平台。

(1) RED-GIS-2D 平台

① GIS-2D 平台功能

RED-GIS® 开放平台是一款完全兼容 DWG 格式的 GIS 开放平台,具有以下功能。

a. 多数据源支持:平台需要支持常用的互联网地图的数据源,如谷歌地图、高德地图、百度地图等。同时,由于煤矿矿图绘制和编辑工具绝大多数为 AutoCAD,因此平台需要能够做到无须转换,直接打开 AutoCAD 的 DWG 格式图形。

b. 提供后台服务:系统以服务式 GIS(Service GIS)的方式提供各种后台功能,Service GIS 是运行于网络上的组件式 GIS。从服务器端来说,就是将组件部署成为网络上的服务,进行全网络范围的共享、重用;从客户端来说,就是使网络服务可以像本地组件一样进行开发、集成。

c. 提供切片服务:切片服务对于实现瘦客户端 WebGIS 和移动端至关重要。RED-GIS-2D 平台支持切片功能。切片本质上是将空间数据分别渲染为不同缩放级别的地图图片,然后将各个级别的图片按照一定规则切分、组织,并存储到硬盘或数据库中,构成一幅完整的地图。相比其他技术,切片地图具有可减小传输数据体积、可多级缩放等优点。

d. 提供空间分析服务:GIS 与一般的计算机辅助制图系统的主要区别在于其具有空间

分析功能。GIS 的空间分析是指以地理事物的空间位置和形态为基础,以地学原理为依托,以空间数据运算为特征,提取与产生新的空间信息的技术和过程,如获取关于空间分布、空间形成以及空间演变的信息。空间分析功能是 GIS 的主要特征,也是评价 GIS 软件的主要指标之一。其运用的手段包括各种几何的逻辑运算、数理统计分析以及代数运算等数学手段。RED-GIS-2D 平台提供的空间分析服务包括空间查询、叠加分析、路径分析、缓冲区分析等。

e. 提供投影变换与坐标转换服务:各种不同的地图数据源,使用的投影和坐标系可能各不相同,RED-GIS-2D 平台能够支持常用的投影和坐标系之间的转换。

f. 提供常用地图操作接口:为了便于二次开发,RED-GIS-2D 平台需要提供一些地图操作的开发接口,主要包括:地图操作的基本功能,如任意设置地图缩放级别,同时加载多幅地图响应各种地图事件;提供控件功能,如导航条控件、按钮控件、按钮组控件、绘图控件、自定义控件;提供对覆盖物的操作功能,如添加/删除各种覆盖物以及设置动画、点聚合、热力图、矢量图标、富标注等。

② GIS-2D 平台总体结构

GIS-2D 平台总体结构如图 5-1-9 所示。

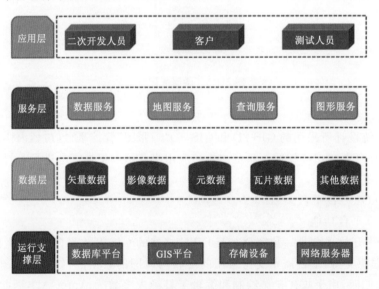

图 5-1-9　GIS-2D 平台总体结构

③ 子模块说明

GIS 服务层(开发语言:C++):

a. 图形打开:能直接打开 DWG 格式的图片,做到无转换打开,无数据丢失;b. 图形渲染:能应用不同的渲染方式如 Bitmap、GDI、OpenGL 等渲染图形;c. 空间信息:能获取图形的空间信息,如坐标数据;d. GIS 分析:能对图形进行 GIS 空间分析;e. 属性查询:能查询图形的属性信息,如图层、颜色等。

Web 服务层(开发语言:Golang):

a. 存储:能对实体和图形数据进行保存,能适配不同的关系型数据库,如 SQLite、PostgreSQL、MSSQL、MySQL、Oracle 等;b. 统计:能统计正在打开的图层数、切片数、用户数、性能信息等;c. 渲染:调用 GIS 服务对图形进行渲染显示;d. 授权:根据授权信息判断是否有权限调用相关服务;e. 切片:能启动子系统对 GIS 图形切片,并存储至相应的数据库;f. 日志:能记录系统运行或错误日志等信息。

JSSDK 层(开发语言:JavaScript):

a. 打开 DWG 图层;b. 打开切片图层;c. 得到元数据;d. 获取实体和图层信息;e. 其他功能如设置图层开关。

(2) RED-GIS-3D 平台

RED-GIS-3D 平台优势充分体现在以下两个方面:

a. 百万级三角网模型加载与渲染的优化技术;

b. 巷道模型加载的响应时间:不超过 1 秒。

为了兼顾渲染效率与渲染质量,GIS-3D 采用 LOD(level of details,多层次细节)技术处理三角网格。LOD 技术可让相同模型在相机距离不同的情况下,显示不同的层次细节(三角网个数)。距离相机越近,模型越精细,三角网个数越多;反之,模型越粗糙,三角网个数越少。这样就可以在不影响渲染质量的同时提升渲染效率。

渲染的时候采用合并渲染策略,将材质属性相同的对象合并,在一个批次完成渲染。例如,有 100 条材质相同的巷道,如果不合并则需要 100 个批次进行渲染,如果合并则只需要 1 个批次就可以完成渲染。

此外,GIS-3D 采用异步加载的调度策略,通过异步线程加载和解析巷道数据,在主线分批渲染,这样既可以保证加载速度又不会降低渲染性能。

5.2　关键核心技术应用

基于 GIS"一张图"与三维空间数据智能化矿山管控系统涉及数据集成、矿井"一张图"、三维可视化、时空"一张图"(GIM)、设计协同、大数据分析以及融合联动等关键核心技术及其应用。

5.2.1　智能网关 Node-RED

智慧化矿山的基石是数据标准化的统一接入,目的是消除所有"烟囱"式的子系统架构,将矿山的业务数据以及安全监控数据进行统一采集,来支撑"业务数据的应用""数据的联合融动""大数据分析"以及"人工智能"。众所周知,在当前的矿方与煤矿设备、产品提供厂商的合作模式下,不同厂商提供的设备、产品所用的数据标准千差万别,各厂商研发的软件系统所使用的技术栈差异巨大,通信协议和数据格式缺乏统一标准,各子系统相互之间无法方便地实现互通,为各个子系统的数据接入工作带来极大的阻力。矿山数据标准化统一接入智能网关,通过标准化的统一接入技术以及标准化的模板规范,极大程度地简化了数据接入的这个"痛点"和"难点"。

矿山数据的统一接入技术包括对矿山各类智能设备、传感器的协议解析,各类信息化系统的数据接入,数据标准化输出等关键技术。

5.2.1.1　Node-RED 背景

Node-RED 是 IBM 公司开发的一个可视化的编程工具。它允许程序员通过组合各部件来编写应用程序。这些部件可以是硬件设备(如 Arduino 板)、Web API(如 WebSocket in

和 WebSocket out)、功能函数(如 range)或者在线服务(如 E-mail)。

Node-RED 提供基于网页的编程环境。通过拖拽已定义节点到工作区并用线连接节点创建数据流来实现编程。程序员通过点击"Deploy"按钮实现一键保存并执行。程序以 JSON 字符串的格式保存,方便用户分享、修改。

Node.js 是一个基于 Chrome V8 引擎的 JavaScript 运行环境,使用了一个事件驱动、非阻塞式 I/O 的模型,轻量又高效。Node.js 的包管理器 NPM 是全球最大的开源库生态系统。理论上,Node.js 的所有模块都可以被封装成 Node-RED 的一个或几个节点。

Node-RED 最初是 IBM 在 2013 年年末开发的一个开源项目,以满足快速连接硬件和设备到 Web 服务和其他软件的需求。作为物联网的一种黏合剂,Node-RED 很快发展成为一种通用的物联网编程工具。重要的是,Node-RED 已经迅速成为一个重要的、不断增长的用户基础和一个活跃的开发人员社区,不断开发新的节点,同时允许程序员复用 Node-RED 代码来完成各种各样的任务。

5.2.1.2 Node-RED 与物联网

Node-RED 是构建物联网(internet of things,IoT)应用程序的一个强大工具,其重点是简化代码块的"连接"以执行任务。它使用可视化编程方法,允许开发人员将预定义的代码块(称为"节点",node)连接起来执行任务。连接的节点通常是输入节点、处理节点和输出节点的组合,当它们连接在一起时,构成一个"流"(flow)。

Node-RED 最初是构建物联网应用程序的工具,用来与现实世界交互和控制设备。随着它的发展,如今 Node-RED 已经成为一个较为开放的物联网开发工具。

IBM 创建 Node-RED 时,主要关注的是物联网,即连接设备到流程、流程到设备的过程。作为一种快速的物联网应用开发工具,Node-RED 既强大又灵活,它的特点来自两个因素的结合。

① Node-RED 是基于流的编程模型。基于流的编程模型很好地映射到典型的物联网应用程序,这些应用程序以真实事件为特征,触发某种处理,从而导致实际操作。Node-RED 将这些事件打包为消息,这些消息为在组成流的节点之间流动事件提供了一个简单而统一的模型。

② 内置节点集是 Node-RED 的第二个优势。Node-RED 建立了一套强大的输入和输出节点,为 Node-RED 的开发者提供了坚实的基础,而不必担心编程细节。

这两个因素使得 Node-RED 成为物联网应用开发者有力的工具。若结合灵活创建功能和使用功能节点,它允许开发人员快速写出任意 JavaScript。Node-RED 社区不断创造和分享新的节点,Node-RED 可能成为物联网开发者的主要工具之一。

5.2.1.3 可视化编程

数据流程(flow)是 Node-RED 中最重要的概念,一个 flow 就是一个 Node-RED 程序,它是由多个节点相互连接在一起形成的数据通信的集合,在 Node-RED 的底层实现。一个 flow 通常由一系列的 JavaScript 对象和若干个节点的配置信息组成,通过底层的 Node.js 环境再去执行 JavaScript 代码。

节点(node)是构建 flow 的最基本元素,也是真正进行数据通信处理的载体。当程序员编写好的 flow 运行起来的时候,节点的功能就是对从上游节点接收到的消息(message)进行逻辑处理,并将返回的新的消息结果传递给下游节点完成后续的工作。一个 Node-RED 的节点包括一个.js文件和一个.html文件,分别完成对节点逻辑功能的实现和节点样式的设计。

消息(message)是节点之间进行数据传输的对象,也是数据的载体。理论上消息是一个JavaScript对象,它包含对数据描述的所有属性。消息是Node-RED处理数据的最基本的数据结构,只有当节点被激活时消息才被处理,再加上所有节点都是相互独立的,这就保证了数据流程是互不影响并且是无状态的。

连线(wire)是构建数据流程和节点与节点之间通信的连接桥梁,wire将节点的输出端连接到下一个节点的输入端,这就表示通过一个节点生成的消息应该交给下一个连接节点来处理。

5.2.1.4 协议

Node-RED支持的协议比较广泛,适合煤矿对各类系统、各类协议、各类传输的数据统一接入。

(1)应用层协议

应用层协议主要有HTTP、WebSocket、FTP、AMQP、REDIS、OPC UA等。

(2)传输层协议

传输层协议主要有TCP、UDP等。

(3)数据库的支持

数据库主要有SQL Server、MySQL、PostgreSQL、MongoDB、InfluxDB等。

(4)格式的支持

文件格式主要为csv、html、json、xml、yaml等。

5.2.1.5 Node-RED应用架构

利用Node-RED技术结合数据标准体系已经成功完成了安全监控系统、人员定位系统、生产自动化系统等多个系统的构建。Node-RED技术架构如图5-2-1所示。

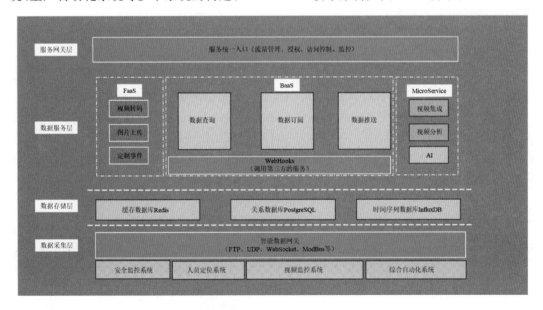

图5-2-1 Node-RED技术架构

（1）数据存储层

数据存储层使用三种不同类型的数据库作为数据存储的方案，其中缓存数据库（Redis）用于存储实时数据，关系数据库（PostgreSQL）用于存储业务数据，时间序列数据库（InfluxDB）用于存储历史数据。

缓存数据库（Redis）：在煤矿行业实时数据尤为关键，为了能够既可靠又高效地访问实时数据，用 Redis 作为数据缓存层，极大地提高访问的吞吐量。

关系数据库（PostgreSQL）：关系数据库对不同业务的子系统（安全监控、人员定位、视频监控、风机监控等）都提供了标准的数据库结构。同时，利用视图和自定义函数为一些常用的报警统计、空间查询等提供相应的支持。

时间序列数据库（InfluxDB）：历史数据、矿上监测类的数据都会归档到时间序列数据库中，为以后的智能报表、大数据分析、机器学习分析预测等提供了数据支撑。

（2）数据服务层

数据服务层采用的是无服务器（Serverless）＋微服务（MicroService）的架构。微服务是软件架构中较为成熟的解决方案，用于开发单一责任与功能的小型功能区块，或者利用模组化的方式组合出复杂的大型应用程序；而无服务器架构可以提供一种更加"代码碎片化"的软件架构范式，即函数即服务（function as a services，FaaS）。

数据库层的接口提供基于关系数据库（PostgreSQL）层的后端即服务（Backend as a Service，BaaS），通过 GraphQL 来查询数据、订阅变化和统计分析。同时，提供 WebHooks 功能，当数据库中字段发生变化时，调用相应的 HTTP 服务。

服务功能层接口提供了许多粒度更细的功能服务，通过功能服务组合的方式来实现更复杂的业务。同时支持第三方开发的功能服务集成，提供了 Csharp、.NET Standard 2.0、Node.js、Python、Ruby、Golang、Java 的模板，对于上述没有列出的开发语言可以用提供应用容器引擎（docker）的方式集成。

通常认为后端即服务（BaaS）和函数即服务（FaaS）的结合就是无服务器架构。

（3）服务网关层

服务网关层提供服务的入口，利用 OpenResty＋Lua 作为支撑，因此服务网关层可以接受和处理成千上万个并发 API 调用，同时做统一的流量管理、授权和访问控制、监控等。

Node-RED 是物联网应用的强大工具。随着它的发展，Node-RED 将适应更广泛的环境，并且变得更加复杂和实用。虽然 Node-RED 的根在物联网中，但是它可以用来构建各种各样的应用程序，而不仅仅是构建物联网应用程序。事实上，Node-RED 已被用于 Web 应用程序、社交媒体应用程序、后台集成、IT 任务管理等多个方面。

5.2.2 GIS"一张图"

矿井 GIS"一张图"利用地理信息系统、协同管理、数据库、即时通信、工作流、大数据分析等技术，构建基于统一数据标准的、以空间地理位置为主线的矿井综合数据库，为智能化矿井建设提供二、三维一体化的位置服务，同时提供生产专业协同设计、数据和信息集成融合、协同管理以及智能决策分析等专业应用。

矿井 GIS"一张图"管理平台的核心是二、三维一体化的位置服务。在此基础上，利用数据综合服务平台、GIS 平台、协同设计平台和协同管理平台提供的工具，矿井"一张图"管理平台能够实现"一张图"集成融合、"一张图"协同设计、"一张图"协同管理和"一张图"决策分析。

（1）地理信息系统概述

地理信息系统（geographic information system，GIS）有时又称为"地学信息系统"，它是一种特定的十分重要的空间信息系统。

地理信息系统是在计算机硬件、软件系统支持下，对整个或部分地球表层（包括大气层）空间中的有关地理分布数据进行采集、储存、管理、运算、分析、显示和描述的技术系统。

位置与地理信息既是 LBS（location based services，基于位置服务）的核心，也是 LBS 的基础。一个单纯的经纬度坐标只有置于特定的地理信息中，代表某个地点、标志、方位后，才会被用户认识和理解。LBS 可在用户通过相关技术获取到位置信息之后，帮助用户了解所处的地理环境，查询和分析环境信息，从而为用户活动提供信息支持与服务。

地理信息系统是一门综合性学科，涉及地理学与地图学以及遥感和计算机科学，是用于输入、存储、查询、分析和显示地理数据的计算机系统，广泛应用在不同的领域。随着 GIS 的发展，GIS 也被称为"地理信息科学"（geographic information science）。GIS 是一种基于计算机的工具，它可以对空间信息进行分析和处理，换言之，可以对地球上存在的现象和发生的事件进行成图和分析。GIS 技术把地图这种独特的视觉化效果和地理分析功能与一般的数据库操作（如查询和统计分析等）集成在一起。

古往今来，人类所有活动几乎都发生在地球上，都与地球表面位置（地理空间位置）息息相关，随着计算机技术的日益发展和普及，地理信息系统以及在此基础上发展起来的"数字地球""数字城市"在人们的生产和生活中起着越来越重要的作用。

（2）地理信息系统的组成

GIS 可以分为以下五部分：

① 人员。人员是 GIS 中最重要的组成部分。开发人员必须定义 GIS 中被执行的各种任务，开发处理程序。操作人员要熟练掌握 GIS 软件的应用和功能。

② 数据。精确的可用的数据可以影响查询和分析的结果。

③ 硬件。硬件的性能影响软件对数据的处理速度，使用方便程度及输出方式。

④ 软件。软件不仅包含 GIS 软件，还包括各种数据库、绘图程序、统计程序、影像处理程序及其他程序。

⑤ 过程。GIS 要求明确定义、一致的方法来生成正确的可验证的结果。

GIS 属于信息系统的一类，其特点为能运作和处理地理参照数据。地理参照数据描述地球表面（包括大气层和较浅的地表下空间）空间要素的位置和属性，在 GIS 中的两种地理数据成分分别为：空间数据，与空间要素几何特性有关；属性数据，提供空间要素的信息。

地理信息系统（GIS）与全球定位系统（GPS）、遥感系统（RS）合称 3S 系统。

地理信息系统是一种具有信息系统空间专业形式的数据管理系统。从严格意义上讲，它是一个具有集中、存储、操作和显示地理参考信息功能的计算机系统。例如，GIS 可以根据数据在数据库中的位置对其进行识别。

地理信息系统技术能够应用于科学调查、资源管理、财产管理、发展规划、绘图和路线规划等。例如，应急计划者利用地理信息系统在面对自然灾害时较容易地计算出应急反应时间；湿地保护者利用地理信息系统来发现那些需要保护的湿地。地理信息系统的组成如图 5-2-2 所示。

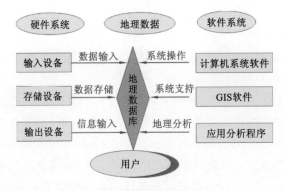

图 5-2-2　地理信息系统的组成

（3）地理数据和地理信息的关系

信息与数据既有区别，又有联系。数据是定性、定量描述某一目标的原始资料，包括文字、数字、符号、语言、图像、影像等，它具有可识别性、可存储性、可扩充性、可压缩性、可传递性及可转换性等特点。信息与数据是不可分离的，信息来源于数据，数据是信息的载体。数据是客观对象的表示，而信息则是数据中包含的意义，是数据的内容和解释。数据包含原始事实，对数据进行处理（运算、排序、编码、分类、增强等）就是为了得到数据中包含的信息。信息是数据处理的结果，是把数据处理成有意义的和有用的形式。

地理信息作为一种特殊的信息，它同样来源于地理数据。地理数据是各种地理特征和地理现象间关系的符号化表示，是表征地理环境中要素的数量、质量、分布特征及规律的数字、文字、图像等的总和。地理数据主要包括空间位置数据、属性特征数据和时域特征数据三个部分。空间位置数据描述地理对象所在的位置，这种位置既包括地理要素的绝对位置（如大地经纬度坐标），也包括地理要素间的相对位置关系（如空间上的相邻、包含等）。属性特征数据有时又称非空间数据，是描述特定地理要素特征的定性或定量指标，如公路的等级、宽度、起点、终点等。时域特征数据是记录地理数据采集或地理现象发生的时刻或时段的数据。时域特征数据对环境模拟分析非常重要，越来越被地理信息系统学界所重视。空间位置、属性特征和时域特征构成地理空间分析的三大基本要素。

地理信息是地理数据中包含的意义，是关于地球表面特定位置的信息，是有关地理实体的性质、特征和运动状态的表征和一切有用的知识。作为一种特殊的信息，地理信息除具备一般信息的基本特征外，还具有区域性、空间层次性和动态性等特点。

现代社会，信息系统基本上全部由计算机系统支持，人们非常依赖计算机以及计算机处理过的信息。计算机硬件、软件、数据和用户是信息系统的四大要素。其中，计算机硬件包括各类计算机处理及终端设备；软件是支持数据信息的采集、存储加工、再现和回答用户问题的计算机程序系统；数据则是系统分析与处理的对象，构成系统的应用基础；用户是信息系统所服务的对象。

（4）地理信息系统涵盖的关键技术

从 20 世纪中叶开始，人们就开始开发出许多计算机信息系统，这些系统采用各种技术手段来处理地理信息，主要包括以下技术。

① 数字化技术：输入地理数据，将数据转换为数字化形式的技术。

② 存储技术：将地理信息压缩后存储在磁盘、光盘以及其他数字化存储介质上的技术。

③ 空间分析技术：对地理数据进行空间分析，完成对地理数据的检索、查询；对地理数据的长度、面积、体积等量算，完成最佳位置的选择或最佳路径的分析以及其他许多相关任务的方法。

④ 环境预测与模拟技术：在不同的情况下，对环境的变化进行预测模拟的方法。

⑤ 可视化技术：用数字、图像、表格等形式显示、表达地理信息的技术。

综上所述，地理信息系统是用于采集、存储、处理、分析、检索和显示空间数据的计算机系统。与地图相比，GIS具备的先天优势是数据的存储与数据的表达是分离的，因此基于相同的基础数据能够产生各种不同的产品。

5.2.2.2　矿井GIS"一张图"

(1)"一张图"的建设缘由

随着网络化、信息化的不断应用与发展，煤矿的信息化应用越来越成熟，但经过多年的发展仍然存在如下问题：

① 没有统一的建设要求与架构标准，导致子系统建设比较独立，重复建设。

② 没有统一的数据标准和接口协议，导致数据共享困难，形成信息孤岛。

③ 在横向业务上没有疏通生产业务流程，导致生产矿图经常通过交换图纸进行信息更新，数据更新不及时，影响决策分析。

④ 在纵向业务上没有充分发挥GIS技术在矿图管理中的作用，没有将设计与管理有机衔接，即各专业设计的矿图成果不包含属性信息，导致无法满足管理部门利用矿图进行信息查询和综合集成分析的要求。

为了解决"信息孤岛""重复建设""缺乏国家与行业标准，信息资源难以共享，缺乏快速联动"等问题，煤矿急需一套能够实现数据统一、数据共享的"一张图"系统。

(2)"一张图"的核心问题

关于"一张图"，有几点说明。

① 矿井"一张图"不是一张实实在在的图。

因为煤矿的图很多，有地测、采掘、通风、运输等多种专业的图，任何一个专业的图都不能涵盖整个矿井的所有信息。

② 矿井"一张图"不是所有专业图形的叠加总图。

因为矿井各类信息不仅具有空间几何信息，同时还具有属性信息，简单的图形叠加是不够的，必须涵盖几何信息和属性信息。

③ 矿井"一张图"不是矿井所有空间信息和属性信息的总和。

矿井的主要活动是煤矿的开采活动，主要包括掘进、回采。其信息是随着时间变化而不断变化的空间信息和属性信息的集合，是具有时空特性的综合信息。

因此，在上述问题的基础上，我们可以对"一张图"进行深层次的定义：

"一张图"是利用地理信息系统(GIS)、数据库(database)、设计协同(design coordination)、信息订阅与管理(MQ)和工作流(work flow)等技术，构建基于统一数据标准的、以空间地理坐标为主线的矿山空间对象时空数据库，搭建设计协同平台，具有版本控制、协同机制、信息订阅与推送、动态更新等的管理过程，为智慧管控平台提供信息共享与协作服务的系统。

(3)"一张图"的应用架构

矿井"一张图"是一个集空间数据（含图层数据）存储、共享、获取、更新的空间数据管理系统，是基于设计协同平台，提供空间数据管理、图层配置应用的数据应用系统。"一张图"应用结构如图 5-2-3 所示。

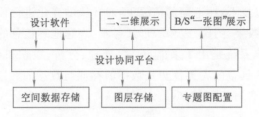

图 5-2-3 "一张图"应用结构

矿井"一张图"提供如下服务。

① "一张图"的位置服务

定位服务：移动目标当前位置、历史轨迹数据；采煤机和掘进机的位置数据；设备安装位置数据；设备物流轨迹数据；通过视频监控系统，进行目标识别分析得到的目标位置数据。

导航服务：线路规划；井下路况导航。

智能搜索服务：模糊检索；分类筛选；空间范围内搜索。

② "一张图"的协同设计服务

"一张图"协同设计服务主要基于设计协同平台完成地质、测量、水文、采掘、供电、生产等各业务专业的日常业务的协同设计，使各业务部门共同维护矿井"一张图"数据，并实现业务之间的数据共享和协作。主要包括地质设计、测量设计、水文设计、储量设计、采掘设计和供电设计。

③ "一张图"的融合服务

"一张图"集成融合在"一张图"管理平台的基础上，对全矿井所有的数据进行梳理，通过地理位置进行关联并存入数据库，并以服务的方式分类对外提供。

④ "一张图"的协同管理服务

协同管理服务是指在集成融合服务的基础上，对矿井生产与安全各个方面进行综合管理，主要包括地质测量管理、一通三防管理、机电运输管理、回采掘进管理、矿井安全管理、设备资产管理、智能监控管理和综合调度管理。

⑤ "一张图"决策分析服务

"一张图"决策分析服务是指在大数据融合分析的基础上，对矿井生产与安全各类数据进行综合分析，为管理者决策提供支持。"一张图"决策分析服务的应用主要有基于时序分析的监测监控数据分析、安全生产数据融合分析、降本提效数据融合分析、节能环保数据融合分析、大型机电设备故障诊断与预警、矿井灾害（顶板灾害、水害、火灾）预测预警、矿井安全动态诊断等。

5.2.3 基于 B/S 的三维可视化

5.2.3.1 三维可视化技术基础

可视化即利用计算机图形技术和方法，将大量的数据处理后用图形、图像的形式形象而具体地显示出来，仿真人脑映像的构造过程，帮助人们洞察数据所蕴含的关系和规律，以支持用户的判断和理解。通过交互式的图形、图像系统，人们能直观、形象、深刻和全面地理解数据。可视化涉及计算机图形学、图像处理、计算机辅助设计、人机交互、计算机视觉等多个领域。

与传统的二维空间数据表达相比，三维可视化技术对空间数据的表达有完全不同的数学模型和表达方式。在数学投影方面，三维可视化技术将所有的三维向量以一个倾斜的角度进行投影和表达，通过三维透视将场景显示于 CRT（阴极射线管）显示器或其他计算机平面显示器上。在可视表现方面，三维可视化通过纹理的使用，场景更加逼真，具有更自然的效果和更直观的感知，也具有更大的吸引力。可视化技术大体上可以分为科学计算的可视化和空间信息的可视化两类。前者多用于科学和工程计算，以数学模型为中心实现计算过程的可视化和计算结果的可视化。后者指在虚拟环境中体验真实世界，强调的是三维模型。该方案主要研究空间信息的可视化。

5.2.3.2　三维可视化关键技术

经过建模处理后的各类地物，要想真实地显示在计算机显示器上，还需要经过一系列必要的变换，包括数据预处理、三维变换、光照模型选择、纹理映射等。

数据预处理主要包括：将物体的几何模型数据转换成可直接接受的基本图元形式，如点、线、面等；对影像数据如纹理图像进行预处理，包括图像格式转换、图像质量的改善及影像金字塔的生成等。参数设置指在对三维场景进行渲染前，需要先设置相关的场景参数，包括光源性质、光源方位、明暗处理方式和纹理映射方式等。此外，还需要设定视点位置和视线方向等参数。

5.2.3.3　常用的三维可视化工具

计算机图形技术的快速发展带动了三维造型技术的快步发展，三维可视化与图形渲染工具也越来越多。其中比较有代表性的是 SGI 公司的开放式的国际图形标准 OpenGL，微软公司的 Direct3D、将三维世界带入网络的 VRML（virtual reality modeling language，虚拟现实建模语言），Sun 公司的基于 Java 语言的三维图形技术 Java3D，RSI 公司的 IDL（interactive data language，交互式数据语言）和 Multigen-Paradigm 公司的 Vega 等。

（1）常用可视化工具

① OpenGL

OpenGL 是 open graphics library 的缩写，是一个低层的图形库，最初由 SGI 公司开发。OpenGL 是一套三维图形处理库，也是该领域的工业标准，是绘制高真实感三维图形，实现交互式视景仿真和虚拟现实的高性能开发软件包。OpenGL 从根本上说是一种过程语言而非描述性的语言：OpenGL 提供了直接控制二维和三维几何体的基本操作。在 OpenGL 中，通过基本的几何图元——点、线、多边形来建立物体模型，如在绘制地质曲面时，将空间四边形划分成平面上的小三角片，然后用逼近的方法形成。OpenGL 提供了大量的图形变换函数，这样在编程时无须进行复杂的矩阵运算，就可以方便地将三维图形显示在屏幕窗口。并且为了增强图形的真实感，OpenGL 还提供了线面消隐、着色和光照、纹理映射和反走样等一系列函数，避免了纯图形学的算法，简化了编程，可以很方便地对地层面进行绘制、着色和光照处理。另外，OpenGL 还提供了用双缓存区实现动画的函数。利用 MFC（微软基础类库）编写鼠标的消息响应函数，可以通过拖动鼠标实现三维实体的动态显示。

OpenGL 有几个主要的函数库：① GL 基本库，所包含的函数均以"gl"为前缀，用于建立各种形体、产生光照效果、反走样、纹理映射和投影变换,可以在任何 OpenGL 平台上应用。② GLU 实用库,所包含的函数均以"glu"为前缀。GLU 实用库比 GL 基本库高一层,由 43 个实用函数组成,通过调用核心函数来起作用,可以实现纹理映射、坐标变换、多边形分化、实体绘制等功能,也可以在任何 OpenGL 平台上应用。③ GLUT 实用工具箱,针对与窗口操作系统交互的问题,提供了现代窗口操作系统所需要的最小功能集。④ GLX 库,将 OpenGL 与 X Window 图形用户接口连接起来。

用 OpenGL 编写的应用程序相当于在应用程序中添加一个三维函数库。应用程序一般包括窗口定义、初始化、绘制和显示图形三部分。和现代 CPU 一样,OpenGL 渲染使用流水线架构。OpenGL 通过 4 个主要阶段来处理像素和顶点数据:顶点操作、像素操作、光栅化和片元操作,并将结果存储在帧缓存或纹理内存中。

OpenGL 要求所有的几何图形单元都用顶点来描述,这样运算器就可以针对每个顶点进行计算和操作,然后进行光栅化形成图形片元;对于像素数据,像素操作结果先被存储在纹理内存中,再像几何顶点操作一样光栅化形成图形片元。图形片元需要进行一系列的逐个顶点操作,最终将像素值送入帧缓存以实现图形的显示。

② Direct3D

Microsoft DirectX 提供了一套非常优秀的应用程序接口,包含设计高性能、实时应用程序的源代码。DirectX 技术将帮助建构下一代的电脑游戏和多媒体应用程序。它的内容包括 DirectDraw、DirectSound、DirectPlay、Direct3D 和 DirectInput 等部分,分别应用于图形程序、声音程序等方面。Direct3D 是 Microsoft DirectX 的一个重要组件,适合于 Microsoft Windows 的 32 位操作系统,是 Microsoft Windows 平台上的主要三维与多媒体开发工具。Direct3D 的功能与 OpenGL 近似,提供对不同图形加速卡的统一访问方式。Direct3D 采用与设备无关的方法实现对视频加速硬件的访问,有立即模式和封装了立即模式的保留模式两种使用方式。前者适合一般三维应用程序开发,后者适合速成开发。Direct3D 设备是 Direct3D 的渲染组件,相当于一个状态机,封装并存储了渲染状态,C++ 程序只有通过 Direct3D 提供的 COM 接口才能操纵和使用 Direct3D 设备的渲染状态和光照状态。与 OpenGL 相似,Direct3D 也由若干层组成,包括 3 个模块:变换模块、光照模块和光栅化模块。

③ 虚拟现实建模语言 VRML

VRML 译为虚拟现实建模语言,是一种 3D 交换格式,定义了三维可视化中绝大多数常见的概念,如对象的移动、旋转、视点、光照、材质属性、纹理映射、动画、雾以及嵌套结构等。VRML 本质上是一种描述性语言,对场景的绘制工作完全由相应的浏览器或 Plug-in(插件)来完成。它采用标准格式来描述三维环境,并嵌入 Web 网页,通过插件来提供包括变换视点、模拟飞行、控制速度等功能。VRML 的访问方式是基于客户/服务器模式的。其中服务器提供 VRML 文件及支持资源(图像、视频、声音等),客户端通过网络下载希望访问的文件,并通过本地平台上的 VRML 浏览器交互式地访问该文件描述的虚拟境界。由于浏览器是本地平台提供的,从而实现了平台无关性。VRML 像 HTML(超文本标记语言)一样,用 ASCII 文本格式来描述世界和链接,这样可以保证在各种平台上通用,同时也可减少数据量,从而在低带宽的网络上也可以实现各种功能。但是 VRML 作品停留在展示型文件阶段,缺少动感和交互。

④ Java3D

Java 语言是 SUN 公司开发的一种面向网络应用的计算机语言,Java3D 是在 Java、OpenGL 和 VRML 的基础上发展起来的,可以说是 Java 语言在三维图形领域的扩展,其实质是一组 API 函数集。目前,Java3D 有两个不同特色的版本:其一为针对 OpenGL 图形库的 OpenGL 版本;其二为针对 Direct3D 图形库的 DirectX 版本。应用 Java3D 编写应用程序时,只需要根据面向对象的思想在基于 GIS 三维可视化技术及其实现方法研究程序的合适位置摆放相应的对象,就可以快速编写出三维多媒体应用程序。Java3D 的 API 几乎包含编写 Java 交互式三维应用程序所需要的全部基本类和接口。

⑤ 交互式数据语言 IDL

交互式数据语言 IDL 是美国 RSI 公司的产品,它集可视、交互分析、大型商业开发于一体,为用户提供完善、灵活、有效的三维开发环境。IDL 面向矩阵,语法简单,具有较强的图形图像处理能力,是进行三维数据可视化分析及应用开发的理想工具。IDL 主要特征包括:集高级图像处理和面向对象的编程于一体,实现交互式二维和三维图形技术,提供跨平台图形用户界面工具包和多种程序连接工具,可连接 ODBC(开放数据库互连)兼容数据库;完全面向矩阵,具有处理较大规模数据和多种格式多种类型数据的能力;采用 OpenGL 技术,支持 OpenGL 软件或硬件加速;带有图像处理软件包,提供科学计算模型和可视数据分析的解决方案;用 IDL Data Miner(数据提取工具)可快速访问、查询并管理与 ODBC 兼容的数据库;可通过 ActiveX 控件将 IDL 应用开发集成到与 COM 兼容的环境中;可用 IDL GUI Builder 开发跨平台的用户图形界面。

⑥ Vega

Multigen-Paradigm 公司的 Vega 是用于虚拟现实、实时视景仿真、声音仿真以及其他可视化领域的世界领先级应用软件工具。它支持快速复杂的视觉仿真程序,能为用户提供一种处理复杂仿真事件的便捷手段。Vega 是在 SGI Performer 软件的基础之上发展起来的,为 Performer 增加了许多重要特性。它将易用的工具和高级仿真功能巧妙地结合起来,使用户以简单的操作迅速地创建、编辑和运行复杂的仿真应用程序。由于 Vega 大幅度地减少了源代码的编程,软件的维护和实时性能的进一步优化变得更加容易,从而大大提高了工作效率。使用 Vega 可以迅速创建各种实时交互的 3D 环境,以满足不同行业的需求。

(2)几种可视化工具的比较与选择

综上所述,在三维图形制作和三维模型建造中,上述可视化工具均可提供以下可视化技术:物体绘制技术、变换技术、着色技术、光照模型技术、反走样技术、混合技术、雾化技术、纹理映射技术、交互操作和动画技术等。

OpenGL 是 SGI 开发的三维图形库,是第一个在计算机领域广泛使用的三维函数库,广泛应用于三维应用程序的编制。许多三维动画软件(如 3DSMAX)、三维游戏软件、CAD 软件和三维可视化软件都是基于 OpenGL 开发的。Direct3D 是微软公司开发的三维函数库,它是 DirectX 多媒体编程环境的一个重要组成部分,主要用于游戏软件的编制,特别为网络浏览器提供了多媒体支持。OpenGL 和 Direct3D 属于低级或较低级的三维函数库,适用于开发复杂三维模型的软件。而 Java3D 结合了 Java 语言的特点,充分利用面向对象的思想,可以快速编写出复杂的三维应用程序。另外,Java3D 程序像其他的 Java 程序一样,可以嵌入网页中运行,不仅移植性好,而且具有较高的安全性。VRML 是一种模型描述语言,只要按照 VRML 规范标准,不需要较高的技术就可以方便地构建三维场景,特别适用于 Web 网页上场景的构建,但需要插件的支持。

5.2.3.4 基于 B/S 的三维可视化技术选型

互联网以其便利、快捷等特性,正成为人们获取信息最重要的途径,2D 网页已经不能满足人们的需求,3D 页面已然成为未来的趋势。

煤矿三维可视化是当前智慧矿山建设的重要环节之一。煤矿三维可视化技术采用虚拟现实技术和各种实体建模技术,基于矿井地质和测量数据构建虚拟现实的综合、开放、组件式的矿山三维可视化应用,并能够通过其他系统(如瓦斯监测系统、视频监控系统、ERP 系统等)的接口,显示监测、供电等实时数据,浏览、查询井下设备的各种参数和实时状态信息,从而达到无须下井亦可掌握矿井最新生产信息的目的。信息查询功能可以对矿井的生产环境、生产过程、设备分布、设备状态以及地表工业广场等状况有较全面的了解。煤矿三维可视化主要包括工业广场三维可视化、巷道三维可视化、煤层三维可视化、三维井上下对照、基于三维巷道井下监测信息、井巷工程进度可视化、基于三维巷道井下设备三维可视化与管理、三维漫游、三维剖切、三维线路展示以及与 ERP 系统对接等功能。

当前,煤矿三维可视化系统均基于 C/S(客户机/服务器)架构进行开发、展示与应用,而智慧矿山涵盖的安全生产监控、生产调度、经营管理等系统均采用 B/S 架构开发。智慧矿山的系统建设要实现业务融合、数据联动,必须要将安全、生产、执行和经营等系统建立在统一的数据共享平台上,实现各类业务系统的融合与联动,从而建立起统一的智慧矿山管控平台。

因此,在智慧矿山管控平台的整体架构下,需要开发基于 B/S 的三维可视化平台来实现系统的融合与联动。

基于 B/S 的三维可视化是采用计算机图形学和图形处理技术将数据转换成图形或者图像显示出来的技术。可视化数据信息的展示要通过客户端和服务器端,客户端发出请求时先通过模型框架,模型框架判断用户点击事件,通过 HTTP 协议向服务器发出请求。服务器端接收到请求信息交由 SSH 框架进行处理,由框架向数据库访问数据,并把数据返回给客户端,客户端把数据填充到模型中,得到数据填充的模型要通过支持 HTML5 的浏览器渲染。基于 Web 的三维可视化技术如图 5-2-4 所示。

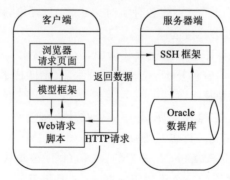

图 5-2-4　基于 Web 的三维可视化技术

我们最常见或使用过的 Web GIS 系统有谷歌地图、百度地图等地图系统,这些系统的技术发展也体现了整个 Web GIS 的技术发展方向。在各个行业中 Web GIS 应用数据复杂度比大众化地图应用要复杂很多,在农业、水利、交通、国土等行业领域都具有自己特有的数据类型和数据分析模型,这些应用也逐步由 C/S 架构转变成 B/S 架构,从而更好地服务大众用户。

(1) WebGL 技术

WebGL(Web graphics library)是一种 3D 绘图协议,该绘图协议允许 JavaScript 和 OpenGL ES 2.0 相结合,即增加 OpenGL ES 2.0 的一个 JavaScript 绑定,为 HTML5 Canvas 提供硬件 3D 加速渲染,这样 Web 开发人员就可以借助系统显卡在浏览器里更流畅地展示 3D 场景和模型,还能创建复杂的导航和实现数据视觉化。显然,WebGL 技术标准免去了开发网页必须使用专用渲染插件的麻烦,可以被用于创建具有复杂 3D 结构的网站页面,甚至可以用来设计 3D 网页游戏等。WebGL 是一项用来在网页上绘制和渲染复杂三维图形,并允许用户与之交互的技术。随着个人计算机和浏览器的性能越来越强,人们能够在 Web 上创建越来越精美、越来越复杂的 3D 图形。

WebGL 是一种免费的、开放的、跨平台的技术,它提供了 3D 图形的 API,使用 HTML5 Canvas 并允许利用文档对象模型接口。WebGL 1.0 派生于 OpenGL ES 2.0。OpenGL ES 主要是针对嵌入式计算机、智能手机、家用游戏机等设备而设计的。

从 2.0 版本开始,OpenGL 支持一项非常重要的特性,即可编程着色器。该特性被 OpenGL ES 2.0 继承,并成为 WebGL 1.0 标准的核心部分。

着色器使用一种类似于 C 语言的编程语言实现精美的视觉效果。编写着色器的语言又称为着色器语言。WebGL 基于 OpenGL ES 2.0,使用 GLSL ES 语言编写着色器。

虽然 WebGL 强大到令人惊叹,但使用这项技术进行开发却异常简单:只需要一个文本编辑器(Notepad 或 TextEdit)和一个浏览器即可;并且不需要去搭建开发环境,因为 WebGL 是内嵌在浏览器中的。

由于着色器通常由 GLSL ES 以字符串的形式在 JavaScript 中编写,所以虽然 WebGL 网页更加复杂,但它仍然保持着与传统的动态网页相同的结构,只用到 HTML 文件和 JavaScript 文件。

WebGL 标准已应用于 Mozilla Firefox(火狐浏览器)、Apple Safari(苹果 Safari 浏览器)及开发者预览版 Google Chrome(谷歌浏览器)等浏览器中,这项技术支持 Web 开发人员借助系统显示芯片在浏览器中展示各种 3D 模型和场景,未来有望推出 3D 网页游戏及复杂 3D 结构的网站页面。

(2) three.js

使用 WebGL 原生的 API 写 3D 程序非常麻烦,three.js 作为非常优秀的 WebGL 开源框架,省去了很多麻烦的细节。

three.js 可以理解成 three+js,three 表示 3D,js 表示 JavaScript。那么合起来,three.js 就是使用 JavaScript 来写 3D 程序的意思。three.js 是一个伟大的开源 WebGL 库,WebGL 允许 JavaScript 操作 GPU(图形处理器),在浏览器端实现真正意义的 3D。

JavaScript 是一种动态类型、弱类型、基于原型的语言,内置支持类型,也是世界上最流行的编程语言,该语言可以用于 HTML 和 Web,也广泛用于服务器、PC、笔记本电脑、平板电脑和智能手机等设备。JavaScript 是运行在网页端的脚本语言,那么毫无疑问 three.js 也是运行在浏览器上的。

如果我们需要使用 three.js 来绘图,只需要创建一个最小绘图环境即可。three.js 在底层其实还是调用 HTML5 中的 Canvas API 来实现绘图的。与绘制 2D 图像不同，three. js 在底层使用 Canvas 的 WebGL Context 来实现 3D 绘图。WebGL Context 本身更多是直接对 GPU 的操作，用起来不直观，为此 three. js 在顶层对 3D 绘图所需的各种元素（如场景、摄影机、灯光、几何图像、材质等）进行了封装。three. js 包括三大组件，即相机（camera）、渲染器（renderer）和场景（scene），这三个组件是创建 3D 图形的必备组件。

① 场景

场景用来容纳图形元素，包含所有需要显示的 3D 物体以及其他相关元素。场景相当于宇宙，而图形元素就是星星，图形元素只有添加到场景中，其坐标、大小等才有意义。three. js 场景效果如图 5-2-5 所示。

图 5-2-5　three. js 场景效果

② 相机

相机的作用是决定 3D 场景如何投影到 2D 画布之上，定义可视域，确定哪些图形元素是可见的。

③ 渲染器

渲染器负责渲染出图像，用于最后绘制的画笔。three. js 渲染效果如图 5-2-6 所示。

图 5-2-6　three. js 渲染效果

5.2.4　设计协同

煤矿业务部门包括地测、通风、机电、采掘等生产技术部门，而这些技术部门通常需要通过专业的数据管理、制图成图等软件完成专业数据设计、图形设计、数据更新与交换等业务，更重要的是，这些数据和图形经常需要在不同的业务部门间进行交换与共享。

为了解决图形、数据的动态更新与共享问题，需要借助设计协同技术，将空间数据、图形数据以统一的数据标准、坐标标准、存储标准、定义标准、接口标准、安全标准进行管理，提供数据上传、数据更新、数据下载、数据更新提醒等服务，建立图形和数据以及业务的动态更新和协作共享模式。

5.2.4.1 技术架构

设计协同的技术架构如图 5-2-7 所示。

图 5-2-7　设计协同技术架构

设计协同的技术架构主要分为三层。

（1）数据层

数据层实现设计协同平台对空间数据的存储。设计协同的空间数据主要包括煤矿空间对象数据和煤矿专业图层数据的源数据、增量数据、版本数据等。

① 源数据

源数据是在数据库中新增的煤矿空间对象数据和专业图层数据。

空间对象数据主要包括巷道、钻孔、工作面、井筒、断层构造等空间对象的初始化坐标信息和属性信息。

专业图层数据主要包括按照地质、测量、水文、通风、采掘等分类的初始化图层二进制数据。

② 增量数据

增量数据是指不同的用户每次在对空间对象数据和图层数据修改后形成的版本递增数据。通过版本递增数据可以将该数据递归恢复到任何历史版本，在追溯历史版本的同时，能够记录版本的更新内容和变化情况。

增量数据还将记录包括巷道进尺、回采进尺、抽采等空间对象随煤矿开采活动变化而发生变化的动态增量数据。

另外,增量数据是时空 GIS 数据库的基础数据源。

③ 版本数据

版本数据与日志记录一样,记录了空间数据、图形数据等源数据在用户修改过程中发生变化的版本变化数据,包括版本修改的用户、时间、版本号、版本增量等信息。

（2）服务层

服务层处于数据层之上,面向源数据、版本数据和增量数据提供数据存储、数据获取等数据接口和数据处理与分析服务。

① 数据存储

数据存储服务提供对空间对象、专业图层以及版本数据、增量数据的数据写入服务。

② 数据获取

数据获取服务根据特定的数据获取条件,提供对空间对象、专业图层以及版本数据、增量数据等数据获取的服务。

③ 图层合并

图层合并服务是对空间图层提供数据处理的方法之一,通过图层合并服务可以对空间多专业图层进行组合叠加,形成各类专业专题图。

该服务在矿井"一张图"中对各专业的图层组合形成特定的专业专题图起到关键作用。

④ 冲突比较

冲突比较是指当源数据或某一特定版本的空间对象或专业图层同时被多用户操作并发生变化时,对各用户版本的变化数据进行比较,提供将变化结果返回的服务。

⑤ 数据合成

数据合成服务是基于空间对象和图层数据进行数据合成的服务。数据合成的重点是基于空间对象数据及其制图要素数据生成特定的专业图层,并与一定的专题图层合并,形成动态专题图层。

如煤矿常用的采掘工程平面图,其测量数据不仅包括巷道专题图层、井上测量图层等,同时还包括巷道进尺动态数据、工作面回采进尺动态数据。数据合成服务就是将这些专题图层和空间对象的动态数据根据制图要求进行合并,形成新的测量巷道图层,为其他专题图提供基础专题图层。

（3）消息层

消息层指在专业协同设计系统中当数据发生变化时,能即时通知用户、提醒用户,提供与用户进行交互的消息服务。其主要的服务是数据订阅/发布。

数据订阅/发布模式是一对多的关系,多个订阅者对象同时监听某一主题对象,这个主题对象在自身状态发生变化时会通知所有的订阅者对象,使它们能自动地更新自己的状态。订阅/发布可以使得发布方和订阅方独立封装、独立改变。当一个对象的改变需要同时改变其他对象,而且它不知道具体有多少对象需要改变时可以使用订阅/发布模式。订阅/发布模式在分布式系统中的典型应用有配置管理和服务发现、注册。

① 配置管理是指如果集群中的机器拥有某些相同的配置并且这些配置信息需要动态改变,我们可以使用订阅/发布模式将配置统一集中管理,让这些机器各自订阅配置信息的

改变,当配置发生改变时,这些机器就可以得到通知并更新为最新的配置。

② 服务发现、注册是指对集群中的服务上下线统一管理。每个工作服务器都可以作为数据的发布方向集群注册自己的基本信息,而让某些监控服务器作为订阅方,订阅工作服务器的基本信息,当工作服务器的基本信息发生改变如上下线、服务器角色或服务范围变更时,监控服务器可以得到通知并响应这些变化。

设计协同的数据订阅/发布服务能够为协同设计用户提供订阅、发布更新的空间数据和图层数据。消息服务的核心技术是 RabbitMQ 技术。

5.2.4.2 关键技术

设计协同是协同工作与业务应用相结合,对产品设计过程进行有效支持的研究过程,不仅需要不同领域的知识和经验,还要有综合协调这些知识、经验的有效机制,融合不同的设计任务。一般认为,协同工作的基本要素为协作、信任、交流、折中、一致、不断提高、协调。为体现这七个基本要素,实现协同工作,必须解决好以下关键技术。

(1) 产品建模

产品建模是指按一定形式组织的关于产品信息的数据结构,是协同设计的基础和核心。在协同设计环境下,产品模型的建立是一个逐步完善的过程,是多功能设计小组共同作用的结果。为了满足设计各阶段对产品数据模型的不同需求,需要建立一个多视图的产品模型。

(2) 工作流管理

工作流管理的目的是规划、调度和控制产品开发的工作流,以保证把正确的信息和资源,在正确的时刻,以正确的方式送给正确的小组或小组成员,同时保证产品开发过程收敛于用户需求。

(3) 约束管理

在产品开发过程中,各个子任务之间存在各种相互制约相互依赖的关系,其中包括设计规范和设计对象的基本规律、各种一致性要求、当前技术水平和资源限制以及用户需求等构成的产品开发中的约束关系。产品开发的过程就是一个在保证各种约束满足的条件下进行约束求解的过程。

(4) 冲突消解

协同设计是设计小组之间相互合作、相互影响和制约的过程,设计小组对产品开发的考虑角度、评价标准和领域知识不尽相同,这必然导致协同设计过程中冲突的发生。可以说,协同设计的过程就是冲突的产生和消解的过程。充分合理地解决设计中的冲突能最大限度地满足各领域专家的要求,使最终产品的综合性能达到最佳。

(5) 历史管理

历史管理的目的是记录开发过程进行到一定阶段时的过程特征并在特定工具的支持下将它们用于将来的开发过程。

协同设计平台是生产专业协同设计的基础,在统一定义标准、统一数据标准、统一安全标准和统一接口标准等的基础上构建统一标准的煤矿"一张图"数据中心,具有数据分类与存储、数据抽取与合成、版本控制与管理以及数据订阅与推送等功能,可以实现各业务子系统之间即时通信、数据共享等信息互联互通,实现数据同步和图形同步等数据实时联动,达到专业数据和图纸一旦发生变化其他专业系统中与此相关的数据和图形实时动态变化的目的。

5.2.5 煤矿领域大数据分析平台应用

煤矿数据主要可以分为生产数据和生产管理数据两大类。生产数据主要包括地质数据、综采数据、掘进数据、运输数据、供电数据、排水数据、通风数据、通信数据及工业视频等；生产管理数据包括人员、资产、财务数据等。当前信息化已覆盖生产运营各个环节，各信息系统产生的数据量巨大，但数据价值大小各异，并非所有数据都能用于各类分析和决策辅助，存在信息冗余严重、数据异质性高、数据标准各异、数据存储分散、数据质量难以保证、数据缺乏面向业务的关联、数仓建设缺失、缺乏计算框架、缺少进行数据分析挖掘的工具等问题，因此难以有效利用现有数据进行有效挖掘，数据价值不能得到真正释放。因而，煤矿大数据分析平台需求可分为数据统一接入（从各子业务系统采集）、全维度数据管理、跨业务数据治理融合、高性能数据分析计算框架、数据可视化及数据应用迭代六个方面。

数据统一接入是指针对矿区生产、安全及管理体系业务和数据的特点，为集团构建起统一的数据接入规范体系，实现格式化数据、半格式化数据、非结构化数据的统一接入。厘清不同体系内部及跨体系数据业务逻辑，包括：生产数据，如地质数据、综采数据、掘进数据、运输数据、供电数据、排水数据、通风数据、通信数据及工业视频等；安全监测数据，如瓦斯浓度、各类传感器监控数据、人员监控数据等；生产管理数据，如人员、资产、财务数据等。大数据生态圈包含 Hadoop 生态圈和 Spark 生态圈。

全维度数据管理是指对集团核心业务数据进行集中管控，构建透明的企业数据资产。厘清集团现有数据及其潜在应用方向，构建数据业务逻辑关系，实现对已有数据资产的盘点和管理，支持多样式的业务数据存储，并能够提供灵活快速的检索服务，达到数据及业务逻辑关系清晰可见，支持多业务之间的数据整合的目的。

跨业务数据治理融合是指需要从矿区业务逻辑出发从数据模型层面实现对不同业务的整合，为跨业务分析提供数据融合的计算资源，确保联机分析技术（OLAP）的顺利实施，从而实现灵活配置数据关联，所有计算资源的统一调配，同时对业务数据和主体分析数据提供统一存储管理。

数据分析计算框架及可视化是指需要具备统一的分布式计算框架（MPP），实现计算资源的统一管理和统一调度，对上层的资源需求保持透明；具备完备的通用算法、行业算法及模型库；具备模块化、组件化能力，从而辅助业务人员利用各类分析工具进行深层次的数据分析与挖掘工作，并需要丰富的可视化方案以满足各类数据分析成果的可视化分析及展示功能。

数据应用迭代方面，可针对集团现有矿区及集团业务特点，从智慧安监应用（人、机、环风险识别、报警及预警）、生产辅助系统应用（设备维护、故障溯源、故障预测等）以及生产管理（人员、资产、财务等）三个层次展开。

5.2.6 融合联动

基于 2D/3D GIS 的智能决策分析与报警联动主要基于统一的数据标准、"一张图"管理实现多系统报警联动、数据融合、人员行为分析以及车辆智能调度等。系统间联动包括人员位置监测系统、安全监测监控系统、生产自动化子系统、通风系统、压风系统、排水系统、通信系统、视频监控系统、大屏幕显示系统、电力监控系统等。

（1）智能人员行为分析

智能人员行为分析主要包括人员出入井监测（超时作业和未升井等）、人员不安全行为监测、特种作业人员作业管理（路径及到达时间监测）、干部带班管理（带班干部出入井及路径监测）、井下作业人员管理（井下作业人员出入井和路径监测）、人员历史轨迹和行为管理报表等。不安全行为包括人员进入禁止区域（炸药库、变电所等）、人员进入危险区域（盲巷、采空区等）、人员行为不规范（穿越胶带、胶带坐人、行走绞车道等）、重点区域超员（工作面超员、罐笼超员等）、长时间未移动（人员晕倒等）、工作超时和缺岗、违章行为（一人多卡检测等）和未按规定路线巡检等。行为管理报表包括部门班组违章情况、每种违章类型的违章次数和违章总次数。

（2）车辆智能调度

车辆智能调度主要包括车辆智能调度、车辆运行状况、精准位置历史轨迹、车辆防碰撞、车辆行为检测、统计分析和信息化候车站牌等功能。统计分析功能包括统计车辆运行总里程、车辆工作总时间、司机工作量、车辆空驶率、车辆正点率、平均行驶速度、油量消耗、运力以及车辆故障率等。信息化候车站牌可以查看候车站地图、车辆到达时间、途经路径、车牌号、司机信息、车辆时刻表等。

（3）多系统报警联动

多系统报警联动主要包括安全隐患、设备故障、人员违章等报警的多系统联动。如当工作面瓦斯超限时，可基于位置服务快速联动人员定位系统、视频监控系统、调度通信系统以及应急广播系统实现多系统联动报警。

（4）数据融合

数据融合可实现井下 4G/Wi-Fi、调度通信、应急广播等系统的融合，可实现安全监控、人员定位、调度通信、应急广播等系统的融合，可实现主煤流监控、视频监控、安全监控与人员定位的融合等。

将数据信息从不同平台、不同系统中提取，并进行全面、高效、有序的管理和整合，为领导者进行有效决策提供数据支撑。

联动是平台实现煤矿智能化开采的核心，联动的目的是减少各个环节作业人员，达到少人作业或无人作业。系统间联动包括人员定位系统、安全监控系统、生产系统、通风系统、压风系统、排水系统、通信系统、视频监控系统、大屏幕显示系统、电力监控系统等系统间联动与"一张图"应用服务。

融合联动的核心是数据标准、业务流程以及数据分析模型的联动，一旦模型启动，系统将通过统一的数据服务与流程实现业务间联动。为此，首先集成井上下所有的安全、生产、通信、动态目标类系统，数据实现融合，同时通过数据服务平台实现数据采集、订阅与推送等服务，基于预设的联动流程实现关联系统的联动与协同。比如，当采煤工作面、掘进工作面、运输巷道等环境监测数据超限时，系统依据设定的阈值对相应区域的馈电开关进行远程分闸或合闸，同时系统自动弹出相关超限地点视频画面。基本的联动如下。

① 跨业务联动。系统集成井上下所有的安全、生产、通信、动态目标类系统，数据实现融合，同时向数据中心发送所有数据。该联动设计打破了各子系统之间的壁垒，实现了关联系统的联动与协同。

② 超限值联动。以安全监测监控系统数据为核心实现电力监控系统、顺槽带式输送机、采煤机、主运输系统、视频监控系统、应急广播系统、调度通信系统以及人员位置监测系

统等之间的联动。当采煤工作面、掘进工作面等环境监测数据超限时,系统依据设定的阈值对相应区域的馈电开关进行远程分闸或合闸,对区域内人员进行短信、广播等通知。同时系统能够自动弹出相关超限地点视频画面。

③ 自动与手动。系统应能提供自动与手动联动的设置。在联动流程中,系统能自动根据联动条件进行联动,也可以进行人为的系统联动干预(即手动联动)。如环境监测系统数据超限或设备发生故障,操作员可根据各种系统数据所反映的现场情况进行人为的系统控制干预(即手动控制)。

5.2.6.1　系统巡检内容

系统自动巡检主要是针对子系统及各子系统之间的关联进行的。系统巡检的主要内容如图 5-2-8 所示。

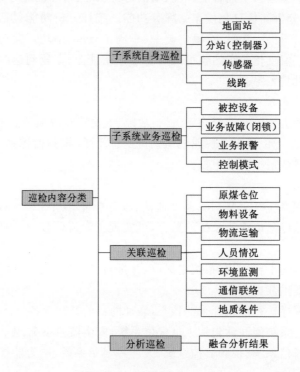

图 5-2-8　巡检的主要内容

以大巷带式输送机巡检为例,具体巡检内容如图 5-2-9 所示。

5.2.6.2　安全监测监控联动

安全监测监控的各模块对生产控制及管理调度各项工作的关联影响如图 5-2-10 所示。

安全监测监控的安全诊断评价对主煤流、采掘、通风、排水等生产及生产辅助控制产生影响,火灾监测的安全诊断评价对通风控制产生影响,矿压监测的安全诊断评价对采掘控制产生影响,水害监测的安全诊断评价对排水控制产生影响,而整个工况、环境的监测监控的安全评价对避灾指引、管理调度和灾害决策起着支撑作用。

5.2.6.3　融合通信联动

(1) 与安全监控联动

多媒体调度系统与安全监控中心对接,预先在安全监控中心设置联动安全阈值及在多

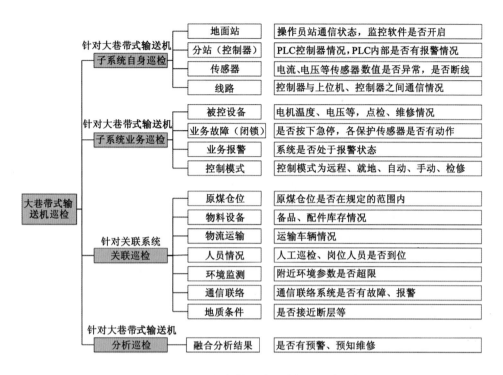

图 5-2-9　人机物位置检测分析和安全分析

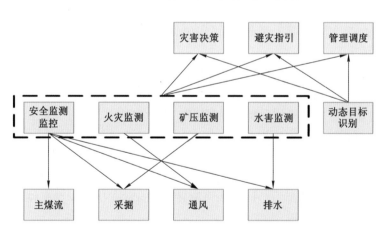

图 5-2-10　各监测监控模块与生产的联动关系

媒体调度通信系统中设置启动预案,如设置播放内容、播放终端、播放次数等,一旦安全监控中心达到安全阈值,立即触发预先设置的预案事件,按照预警等级通过语音、信号指令、文字、声光等多种方式警示调度人员、管理人员与涉及的区域人员撤离,确保作业人员的生命财产安全。如某综采工作面甲烷超限时,系统将此信息发送到多媒体调度通信系统,多媒体调度通信系统启动工作面的通信基站,播放工作面甲烷超限警示信息,同时对位于该区域的人员下发撤离指令,实现语音与信号多种提示,提升安全指数。

（2）与视频监控联动

为了能让调度员看清井下通话者所在区域的图像信息,了解现场真实情况,通过网络将视频监控系统与多媒体调度通信系统互联,将井下摄像机与多媒体通信基站或矿用本安型电话绑定,当被设置的多媒体通信基站或矿用本安型电话向调度中心发起通话时,调度中心的调度员立即可以查看到井下通话人员周围的环境情况,当电话挂断后,图像信息立即消失;或者当调度员想了解井下实时动态信息时,可以通过多媒体调度台向井下多媒体通信基站或矿用本安型电话发起通话,此时多媒体调度台客户端软件将自动调取视频图像供调度人员查看,电话挂断时,视频图像则自动消失。

5.2.6.4 联动展示

(1)显示联动

将调度指挥中心大屏、PC端、手机端和管理系统等各个系统界面联动,按照预先设定的流程,进行多指令界面并发。例如,一台设备发生故障时,调度指挥中心界面触发报警后,该设备责任单位PC端监控界面同时报警,并且设备当班值班人员的手持终端也会接收到报警信息,各单位协同工作处理故障,改变了以往调度指挥中心逐级电话汇报通知反馈的故障处理模式。经过责任单位判断后,立即安排值班维修人员处理故障,并将处理过程实时数据或者图像上传,智能技术分析系统通过这些数据进行技术支持,故障处理过程中,可以将相关的处理方法意见实时推送到维修人员手持终端,并同时调配相关的备件。

(2)语音联动

依据全矿井监控系统设定的预警、报警阈值,实时进行语音播报,提示集控人员关注相关报警信息,从而依据报警信息类型做出相应判断。

将煤流沿线语音信号接入集控室,实现集控人员与沿线检修人员、值班人员之间的实时对讲及开机前人工预警;依据胶带分布,可实现分区选择及集中选择功能。

(3)视频联动

在环境监测系统产生超限或设备产生故障时,就近范围内的视频终端能及时弹出桌面警示并报警,便于操作员了解事故现场情况。

① 当环境监测系统监测到现场数据超限时,如变电所温度超限、工作面甲烷浓度/温度超限等,系统依据设定的预警级别自动触发声光报警功能(识别卡报警+语音播报),同时在平台界面中自动弹出超限地点视频画面。

② 变电所、带式输送机等设备出现故障时,系统依据设定的预警级别自动触发声光报警功能(识别卡报警+语音播报),同时在系统界面中自动弹出故障点视频画面。

5.2.7 视频 AI 分析

基于计算机视觉技术的视频大数据分析技术可分为视觉特征建模和抽取技术、视觉特征和物理特征关系建模技术。任何基于计算机视觉技术的应用都必须考虑环境因素的影响,因此煤量识别算法必须在合适的客观条件下才能进行有效的应用。

① 视觉特征建模和抽取技术。视觉特征建模和抽取技术根据视觉的类型可分为基于单目视觉的视觉特征建模和抽取技术和基于多目视觉的视觉特征建模和抽取技术。基于单目视觉的视觉特征建模和抽取技术一般只能获得物体的二维平面信息,因此该技术一般适用于估计物体的长度、宽度、面积等。对于单目视觉的煤量识别场景,可采用背景减除模型、光流模型等技术识别煤流,并根据识别的煤流估计胶带煤宽,然后根据煤宽估计煤量。这种技术的优点是计算简单,局限是对于空胶带的识别效果较差、煤宽不能反映煤厚导致识别

失真等。此外,可通过识别能够反映煤量变化的参照物而间接识别煤量,如可通过目标检测、边缘检测、模板匹配等技术识别参照物,然后通过建模构建参照物变化与煤量变化的对应关系。基于多目视觉的视觉特征建模和抽取技术可获得物体的深度信息,因此该技术适用于估计物体的体积、空间距离和三维空间建模等。对于多目视觉的煤量识别场景,可通过三维空间建模技术估计胶带煤量的体积,然后根据煤的密度推算煤量。

② 视觉特征和物理特征关系建模技术。由于煤量是一个现实物理量,因此根据视频识别煤量涉及摄像头视觉特征与现实物理关系的映射问题。对于绝对煤量,需要通过试验手段将视觉识别的煤量与对应的真实煤量做标定,通过数学方法构建一个近似的映射函数,建模过程相对复杂。对于相对煤量,可以基于视觉特征本身构建相对转换函数,而无须与真实的煤量进行映射,建模过程相对简单。

5.2.7.1　烟、火识别

利用智能视频识别技术对胶带、电机、室内禁烟区等工作环境进行实时烟、火检测,当检测到监控画面中出现明烟、明火时,平台立即显示该报警信息,并立即发出语音警报来提醒值班人员进行核实和处理,最大限度减少火灾隐患。

功能实现关键技术:基于视频的烟雾火灾检测方法具有响应速度快、不易受环境因素影响、适用面广、成本低等优势,为及早预警火灾提供有力保障。基于视频的烟雾火灾识别技术本质上是图像识别和分类问题,由于烟雾和火焰的形状、颜色千变万化,运动规律难以把握,给检测带来巨大挑战。传统的视频烟雾火焰识别技术主要采用图像去噪及分块技术对视频图像进行预处理,使用背景模型或差分法提取疑似烟雾火焰区域,根据烟雾火焰的纹理、颜色、形状、梯度方向、频率、运动等方面提取特征进行识别。传统方法需要人工提取图像特征,同时大多针对某一特定场景下的烟雾识别,训练模型多针对固定场景,一旦场景改变,火焰烟雾状态随之改变,则模型识别效果下降,故不具有通用性。基于深度学习的烟雾识别技术能够较好地克服上述不足。深度学习注重模型的深度和自动特征提取,逐层地由高到低进行特征学习,具有较强的特征提取和选择能力,然而深度学习是以海量数据为基础条件的,同时要求训练集和测试集符合相同的数据分布。在烟雾火灾识别领域,实际可用数据量通常是较小的,这主要是因为大多数数据是基于固定场景拍摄的烟雾火灾视频,每帧之间烟雾火灾状态差别较小,造成重复数据较多。因此,我们使用基于深度卷积神经网络的迁移学习进行烟雾火灾检测,将已有的海量数据集中的相关实例或特征迁移到微量数据集中,从而提高模型的泛化能力。

该功能使用迁移学习进行烟雾火灾识别,所谓的迁移学习是指利用已有的知识对不同但相关领域的问题进行求解的一种机器学习方法。迁移学习主要可以分为三大类:基于实例的迁移学习;同构空间下基于特征的迁移学习;异构空间下的迁移学习。同构空间下的迁移学习方法不需要源数据与目标数据具有相同的数据分布,迁移的是特征提取能力。使用网络公开数据集可以提取到丰富的图像空间特征信息,即边缘特征、纹理特征和局部细节特征等,进而迁移到烟雾火灾识别问题上。VGG16是一种具有16层的卷积神经网络,其中卷积层有13层,每个卷积滤波器的大小为3×3。该功能将VGG16网络中的全连接层以上的隐特征层进行迁移,同时加入预先在VGG16中网络使用烟雾火灾数据训练过的全连接层,进而构建一个新的深度卷积迁移学习网络进行训练预测,训练过程中会冻结由VGG16网络迁移过来的卷积层和池化层参数,对全连接层进行微调,最终得到烟雾火灾检测模型。

视频烟雾火灾检测的技术路线如图 5-2-11 所示。

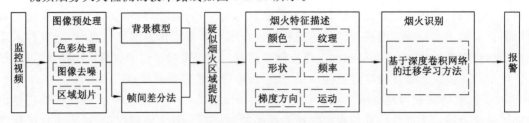

图 5-2-11　视频烟雾火灾检测的技术路线

从监控视频中得到的原始视频帧,通过色彩转换处理、图像去噪、区域划片等操作转化成连续帧图像,随后使用背景模型或帧间差分法去除背景因素,提取出疑似烟火的图像区域,通过烟火的颜色、纹理、形状、频率、梯度方向以及运动特征进行特征描述,从而得到针对性较强的特征。然后,采用基于深度卷积网络的迁移学习方法对图像进行识别分类,从而判断是否有烟火及烟火发生区域,产生报警信息并推送给相关人员以便及时处理。

5.2.7.2　大块煤等异物识别

异物识别技术路线如图 5-2-12 所示。胶带异物报警管理功能,参照图 5-2-12 所示流程实现。采用固定在运输胶带上方的工业防爆摄像头进行视频图像的采集,当运输胶带处于停止状态时,算法引擎模块处于休眠状态;当运输胶带处于负载状态时,算法引擎模块会通过胶带动力控制系统的反馈被激活,同时对获取的运输胶带图像采用高斯滤波和拉普拉斯算子进行图像预处理。采用高斯差分算法提取特征点,然后根据特征点描绘出异物轮廓,并利用机器学习的方式对异物轮廓进行识别。当不存在异物时则不会提取出异常轮廓,不会与训练好的模型发生匹配,此时胶带能够正常运行;而当出现异常轮廓时,算法引擎会输出异物报警并记录异物信息,同时根据异常的严重程度将控制信号发送到胶带动力系统。

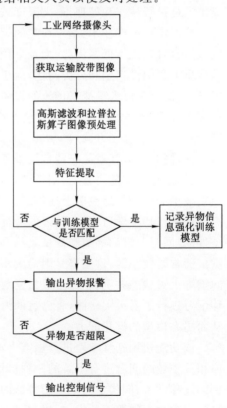

图 5-2-12　异物识别技术路线

5.2.7.3　堆煤识别

目前监测输送机上堆煤的方法主要是接触式传感器检测法,即在胶带的上方悬挂传感器,传感器探针位于煤的警戒高度位置,当输送机上堆煤高度达到或超过警戒高度时,由于煤的推动作用,传感器倾斜(如机械推移的行程开关式、水银或煤油式)或与煤接触产生导电信号使探针接入电回路中(如电极式)形成通路输出煤的高度信号,这类方法存在不能及时准确报警,耐用性、灵敏度、抗干扰性和可靠性差等问题,需要开发新的测量方法以改善现有技术中的问题或达到高可靠性、高准确性目的。

将视频分析和计算机视觉技术应用于胶带堆煤检测是解决上述问题的有效手段。通过在易发生堆煤处安装监控摄像头,实时监测监控点处煤量的变化。堆煤与未堆煤存在显著的视觉差异,如何通过视频分析和计算机视觉技术提取堆煤与未堆煤时的关键视觉特征是该技术的核心问题。常用的方法包括有监督的图像分类技术、无监督的运动前景对象检测技术、无监督特征表示学习技术等。

有监督的图像分类技术是一种通用的图像处理技术,在人脸识别、行人识别、车辆识别等场景应用广泛。传统图像分类的步骤主要分为特征提取和训练分类器。特征提取主要采用人工精心设计的特征提取模型提取图像特征,如比较流行的 HOG(方向梯度直方图)、SIFT(尺度不变特征变换)、SURF(加速稳健特征)、LBP(线性反投影算法)、Haar(矩形特征)等特征,是人脸识别、行人识别领域最常用的特征。提取出特征后,使用传统的机器学习模型如 SVM(支持向量机)、Adaboost、随机森林等建模方法,训练出一个分类模型,使用这个分类模型来进行图像分类。随着深度学习技术的兴起和普及,神经网络模型的简单、易用性使其逐渐取代传统图像分类模型成为图像分类领域广泛应用的模型。常用的神经网络分类模型如 AlexNet、VGG、ResNet 等,集特征提取和分类于一体,大大降低了模型的部署和应用难度。有监督的图像分类技术准确率比无监督的高,但是其依赖大量的标注数据,因此使用成本较高。

无监督的运动前景对象检测技术是国内外视觉监控领域研究的难点和热点之一,其目的是从序列图像中将变化区域从背景图像中提取出来,运动前景对象的有效检测对于对象跟踪、目标分类、行为理解等后期处理至关重要。常用的方法有背景减除法、相邻帧间差分法、光流法。背景减除法是将视频帧与背景模型进行比较,通过判定灰度等特征的变化,或用直方图等统计信息的变化来判断异常情况的发生和分割出运动目标的方法,主要有基于背景的时间差分法、中值滤波法、混合高斯法、隐马尔可夫模型(HMM)法等。相邻帧间差分法即图像序列差分法,主要利用两帧图像亮度差的绝对值来分析视频和图像序列的运动特性,确定图像序列中有无物体运动。光流法是利用图像序列中像素在时间域上的变化以及相邻帧之间的相关性来找到上一帧跟当前帧之间存在的对应关系,从而计算出相邻帧之间物体的运动信息的一种方法。

无监督特征表示学习技术是一种通过自适应学习视频中的正常模式,并通过距离度量判别异常模式的技术。常用的技术包括聚类、稀疏字典学习、稀疏自编码等。基于聚类和稀疏字典学习的方法通过事先指定有限的模式个数,通过优化算法学习到最优的类别分割和表征方法。稀疏自编码,是一种人工神经网络,能够无监督地学习数据中的特征。以上方法采用距离度量判别学习到的特征属于正常或异常模式。

5.2.7.4 煤量识别

目前带式输送机的称重装置应用较多的是核子秤和电子秤,但是它们都容易受输送带的磨损、跑偏及运输物料的品种等多种因素的影响产生测量误差。由于一条胶带只安装一套装置且受限于安装位置,核子秤和电子秤难以应用于瞬时煤量的测量。基于视频分析和计算机视觉的技术通过监控图像可以实时分析胶带煤量,不受摄像头安装位置的限制,能够通过视频画面与煤量识别结果进行校验,并且识别结果能够用于智能调速。目前主要有基于单目视觉识别煤流宽度识别煤量、基于单目视觉识别支撑装置形变识别煤量、基于双目视觉识别煤量等技术。

基于单目视觉识别煤流宽度识别煤量的方法主要采用背景减除、运动物体识别等方法提取煤流宽度像素,并计算煤流宽度的相对值作为相对煤量的估算值。这种方法容易受胶带纹理、煤流厚度等的影响,识别精度低,抗干扰能力差。

基于单目视觉识别支撑装置形变识别煤量的方法克服了基于煤流宽度识别煤量方法的缺点,具有较高的准确率。该方法通过计算机视觉技术识别胶带支撑装置由于煤量的变化导致的微小形变,并构建形变量与煤相对质量的映射模型,间接识别煤量。

基于双目视觉识别煤量的方法通过两个摄像头进行空间测距,并结合激光阵列在物料表面的投影推算物料的高度,根据物料密度和物理公式计算物料瞬时质量。该方法能够较准确地估计物料的真实质量,但相对单目视觉的方法部署成本和计算成本均相应增加。

5.2.7.5 跑偏识别

基于图像处理的带式输送机胶带跑偏识别及报警管理系统,包括安装在带式输送机的胶带两侧的相机支架,以及安装在相机支架上的工业网络摄像头,工业网络摄像头通过网络与计算机系统连接,工业网络摄像头设于胶带的上方。该系统特征为:工业网络摄像头支架固定安装在胶带两侧的立柱以及固定在两根立柱之间的横梁上,工业网络摄像头安装在胶带的正上方,对准胶带的正面,因此可以看清胶带两侧的导轨。摄像头采集视频图像信息后传输给算法功能模块,算法对采集到的图像进行预处理,由于井下环境光线较暗,图像信息中存在较多低频噪声,因此采用高斯滤波进行图像去噪的预处理;图像预处理后,根据全局图像像素的灰度值求出动态阈值;根据得到的动态阈值进行图像的二值化分割,得到清晰的二值化图像,利用Canny算子对二值化图像进行边缘提取;根据设备在安装时事先标注的监测区域,识别算法会在监测区域检查导轨的形状是否完整,当左右两侧的导轨出现不对称的情况时,即可判断胶带存在跑偏的情况,当胶带出现严重跑偏时系统会报警,情况紧急时会及时关停。

5.3 矿井智能化管控体系

统一的标准体系与智能管控体系是实现综合三维空间数据交互式智能管理系统的基础。其中,统一的标准体系主要包括IT数据治理和信息化标准体系建设;智能管控体系主要面向煤矿智慧化管理,从减员提效、降本提效出发实现业务流程梳理,形成面向智慧管理的管理框架。

5.3.1 IT标准体系建设

IT标准体系建设主要包括统一的数据体系、流程体系与标准体系。以下主要介绍统一的数据体系和统一的标准体系。

5.3.1.1 统一的数据体系

国内煤炭企业在信息化建设过程中,逐步推动矿井综合自动化与信息化管理以及推进数字化矿山进程。目前,大多数现代化矿井和大型集团公司实现了计算机辅助地测制图,配备了安全监测监控、人员定位、工业电视等系统,有些矿井实现了综合自动化;有些公司实现了应用ERP管理系统进行设备管理、资产管理等;有些已经实施了三维地测信息平台的构建与开发。

种类繁多的信息系统在长期使用中积累了大量的核心业务数据,如安全数据、生产数据、企业资源、机电设备数据、进销存数据、井巷工程数据、财务数据等,这些既是企业的关键信息,也是企业的核心资产,如果不对数据生命周期全过程加以管控,将带来多方面问题。

数据安全问题:数据的不恰当使用可能泄露企业机密,导致企业在竞争中失利,危及企业生存和发展。

价值发挥问题:面对众多信息系统,如果缺乏完整、一致的企业数据视图,业务部门不能准确获知自己所需要的数据;用户在数据质量状况不明确的情况下,不能放心使用数据,也无法根据数据做出正确判断、决策和快速响应。这些都将遏制数据价值的完整释放。

数据升值问题:一方面,在数据质量有保障的前提下,对企业的大量历史数据采用商业智能、数据挖掘、预测等技术手段,可以从数据中发现事物发展的深层次规律,为企业提供经验总结和预见性的业务支撑;另一方面,良好的数据管理机制将在企业内形成良好的知识共享和传承体系,促进企业的人才培养和组织进步,实现数据增值。反之,数据的零散分布、数据歧义、数据质量低劣,以及制度和平台的缺乏,将严重遏制数据价值的进一步发挥和增值。

成本效率问题:缺乏对数据的一致理解,将影响跨系统、跨部门、跨专业的需求沟通和信息共享,增加企业的沟通成本和建设成本;对贯穿企业的错综复杂的数据流缺乏直观、完整认识,系统故障、数据问题的快速定位将难以实现;数据权责不明确,将导致系统之间、部门之间在出现问题时相互推诿和扯皮。所有这些,都最终体现为信息系统对业务的支撑不力,业务部门将越来越质疑企业对信息化的投入。

综上所述,企业数据从产生、加工、传递到使用、销毁的全过程都应得到专门管控,获得组织和制度保障,明确数据生命周期过程的相关权责,实施体系化、制度化、流程化、规范化、标准化管理,确保数据生产、使用的全过程受控。

而以上这些,都是企业数据体系及其标准规范建设的范畴。数据体系及其标准规范的建设是矿井数字化与智能化建设的基础,将直接关系到基于GIS"一张图"与三维空间数据智能化矿山管控系统的数据共享、系统集成、信息融合与联动应用的成功使用,关系到矿井智能化建设的持续接入与应用扩展。因此,有必要在信息化标准体系框架范围内重点关注数据标准体系的建设。

(1)数据体系架构

"一张图"管理平台的数据体系架构如图5-3-1所示。

整个数据体系建设包括数据采集与传输、数据存储、数据服务、数据质量控制和数据信息安全等几个部分,每个部分均应形成相应的标准规范。

① 数据采集与传输:智能监控系统,主要包含安全监控、生产过程控制、移动目标定位、融合通信四个部分。安全监控包括瓦斯监控、火灾监控、水文监控、粉尘监控等子系统;生产过程控制包括综采监控、综掘监控、煤流监控、排水监控、风机监控、供电监控、压风制氮监控、智能矿灯、锅炉房监控等子系统;移动目标定位包括人员定位和机车定位子系统;融合通信包括无线通信、井下广播和信息引导子系统。数据采集和传输模块主要是采集这些子系统所有执行层、监测层中控制器、传感器和执行机构等的数据信息。

由于智能监控系统子系统较多,需要由不同厂家来承建,另外也需要分期实施,逐步建设。因此,为了保证应用系统数据分析和利用的需求,必须制定相应的数据编码和数据接口标准来规范子系统的建设。

② 数据存储:数据存储体系建设主要是构建矿山综合数据库。矿山综合数据库包括元数据库、基础数据库、空间数据库、实时数据库、综合集成数据库和业务数据库等。在统一的

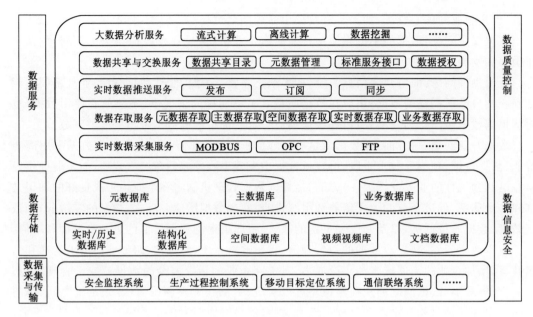

图 5-3-1　数据体系架构

数据标准规范的支持下,矿山综合数据库采用集中的部署方式,形成一个统一的矿山数据中心,进行统一管理。

③ 数据服务:数据服务主要是为了规范应用系统对数据的使用需求,实现数据共享和交换。数据服务负责提供所有与矿井数据资源相关的服务,包括实时数据采集服务、数据存取服务、实时数据推送服务、数据共享与交换服务和大数据分析服务。数据服务会在企业服务总线上注册,供各个业务应用子系统使用。

④ 数据质量控制:数据质量控制通过实施数据质量检核,暴露各系统数据质量问题;通过持续监控各系统数据质量波动情况及数据质量规则占比分析,定期生成各系统关键数据质量报告,掌握系统数据质量状况。

⑤ 数据信息安全:数据信息安全在对数据进行识别和分类的基础上,针对不同的数据制定相应的信息安全策略,以保障信息的保密性、完整性和可用性。

(2) 数据分类

根据数据的性质,数据可以划分为元数据、基础数据和业务数据。

① 元数据

元数据是描述其他数据的数据,或者说是用于提供某种资源的有关信息的结构数据。元数据是描述信息资源或数据等对象的数据,其使用目的在于:识别资源、评价资源以及追踪资源在使用过程中的变化;简单高效地管理大量网络化数据;实现信息资源的有效发现、查找、一体化组织和对使用资源的有效管理。

元数据分为技术、业务、管理三大类。

技术元数据:技术元数据是描述智能管控平台中技术领域相关概念、关系和规则的数据,主要包括对数据结构、数据处理方面的特征描述,包括外部数据源接口、数据仓库(DW)ETL(extract-transform-load)、存储过程、建模元数据等。

业务元数据:业务元数据是描述智能管控平台中业务领域相关概念、关系和规则的数据,主要包括维度、基础编码、指标、业务术语、业务规则、业务描述等。

管理元数据:管理元数据是描述智能管控平台中管理领域相关概念、关系和规则的数据,主要包括系统资源、人员、任务、需求流程、文档等。

② 基础数据

基础数据是指描述业务实体的,在业务发生中相对静止不变的,在企业范围内有必要共享的数据,如人员、组织机构、供应商、设备、物资相关数据等。与记录业务活动的波动较大的业务数据相比,基础数据变化缓慢。

煤矿企业的行业特点决定辅助业务功能如综合办公、党政工群、后勤等管理领域基本不涉及企业级基础数据,而工控数据主要以加密的数值型数据为主,基本不涉及基础数据的标准化编码和管理,为了突出基础数据规划的重点和务求实现基础数据管理的实效,所以对这些方面不做重点设计。本书中所用方案主要针对机电设备管理、安全管理、生产管理等几大关键业务主题域的企业级基础数据进行规划设计。

机电设备管理主题域:机电设备管理主题域主要跟踪设备的计划、购置、安装、使用、维修、更新直至报废的全生命周期的信息管理。其主要信息包括:设备,将企业机电管理中的资产定义为设备;设备状态,用于描述设备当前的状态;位置,地理位置和功能位置的抽象;项目,记录每个工程类项目的基础信息;系统,对资产和功能位置按用途分类,代表一组为特定目标协同工作或有共同性质的对象。

安全管理主题域:安全管理主题域主要描述企业本安体系相关的数据实体及其属性,主要分为危险源和隐患两大层面。危险源相关信息主要是对危险源的描述,基本对应关系为每个任务工序对应多个危险源。信息不但包括风险矩阵的信息,还包括管理措施、管理标准等。不安全行为相关信息主要是对不安全行为的描述,主要包含风险矩阵信息。隐患相关信息是对隐患的描述,主要包括预警登记、整改措施、整改期限等。事故相关信息是对事故的描述,主要包含事故类型、事故类别以及事故解决措施等。其中,事故解决措施与事故影响,以及措施类型、原因类型在整个体系中尚未结构化。

生产管理主题域:生产管理主题域主要描述与企业煤炭生产相关的数据实体及其属性,主要分为生产接续计划和设备配套计划两个层面。生产接续计划主要是根据矿井生产规划制订相关的搬家倒面计划,而设备配套计划是根据搬家倒面计划制订的相关主要设备的配套计划。

③ 业务数据

根据专业类别,业务数据可以分为地测数据、通风数据、机电数据、生产调度数据等。

地测数据包括地质数据、测量数据、水文数据和储量数据。其中地质数据主要包括以下几种。

a. 勘探线:勘探线代码、首点坐标、末点坐标、方位、地层走向。

b. 钻孔:钻孔代码、钻孔类别、勘探线代码、施工目的、是否钻内孔、是否斜孔、孔口坐标、开工日期、竣工日期、施工单位、施工地点、穿过层位、穿过煤层、钻机编号、终孔层位、测井深度、测井日期、终孔深度、最终斜度、地层倾角、机长姓名、技术员姓名、记录员姓名、水文员姓名、测井员姓名、测井解释员姓名、底板坐标。

c. 煤层:煤层代码、钻孔代码、底板孔深、底板垂深、底板标高、煤层结构、采用厚度、岩心采取率、地层倾角、钻孔质量、顶板岩性、顶板厚度、底板岩性、底板厚度、坐标、煤化学参数。

d. 断层：断层名称、断层倾向、断层倾角、断层落差、断层性质、坐标。

测量数据主要包括导线数据和导线点数据两种。

a. 导线：导线标识、导线类型、导线级别、煤层、采区、工作面、巷道、计算类别、计算者、计算日期、对算者、对算日期。

b. 导线点：导线标志、导线点名称、X 坐标、Y 坐标、顶板高程、底板高程、左帮距、右帮距。

水文数据主要包括以下几种。

a. 采空区涌水量：煤层名称、采区名称、采空区名称、年度、月度、采空区涌水量(清水)、采空区涌水量(污水)、采空区域积水量。

b. 水文长期观测孔：观测日期、孔号、位置、坐标、地距、绳长、松散沙层厚度、土层厚度、砂砾石层厚度、风化基岩厚度、正常基岩厚度、本次水位埋深、初始水位埋深、较初始水位下降幅度、半月前水位埋深、较半月前水位下降幅度、静水位标高、松散含水层厚度、风化基岩含水层厚度、总含水层厚度、含水地层年代、煤层底板高程、上覆基岩厚度、基岩顶界面高程、井下放水时间。

c. 地表水观测：观测日期、地表水名称、地点、坐标、观测方法、流量。

d. 采煤工作面涌水量：煤层名称、采区名称、工作面名称、年度、月度、淋水量(清水)、淋水量(污水)、采空区涌水量(清水)、采空区涌水量(污水)、探放水孔泄水量(清水)、探放水孔泄水量(污水)、工作面涌水量(清水)、工作面涌水量(污水)、工作面涌水量(合计)、采空区域积水量。

e. 掘进巷道涌水量：煤层名称、采区名称、巷道名称、年度、月度、巷道涌水量(清水)、巷道涌水量(污水)。

f. 井筒及大巷涌水量：年度、月度、井筒及大巷名称、井筒及大巷涌水量(清水)、井筒及大巷涌水量(污水)、井筒及大巷涌水量(合计)。

g. 疏放水钻孔：煤层名称、采区名称、工作面名称、孔号、位置、终孔时间、坐标、方位、仰角、钻孔斜深、松散层斜深、初始涌水量、目前涌水量、疏放水截止日期、疏放水时间(天)、疏放水时间(小时)、增加时间(天)、增加时间(小时)、疏放水量、累计疏放水量、基岩厚度(垂深)、松散层厚度(垂深)。

h. 水文孔观测：年度、月度、孔号、坐标、地距、含水地层时代、含水介质厚度、上覆基岩厚度、基岩顶界面高程、水位埋深、含水层厚度。

i. 涌水量观测：煤层名称、年度、月度、矿井涌水量(清水)、矿井涌水量(污水)、采空区域积水量。

储量数据主要包括以下几种。

a. 报损信息：年度、月度、地点、报损时间、范围、面积、煤厚、密度、报损煤量、级别、报损理由、申报单位、申报文号、审批机关、审批文号、审批意见。

b. 储量动态信息：年度、月度、水平名称、水平标高、煤层名称、平均煤厚、最小煤厚、最大煤厚、平均倾角、最小倾角、最大倾角、煤种牌号、原始地质储量 A 级别能利用储量、原始地质储量 B 级别能利用储量、原始地质储量 C 级别能利用储量、原始地质储量 D 级别能利用储量、储量增减 A 级别能利用储量、储量增减 B 级别能利用储量、储量增减 C 级别能利用储量、储量增减 D 级别能利用储量、矿井采出量、矿井损失量、注销量、期末保有地质储量 A 级别能利用储量、期末保有地质储量 B 级别能利用储量、期末保有地质储量 C 级别能利用储量、期末保有地质储量 D 级别能利用储量、设计损失、期末可采储量、暂不能开采储量、"三下"压煤量、暂不能利用储量。

c. 储量动态台账：年度、月度、煤层名称、储量级别、原始能利用储量、原始难利用储量、上期保有能利用储量、上期保有难利用储量、本期动用能利用储量、本期动用难利用储量、储量增减能利用储量、补勘能利用储量、采勘对比能利用储量、井界变动能利用储量、重算能利用储量、储量增减难利用储量、补勘难利用储量、采勘对比难利用储量、井界变动难利用储量、重算难利用储量、注销量能利用储量、注销量难利用储量、转入量、转出量、期末保有能利用储量、期末保有难利用储量、设计损失、期末可采储量、暂不能开采储量、巷道煤柱煤量、设计可采煤量。

d. 储量汇总计算：年度、月度、煤层名称、储量级别、动用储量、受邻近煤层采动影响储量、期末保有储量、设计损失小计、矿界煤柱、小窑边界煤柱、盘（采）区煤柱、工业广场煤柱、井筒煤柱、"三下"压煤、断层带及涌水钻孔煤柱、其他设计损失、呆滞煤量之大巷煤柱、呆滞煤量之"三下"煤柱、实际可采储量。

e. 储量增减转：年度、月度、位置、煤厚、煤种牌号、储量级别、补充勘探小计、补充勘探煤厚、补充勘探、补充勘探煤质变化、采勘对比小计、采勘对比煤厚、采勘对比可采边界、采勘对比煤质变化、重算计算误差、重算密度变化、重算工业指标变化、井界变动、转入量、转出量、注销量、申报单位、申报文号、审批机关、审批文号、审批意见。

f. 采区采损信息：水平名称、水平标高、煤层名称、煤层平均厚度、煤层最小厚度、煤层最大厚度、煤层平均倾角、煤层最小倾角、煤层最大倾角、采区名称、年度、月度、采区动用量、采区采出量、工作面采出量、采区巷道出煤量、采区合理损失、采区煤柱损失、采区巷道厚度损失、工作面合理损失、工作面落煤损失、采区不合理损失、采区内其他损失、工作面不合理损失、违反开采程序、采区巷道冒顶、水火灾害、超尺寸煤柱、弃采地段、巷道未达采高、采区回采率、矿井动用量、矿井采出量、全矿性巷道出煤量、矿井损失量、实际采区损失、永久性煤柱摊销量、地质及水文地质损失量、报损储量、矿井回采率。

通风数据主要包括以下几种。

a. 矿井通风情况：通风方法、风机数量、总进风量、总回风量、通风能力、瓦斯等级、是否装备瓦斯抽采系统、绝对瓦斯涌出量、相对瓦斯涌出量、风排瓦斯量、自燃倾向性、主要通风机型号、风机风量、风压。

b. 矿井瓦斯抽采情况：地面瓦斯抽采系统（装备套数、运行台数、备用台数、抽采能力、抽采浓度）、井下移动抽采系统（装备套数、运行台数、备用台数、抽采能力、抽采浓度）、矿井抽采系统总能力、矿井绝对瓦斯涌出量、矿井瓦斯抽采量、矿井瓦斯抽采率、采煤工作面瓦斯抽采情况（工作面编号、瓦斯绝对涌出量、瓦斯抽采量、抽采率）。

c. 矿井防火防尘情况：火区数量、自然发火或 CO 浓度超限次数、采煤工作面数量、放顶煤工作面数量、易自燃煤层放顶煤工作面数量、束管系统数量、灌浆系统数量、注氮系统数量、其他防灭火系统数量、防尘水池数量及容量。

d. 矿井通风日报：采煤工作面 CH_4 浓度（工作面、回风流、上隅角、峰值）及风量、掘进工作面 CH_4 浓度（回风流、回风流峰值）及风量、CO 浓度、温度。

e. 矿井通风月报：有害气体超限记录（地点、气体类别、超限时间、报警最大值、原因、采取措施）、安全监控系统误报警及通信中断记录（时间、地点、影响范围、原因、采取措施）、瓦斯浓度（工作面、回风流、上隅角、尾巷）、瓦斯涌出量（风排量、抽采量、工作面抽采率）。

f. 测风情况：测风地点、断面、风速、风量、瓦斯、二氧化碳、一氧化碳、温度、作业情况、局部通风情况（局部通风机安装地点、功率、风筒长度、风筒直径、吸风量、风筒出风量、瓦斯、百米漏风率）。

g. 防尘设施检查记录：时间、地点、设施名称、设施完好情况、检查人。

h. 通风设施台账：设施地点、设施名称、建造时间、建造材料、厚度、建造负责人。

机电数据主要包括以下几种。

a. 煤矿设备：编号、名称、在籍数量、使用数量、使用地点、管理员。

b. 煤矿仪器仪表：编号、名称、在籍数量、使用数量、检定时间、管理员。

c. 煤矿机电设备维护：编号、设备名称、型号、使用地点、检修项目、检修人、检修时间。

d. 煤矿监控系统设备：编号、名称、型号、安装地点、在籍数量、使用数量、备用数量。

e. 煤矿人员定位系统识别卡管理：识别卡编号、姓名、职务、工种、领用时间。

f. 水泵运行记录：水泵编号、运行时间（开始、结束时间）、仪表指示（电压、电流、压力表、真空表）、温度（电机、泵端）、运行情况、接班人、交班人。

g. 煤矿矿井主要通风机运转记录：时间、运行记录（负压、电流、电压）、运行情况（故障部位、故障原因、检修人员）。

h. 煤矿监控系统故障处理记录：故障时间、故障点号、故障原因、故障处理措施、恢复正常时间。

i. 煤矿接地电阻检测记录：检测日期、检测地点、检测内容（受检部位、接地连接材料）、检测结果（测定用仪表、总接地电阻、辅助接地电阻）。

j. 煤矿井下变电所远方漏电试验记录：试验变电所、试验检漏继电器编号、试验地点、试验地点与变电所距离、试验是否灵敏可靠、试验人员、试验日期。

生产调度数据主要包括以下几种。

a. 煤矿调度值班记录：值班员、时间、调度对象、调度记录。

b. 调度员出入井记录：日期、姓名、入井时间、出井时间、班次。

c. 煤矿掘进进尺：工作面名称、日期、班次、进尺、收尺人员、班组长、技安人员、值班人员。

d. 煤矿原煤产量日报：工作面名称、日期、班次、产量、收量人员、班组长、技安人员、值班人员。

根据数据存储特点，业务数据可以分为五种类型，分别为实时历史数据、结构化数据、空间数据、视频数据和文档数据。

实时历史数据主要包括井上下所有自动化监控监测系统的数据，包括但不限于综采系统、主运系统、供排水系统、通风系统等生产及生产辅助自动化系统中的工作指示（如电流、电压等）及报警信号等。

这种数据的组织方式包括三个内容，即测点信息、实时库和历史库。其中，测点信息是记录的监测点的信息；实时库是内存快照数据库，表示的是监测点的实时数据，如时间戳、值信息、质量戳等；历史库以监测点和时间作为关键字来存储监测点的历史数据状态。由于设备监测点的数量有很多,而且时刻都在监测,数据量庞大,随着存储量的增大,数据访问速度逐渐变慢,所以实时历史数据需要一个良好的压缩算法。

结构化数据主要包括各种业务管理信息系统中的数据。这种数据可以组织成行列结构,可识别关系型数据,生产、业务、客户信息等方面的记录都属于结构化数据。

空间数据是指跟地理信息系统相关的数据,如煤层、巷道、工作面等方面的数据。为真实反映地质实体,这种数据不仅要包含实体的位置、形状、大小和属性,还必须反映实体之间的拓扑关系,比如邻接关系、关联关系、包含关系。

视频数据是指由工业摄像头监拍的视频存储下来的数据,以及企业内产生的其他图片、视频、音频、动画等多媒体数据。这种数据存在数据量巨大、数据类型多、数据类型差别大、输入和输出复杂的特点,因此多媒体数据在计算机中的表示是一项较复杂的工作。

文档数据包含公司内部所有非结构化的文档,如使用说明书、图纸等。这种数据属于非结构化数据之一,以文档/文件为处理信息的基本单位。

5.3.1.2 统一的标准体系

(1) 数据采集与传输

智能监控系统包含多个子系统,各子系统由不同厂家来承建。为了保证应用系统数据分析和利用的需求,必须制定相应的数据编码标准和数据接口标准来规范子系统的建设。

① 数据编码标准

对于监测监控系统各个子系统的接入而言,数据编码主要包括子系统类型、传感器数值类型、传感器类型、传感器单位、报警/异常类型、传感器关联关系、实时数据状态等方面的编码。

安全监测监控系统编码规则如图 5-3-2 所示。

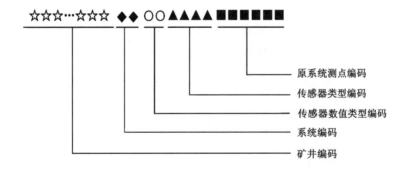

图 5-3-2　安全监测监控系统编码规则

如图 5-3-2 所示,安全监测监控系统编码包含:A. 矿井编码(20 位);B. 系统编码(2 位);C. 传感器数值类型编码(2 位);D. 传感器类型编码(4 位);E. 原系统测点编码(原系统提供,长度不限),如 32101,01A03。

设备监控系统编码规则同上。

② 数据接口标准

矿井监测监控系统可以分为监测类和控制类两种。监测类系统如安全监控系统和人员定位系统等,与平台的接口主要以上传实时数据为主;而控制类系统如综采工作面自动化监控系统、综掘工作面自动化监控系统、煤流运输智能控制系统等,与平台的接口除了上传实时数据之外,还需要接受控制指令,对子系统进行控制。

书中方案对于监测类系统的接入,采用 Web API 的接口方式;对于控制类系统的接入,则采用 OPC-UA 的接口方式。

(2) 数据储存

新郑煤电的数据可以划分为元数据、基础数据和业务数据。在数据存储层面上,首先需要做好元数据和基础数据的规划和管理。在此基础上,对新郑煤电及其四个矿井的业务数据根据业务流程进行梳理,设计数据模型和数据结构,完成业务数据的存储建设。本节重点阐述对元数据和基础数据管理的要求以及基础数据定义标准要求。

① 元数据管理要求

元数据管理要求主要包含元数据库中的数据质量要求、元数据获取过程的质量要求、元数据管理工具的要求以及元数据存储与备份要求。

A. 元数据库中的数据质量要求

元数据库中的数据质量是指元数据库中存储的元数据的质量,包括元数据的完整性、准确性和关联一致性等。

a. 元数据完整性:平台各子系统中的元数据,除了系统自动生成的临时表、临时变量之外,其他涉及核心元数据的元数据内容和相关联的内容均应存储在元数据库中(如系统表、普通表等)。

b. 元数据准确性:元数据库中的元数据信息需要准确反映各子系统中的元数据内容,真实反映各子系统的元数据情况。

c. 元数据关联一致性:元数据库中的元数据之间存在着各种关联,并且相互间的关联关系要保持一致,不应出现空链或者错链的情况。各个子系统内部的元数据之间的关联要保持一致,同时,子系统之间的元数据关联也要保持一致。

d. ETL 过程的元数据质量的特殊要求:由于 ETL 过程是平台数据处理的关键环节,因此,其过程对元数据有特殊的质量要求。ETL 元数据需要明确给出全部转换源、转换公式、转换方法和转换目标的详细定义和描述。

此外,元数据库中除临时表外,所有元数据均需使用中文对各元数据的含义、功能进行定义和描述。其描述需要满足可读性和无二义性。出现在元数据库中的临时表或临时变量需注明,避免和其他元数据混淆。

B. 元数据获取过程的质量要求

元数据获取功能用来将平台中的元数据传输到元数据库,其传输内容必须准确地反映平台中的相关信息。元数据获取过程的数据质量主要包括接口数据的完整性和准确性以及传输过程的正确性。

a. 接口数据完整性

内容完整性:接口数据需要包含元数据库中涉及的核心元数据和与其密切相关的关联元数据。接口数据内容务必做到完整有效,真实反映元数据内容。

格式完整性:接口数据需要以清晰的格式存在,如有效的 XMI 文档格式。

b. 接口数据准确性

接口数据必须能够准确地反映平台的元数据。

c. 传输过程的正确性

接口数据的传输过程需要保证正确性,传输双方可以采用必要的校验手段对传输的接口数据进行验证。如文件发送方同时传输校验文件,接收方收到数据文件及校验文件后,对相关统计信息进行校验,如果校验失败,则需要重新传输整个文件。

C. 元数据管理工具的要求

下面从元数据抽取、元数据前端展示及分析和元数据维护三个方面给出元数据管理工具的功能要求。

元数据抽取工具的功能要求主要有:

a. 能够对主流 BI(business intelligence,商业智能)产品中的元数据进行自动抽取(包括主流 ETL 工具、数据仓库、数据集市、联机分析处理服务器和前端展现工具等)。

b. 能够将抽取出的元数据转化为 XMI 文件,便于将元数据导入元数据库,也便于使用接口存储元数据。

c. 如果无法自动抽取元数据,该工具能够提供灵活定制的模板,人工录入相应的元数据,并能自动转换为 XMI 文件。

元数据前端展示及分析工具的功能要求主要有:

a. 支持元数据库中各大主题元数据的浏览功能,能够按一定的层次结构显示元数据库中的元数据。

b. 提供元数据检索功能或者相应的软件开发包。

c. 提供元数据关联分析功能或者相应的软件开发包,通过分析实体的用途和关联,图形化地跟踪和分析任何实体的变化带来的各种影响。

元数据维护工具的功能要求主要有:

a. 支持元数据的实时/定期自动更新功能,当元数据在源数据系统中发生变化(增加、删除、修改)时,元数据维护工具能够实现元数据的实时/定期自动更新。

b. 对于需要人工修改(增加、删除、修改)的元数据,元数据维护工具应提供易用的用户界面来方便管理员操作。操作人员可以预览与该元数据相关的元数据,由此确定元数据修改后产生的影响。

c. 支持元数据修改的回滚功能。

D. 元数据存储与备份要求

元数据存储和备份要求包括元数据库的存储与备份要求,以及元数据文件的存储要求。

元数据库存储的要求有:

a. 逻辑层面上,各种元数据均以对象形式存储,元数据间的关系则按对象关系存储。元数据对象的存储应遵循对象管理组织(OMG)的 CWM(公共仓库元模型)标准。

b. 物理层面上,可以采用对象数据库、关系数据库、XMI 文件等方式做物理存储,但需要提供 Web Service 接口和 XMI 接口。

元数据库备份要求是指对所有元数据需要定期或不定期地进行全量备份。定期备份是指元数据库于每月进行定期备份,每次备份需要加入说明性信息,备份存放时间为永久存放。不定期备份是指在平台发生重大变化之前进行备份,每次备份必须加入说明性信息。

不定期备份的具体内容包括:

a. 平台结构(包括元数据管理模块)进行大型调整之前,如系统改变,数据仓库逻辑模型和物理模型的变化,影响 KPI(关键绩效指标)的数据处理过程修改,以及修改、新增超过

40 个涉及核心元数据中相应元数据对象的操作等。备份存放时间为永久保存。

b. 系统硬件更换之前,平台遭遇可能的破坏之前(如停电、自然灾害等)。

c. 备份存放时间为自不定时备份时间起,下次完整备份之后为止。

不同元数据系统之间通常以符合 CWM 规范的文件形式(如 XML 等)来互传元数据,为了能接收并存放元数据文件,要求元数据库要预留一定的空间来导入其他元数据系统所传的元数据文件。

② 基础数据管理要求

A. 基础数据质量管理要求

基础数据库中的数据质量是指基础数据库中存储的基础数据的质量,包括基础数据的完整性、准确性、唯一性和关联一致性等。

a. 基础数据完整性:基础数据库中的基础数据应能完整反映各个业务子系统的情况。

b. 基础数据准确性:基础数据库中的基础数据信息需要准确反映各子系统中的基础数据内容,真实反映各子系统的基础数据情况。

c. 基础数据唯一性:基础数据库中的基础数据应是从各个业务子系统中抽取而来的,要保证基础数据的唯一性,不能重复和冗余。

d. 基础数据关联一致性:基础数据库中的基础数据之间存在着各种关联,并且相互间的关联关系需要保持一致。

B. 基础数据管理工具的要求

基础数据管理工具应具备以下功能。

a. 基础数据标准管理功能,包括资源目录管理、标准文档管理、编码规则管理、基础代码管理、流程模板管理。

b. 基础数据对象管理功能,包括基础数据模型管理、基础数据维护、基础数据审批、基础数据查询。

c. 基础数据交换管理功能,包括适配器管理、交换标准查询、数据同步订阅申请、数据订阅审批、基础数据分发同步。

d. 基础数据监控管理功能,包括接收记录查询、基础数据流监控、WebService 数据服务监控。

e. 基础数据统计分析功能,包括模型统计、订阅统计、下发记录统计、基础数据自定义分析。

③ 基础数据定义标准要求

基础数据定义标准要求是指对各类矿山生产数据(空间数据、实时数据和业务数据)的数据格式进行规范化和标准化的描述和存储,以减少数据存储对上层应用系统的依赖,便于各系统之间的信息共享和协同。

A. 空间数据定义标准

空间数据定义标准包括空间对象组织标准和空间对象标准。

a. 空间对象组织标准

空间数据库将原来存储在不同文件中的各种矿图存入一个数据库。为了避免重复劳动、便于共享,必须对原来的矿图文件进行拆分。从实用性的角度出发,为了便于用户接受,采用图层作为拆分后的基本单位。空间数据库中的图层和矿图文件中的图层在形式上是一致的,但空间数据库中的图层更加规范,这是因为空间数据库是具有相同业务属性的空间对象的集合。值得注意的是,我们并不要求一个图层中的空间对象都是同一类型的,而只要求具有相同的业务属性,如巷道、钻孔等。

空间数据库中存储的矿图数据实际上是图层的集合。原来的图形文件,如采掘工程平面图、通风系统图等,现在只是对一个或者多个图层的引用,在本方案中被称为解决方案。如果一个图层被更新,那么引用该图层的所有解决方案都自动被更新,从而实现基于图层的协同设计。

空间对象组织标准用来确定整个空间数据库中图层的树状组织结构,便于对空间数据库中的所有图层进行统一管理。例如,我们可以这么描述一个巷道图层:矿→测量→一水平→三采区→1302 工作面。

b. 空间对象标准

空间对象标准是指空间对象的数据结构。空间对象分为两种类型:基础对象和煤矿自定义对象。

由于我们采用 AutoCAD 进行二次开发,类似点、直线、折线、多边形、文字等基础对象的数据结构是由 AutoCAD 决定的,已经具备了标准,无须再单独设计。

煤矿自定义对象是结合煤矿具体业务定义的空间对象,在数据结构上是和图形平台无关的。从生产专业协同设计和二维、三维集成应用的角度出发,我们至少需要设计以下几种空间对象的数据结构:巷道、巷道断面、采煤工作面和测点。

巷道的数据结构应包括:巷道 ID、巷道导线点数据(坐标、左帮、右帮、顶板高程、底板高程)、设计巷道坐标数据、硐室数据(名称、高度、深度、宽度、位置)、断面信息、巷道掘进数据(班组、日期、进尺)、材质信息(左帮、右帮、顶板、底板)、巷道样式(导线点样式、导线点名称样式、导线点标高样式)、巷道拓扑关系、巷道通风信息(分支类型、分支初始风量、分支风阻、分支反转风阻、风阻计算类型、摩阻系数、计算风量、解算风量、解算风压、测量风量、测量风压、始节点温度、始节点相对气压、末节点温度、末节点相对气压)。

巷道断面的数据结构应包括:断面样式、断面形状、断面尺寸、水沟参数、管道参数。其中断面形状包括断面设备类型(矿车、胶带、轨道、架线等)、轨道型号、断面形状(半圆拱形、圆弧拱形、三心拱形、矩形、梯形等)、矢跨比、支护方式、围岩硬度;断面尺寸包括左侧边距、右侧边距、人行道宽、轨心距、架线高度、上部宽度、断面墙高、支护厚度、设备尺寸(矿车尺寸、胶带尺寸);水沟参数包括水沟位置、水沟形状、有无盖板、水沟尺寸等;管道参数包括管道类型(风筒、风管、水管、排水管)、管道直径、边距、高度等。

采煤工作面的数据结构应包括:工作面所在的水平、采区、工作面;工作面三维坐标数据(顶点坐标、顶点厚度);工作面回采进尺数据(日期、班组、回风巷道进尺、运输巷道进尺)。

测点的数据结构应包括:测点 ID、测点类型、测点坐标、测点所属巷道 ID。这里的测点是指安全监控、人员定位、视频监控等系统中的传感器、人员定位分站(识别器)、摄像头等,用于和实时数据库连接,展示实时数据。

需要注意的是,应用需求是不断变化的,我们不可能一次把所有空间对象的数据结构定义完毕,也不可能把一个空间对象的所有信息都定义完整。因此,我们在设计空间对象数据结构的时候,要考虑扩展机制,以便在今后的专业应用开发过程中对一个对象的数据结构进行扩展,或者新增一个新的空间对象。

B. 实时数据定义标准

实时数据一般由数据采集系统从各类生产控制系统获取,如安全监控系统、人车定位系统、瓦斯抽采监控系统、束管监测系统、通风机在线监测系统、视频监控系统、井下带式输送机监控系统、提升监控系统、压风机监控系统、供水监控系统、矿井供电监控系统等,用来全面反映矿山各生产环节的工况数据和环境数据。通过对各类生产控制系统的公有信息进行归纳和抽象,可以定义出一套可扩展的实时数据定义标准。实时数据定义标准分为两部分:测点属性信息和测点基本信息。

a. 测点属性信息

测点属性信息定义测点所涉及的相关信息,如生产控制子系统分类、生产控制子系统信息、测点数据分类、测点类型信息等。

生产控制子系统分类包括子系统 ID、子系统名称、矿井编码。

生产控制子系统信息包括矿井编码、系统 ID、通信方式、通信协议版本等。

测点数据分类包括矿井编码、数据类型(开关量、模拟量、控制量、累计量、统计量、调节量)。

测点类型信息包括矿井编码、测点类型(一氧化碳、甲烷、二氧化碳、氧气、粉尘、开停、烟雾、电压、电流、风速、水位、馈电、频率等)。

b. 测点基本信息

测点基本信息包括矿井编码、系统 ID、测点编号、安装位置、坐标、测点类型 ID、测点数据类型 ID、设备类型描述、单位、最小量程、最大量程、报警下限、报警上限、上限断电值、上限复电值、下限断电值、下限复电值等。

C. 业务数据定义标准

业务数据按专业进行分类,如地质、测量、水文、储量、通风、机电、生产调度等,一般由各个应用系统负责存储和管理。由于业务数据比较多,这里不一一列举。但需要把握一个基本原则,即从集团公司的层面,需要为每一个专业制定一套业务数据定义标准,以避免重复建设,方便与其他系统共享数据。

(3)数据服务

数据服务平台负责提供所有与智能化管控平台数据资源相关的服务,提供数据全生命周期的基础技术支撑,包括数据采集服务、数据存取服务、数据推送服务、数据共享与交换服务、大数据分析服务等。

(4)数据质量控制

数据能发挥价值的大小依赖于其质量的高低,高质量的数据是企业业务能力的基础。而劣质的数据不仅不能为决策提供依据,还往往因数据的错误分析出错误的结果,给企业生产带来严重的后果。因此,数据质量控制是数据体系建设的重要保障。

数据质量问题产生的原因有很多方面,比如在技术、管理、流程等方面都会碰到。企业要将这些方面的数据质量问题都管控到、监控好,才能从整体上提高质量水平。

① 数据质量定义

数据质量定义通过对质量维度、检核类别、度量规则以及检核方法的定义和管理给检核任务模块提供必要的输入。

A. 质量维度定义

通过对不同业务规则的收集、分类、抽象和概括,定义了六种数据质量维度。质量维度反映了数据质量不同的规格标准,也体现了高层次的指标度量的特点。

B. 检核类别管理

在质量维度的基础上根据各业务规则的具体特点细化出了九种检核类别,使得数据质量问题更具有条理性和层次感,并可以直接体现出问题数据的特征。检核类别从实施的角度对各质量维度进行更小粒度的划分,并直接对度量规则的提出进行指导性的定义和说明。

C. 度量规则管理

度量规则是由业务人员根据各检核类别对不同的业务实体提出的数据质量的衡量标准。它是各检核类别在不同业务实体上的具体体现。

针对不同的业务实体,依据检核类别定义出度量规则,每一个度量规则都是从业务实体的角度对质量问题进行简单的描述,都包含一个或多个信息项,这些信息项就是每一个业务实体具体所要检核的对象,这样我们就在每一个度量规则的基础上根据不同的信息项定义出具体的检核方法。

D. 检核方法管理

检核方法是度量规则在不同信息项上的落地实施,也是检核任务模块任务执行的主体。根据度量规则中不同的信息项定义出不同的检核方法,每一个检核方法根据其检核对象定义各自的检核脚本以及相关的属性信息。

检核方法中的检核脚本就是数据质量系统在执行检核操作时所实际执行的脚本,它反映了质量问题的检核逻辑,根据检核类别的不同,其复杂度也不同。

E. 检核方法审核

为了方便检核脚本的定义,数据质量系统提供了脚本配置模板,填写好脚本配置模板后,系统便可生成检核方法各自的检核脚本。

对于脚本配置模板,系统提供了相应的界面,在页面上导入模板后便可由系统自动生成检核方法,然后系统会校验这些检核方法的正确性,对于配置错误的脚本会予以标识,并可在界面中查询错误信息。

② 检核任务调度

检核任务调度通过执行检核方法生成相应的检核结果问题数据文件,检核结果问题数据能够反映出用户所关心的数据质量问题。

A. 检核任务生成

检核任务调度统一管理系统内所有检核任务在上游系统批处理作业结束之后会触发执行检核任务生成程序,生成相应的检核任务列表,当发现有待执行的检核任务并且当前系统中没有正在执行的检核任务时,系统便会启动检核任务。

B. 检核任务状态

检核任务开始后立即将此任务的状态更改为"正在执行",在执行检核过程中发现错误,即可将此检核方法对应的检核任务状态置为"执行出错",对于成功检核完成的任务,则将其状态置为"检核完成"。

C. 多线程执行方式

一个检核任务通常包含很多检核方法,为了提高检核的效率,采用多线程执行方式。系统根据每次检核任务的检核方法数目来决定每次检核任务分配的线程数,同时为了避免给检核系统造成过大的压力,通常会在系统配置模块中配置最大线程数。

检核方法会被分配给多个检核线程(线程数目由该次执行的检核方法数目决定,并拥有一个最大线程数),这些检核线程会同时启动,并且同时启动一个伴随线程。伴随线程用于记录这些检核方法的执行结果日志。

D. 检核结果文件生成

在检核任务执行过程中,依次执行各个检核方法,检核方法的执行实际上就是其检核脚本的执行。检核方法查询出的数据会在 Receive 目录中生成其对应的检核结果文件(DAT文件),并同时生成一个同名的 XML 文件,作为结果文件到达的就绪标识。所有这些文件会存放在 Receive 目录中的以该次任务的检核日期命名的文件夹中。

③ 检核结果采集

采集程序使用 Quartz 作业的方式进行轮询采集,由于每次需要采集的文件数量不同,所包含的数据量也不同,再加之其他因素的干扰,所以每一次作业所使用的时间不同,这样就会使得该次作业启动时上一次作业可能还未结束。

为了避免不同作业批次之间的资源争用问题,系统采用单作业执行的方式,即如果作业启动时上一次作业还没有结束,则本次作业自动结束,直到上次作业结束才启动下一次作业。

检核结果采集将检核结果文件采集入库,并在采集过程中对检核结果数据进行简单的汇总操作,将明细数据和汇总数据分别存入结果明细表和汇总表。此过程中如果发生了异常则对数据库表进行回滚操作,以避免出现不完整的数据,并将此文件移至 Error 目录。

每一个结果文件在采集入库后都将被删除,所有结果文件采集结束后,当前文件夹下如果没有未采集的结果文件,便删除当前文件夹;如果仍然存在结果文件,如因就绪文件未到达而没有采集的文件,则保留当前文件夹中的所有文件,等待下次采集时间点的到达。

④ 问题数据分析

问题数据分析的功能是对问题数据进行检索、分析,进而启动问题治理流程。所以检核结果分析模块是检核系统数据质量问题暴露的窗口,更是整个数据质量平台核心价值的体现。

问题数据分析提供了对问题数据的检索、对重点关注检核对象问题数据的监控、对问题数据数量变化的趋势分析、对问题数据不同检核类别的数据分布分析以及对问题数据的整体分析功能。

A. 问题数据汇总与明细

在问题数据检索中,可根据不同条件进行组合检索,还可对查询结果(包括汇总数据和明细数据)进行自定义排序以及根据问题率对结果数据进行筛选。在查看结果明细数据时,用户可根据不同系统、不同检核类别定制自己的明细数据显示列,这部分功能可在系统配置模块中进行配置。

B. 问题数据趋势分析

在趋势分析中,用户可选择一段时间内的同一个检核方法所检核出的问题数据量的变化趋势图,以更直观的方式查看数据质量问题的变化以及对质量问题的治理结果。

C. 数据质量报告分析

数据质量报告提供了一个集中展示数据平台数据质量状况的窗口,数据质量管理人员召集相关人员对数据质量报告进行分析讨论,以总结经验、沉淀知识和改进方法,不断提高各数据平台数据质量问题的处理能力。数据质量报告支持图形化展现,并可支持将数据提取至明细页面,打通链路,支持实时导出。

D. 重点监控

针对访问用户的不同需求,对需要重点监控的检核方法进行集中化分析管理。

(5) 数据信息安全

数据信息安全在对数据进行识别和分类的基础上,针对不同的数据制定相应的信息安全策略,以保障信息的保密性、完整性和可用性。新郑煤电在信息化建设过程中需要综合考虑各方面的安全要求,建立与其数据情况相匹配的数据安全保护体系。而有效的数据安全是建立在准确的目标定位上的,即首先需要识别出哪些才是真正需要保护的目标数据,否则将无法把有限的资源投入到最值得保护的目标对象上去。因此,数据安全性分类就成为数据安全建设的基础。在明确应该对数据进行安全性分类后,很重要的一点是应该考虑需要建立一个什么样的数据分类体系,以保障信息的保密性、完整性和可用性。为了能成功地实现数据分类,可以通过如下步骤去分析。

步骤1:识别所需要保护的数据源

收集信息的方法通常包含问卷调查、个人访谈等。如果数据源还没有被明确识别出来,那么应从开发人员、操作系统和数据库管理人员、业务骨干以及高级管理人员的访谈入手。在信息收集过程中,应该充分考虑当前的技术趋势,如需要区分位于云计算和不同应用系统中的数据。

完成步骤1后,已经可以定义出数据源、数据保存的位置、现有的管控措施、数据所有人、数据管理人以及相关的数据类型。信息可以被单独地列出或进行分组,常见的区分方式为地理位置、组织、技术或应用程序生命周期。通过这个方法的不断迭代,信息类别的范围将被逐步扩大、细化,颗粒度逐渐变小。

步骤2:识别现有的数据保护措施

该步骤需要根据数据的各个来源考虑数据的保护目标,如安全策略、现有组织架构、数据隔离方法。

一些业内公认的数据保护措施如下,可以根据具体业务的需求和信息保护的目标进行选择。

身份验证:身份验证是最常见的一种保护措施,它可以帮助识别相关的用户身份。

基于角色的访问控制:如数据所有者、业务员、审计人员等,访问控制列表是可以根据访问级别变化的,如只读、修改、删除等。

加密:对数据加密可以避免其被非法访问及修改,在登录过程中和保险订单交易时这种机制可以保护敏感的个人信息及隐私。灵活地使用加密技术可以确保各种形式的信息始终受到保护。

行政控制:如后台数据变更的控制、数据库数据导出控制、职责的分离、轮岗制度和交叉培训等。

技术控制:较为典型的技术控制包括防病毒软件、磁盘与系统的冗余、网络的隔离等。

验证数据:验证数据同样也是一种保护措施。如监控、代码审计、入侵检测等。

步骤3:定义数据类别

数据的类别标签应与它设定的保护目标相一致。不同的用户对于不同的数据类别有不同的理解,因为有一些特定数据只对特定的人员较为敏感。例如,对于矿井"一张图"而言,地测科人员对巷道数据比较敏感;而通风科人员则对安全监控系统设备和通风设施比较敏感;机电科人员则对机电设备比较敏感。

步骤4:匹配不同数据类别的保护措施

将步骤2中识别出的保护措施匹配到步骤3的分类中,以满足数据的保护目标。例如,在第一次迭代时,需要从保密性、完整性、可用性、验证的角度确定数据保护四个不同程度的等级,分别是专有、需审批、内部、公开。但是这不得不反复迭代多次,详细步骤请参考步骤6。

步骤5:对数据进行分类

在该步骤中,将验证步骤1中识别出的数据源与步骤4中的保护措施是否相适应,这一步将会对之前的假设造成挑战,如果步骤4中的保护措施不能完全对步骤1中的数据源进行管控,则需要进行再次识别。

步骤6:根据需要进行重复

从该步骤开始调整数据类别、保护级别和数据来源。如果在步骤3一开始的分类模型中数据源的分类不足,那么在下一次迭代时就需要针对缺失部分进行补充。

数据分类是一个持续性的过程,在公司信息安全策略中应该明确数据分类的要求。建议制定完善的分类程序并严格执行,以确保正确标识每个新的数据源和分类。除此之外,数据所有者、数据保管者和数据使用者的职责都必须被明确定义,并纳入个人绩效考核中。

数据安全标准是指在对数据进行分类的基础上,确定数据的权限级别,同时在此基础上确定数据各种权限的分配原则。

以空间数据为例,在数据定义标准中已经确定了矿图分类标准,因此其安全标准主要有两个方面的内容,即确定空间数据的权限级别和确定权限的分配原则。

空间数据的权限主要有读取、签入、签出、锁定、管理权限等。

对于一个图层,可以以部门、用户组和直接指定三种方式指定其用户。对于固定类型的用户,可以确定如下的权限分配原则:

① 部门的上级自动拥有该部门的所有权限;

② 如果一个用户属于两个用户组,并且两个组的权限不同,则取最大权限;

③ 如果单用户的权限和用户组或者部门的权限冲突,以单用户的权限为准。

5.3.2 智能管控体系建设

智能管控体系建设是智慧矿山建设的基础,将直接关系信息化管理与服务等,关系矿井数字化与智慧化建设的持续运维与应用服务。

5.3.2.1 管理体系框架

管理体系的作用是保障顶层设计目标顺利实现。在政策机制方面要从实际出发,对现有的体制机制不断创新,确保信息安全,积极采取多种市场化建设模式。管理体系框架如图5-3-3所示。

5.3.2.2 标准体系框架

信息化标准体系框架如图5-3-4所示。开发、应用及运维采用标准化管理,以标准化管理为基础,建立基于GIS"一张图"与三维空间数据智能化矿山管控系统的标准化体系。

以技术应用标准为例,力争建立行业技术支撑标准。技术支撑标准指对企业信息化应

图 5-3-3　管理体系框架

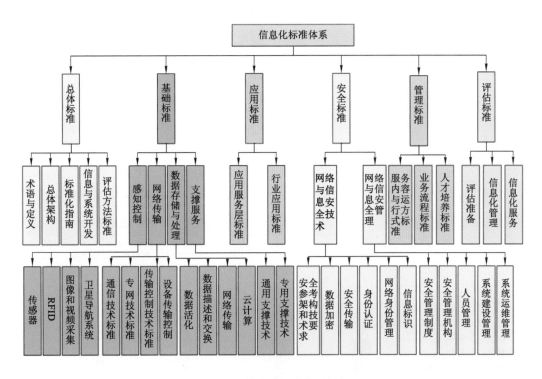

图 5-3-4　信息化标准体系框架

用技术架构的各组成要素、要素之间的相互关系以及应用系统的选型、开发和实施过程进行规范,以实现系统之间的集成和数据共享,提高应用系统的整体运行效率。其主要包括应用资源标准、数据资源标准和基础技术标准三个部分。

应用资源标准主要包括 Web 服务标准、统一命名标准、信息门户标准、应用系统标准、应用集成标准和中间件标准等内容。数据资源标准包括数据分析标准、数据仓库标准、数据模型标准、主数据标准、元数据标准和数据服务总线标准。基础技术标准包括基础技术术语标准、系统软硬件采用规范和应用系统开发规范。行业技术支撑标准如图 5-3-5 所示。

5.3.2.3　制度体系框架

基于信息化发展阶段,制定相应组织、人才、资金、项目管理制度,建立信息化管理制度体系,制度体系框架如图 5-3-6 所示。

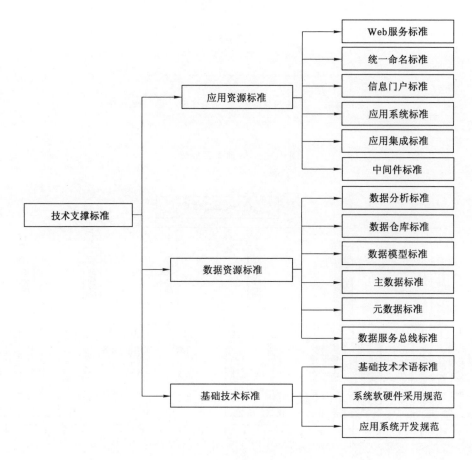

图 5-3-5　行业技术支撑标准

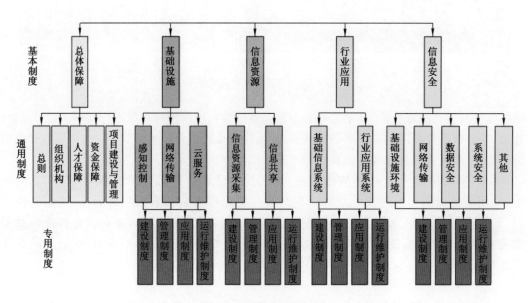

图 5-3-6　制度体系框架

5.4 矿井"一张图"及其平台建设

矿井"一张图"及其平台建设是整个基于 GIS"一张图"与三维空间数据智能化矿山管控系统的基础,主要包括矿井"一张图"建设、矿井"一张图"管理平台研发以及全息"一张图"服务。

5.4.1 矿井"一张图"建设

矿井"一张图"建设主要利用现有的煤矿空间数据及数据标准体系建立的空间对象信息和图纸信息,通过版本管理、数据管理、图纸管理等提供数据应用与服务。同时,基于 GIS"一张图"与三维空间数据智能化矿山管控系统基于华夏天信智慧矿山操作系统平台的 GIS 平台、设计协同平台与三维可视化技术,采用微服务架构体系等核心技术路线实现相关功能。

5.4.1.1 空间对象分类及标准

空间对象分类主要包括地质类、测量类、水文类、通风类、机电类及瓦斯类,详见表 5-4-1至表 5-4-6。

表 5-4-1 地质类空间对象

序号	对象类型	分类编码	图层名称	图层编码	描 述
1	构造	DZ_CLS_GZ	分层构造	GZ_GZ	盖层、基岩等地质构造
2	褶皱	DZ_CLS_ZZ	向斜	ZZ_XX	
			背斜	ZZ_BX	
3	断层	DZ_CLS_DC	正断层	DC_ZDC	各类断层(大断层)
			逆断层	DC_NDC	
4	侵入体	DZ_CLS_QRT	侵入体	QRT_QRT	岩浆岩、火山岩等
5	风化带	DZ_CLS_FHD	风化带	FHD_FHD	
6	陷落柱	DZ_CLS_XLZ	陷落柱	XLZ_XLZ	
7	地层分布	DZ_CLS_DCX	煤层露头线	XLZ_MCLT	煤层与标志层露头线、各时代地层界线
			标志层露头线	XLZ_BZCLT	
			地层界线	XLZ_DCJX	
8	地质勘探	DZ_CLS_KT	地质钻孔	KT_DZZK	地质
			水文钻孔	KT_SWZK	水文、水源、工程孔
			勘探线	KT_KTX	勘探设计的剖面线
9	等高线	DZ_CLS_DGX	基岩等高线	DGX_JY	
			煤层等高线	DGX_MC	按煤层

表 5-4-2　测量类空间对象

序号	对象类型	分类编码	图层名称	图层编码	描　述
1	井巷工程	CL_CLS_JHGC	井筒	JHGC_JT	各类井筒（主井、副井、风井、砂井）井口位置、名称、井口标高（地面高程红色注记）
			井底车场	JHGC_JDCC	
			集中水平大巷	JHGC_SPDH	分水平
			总回风巷	JHGC_HFH	
			采区主要上山、下山	JHGC_SXS	分采区
			煤巷	JHGC_MH	分煤层
			岩巷	JHGC_YH	分水平
			古井、地方煤矿	JHGC_DFMK	
2	井田技术边界	CL_CLS_JSBJ	保护煤柱线	JSBJ_BHMZX	拐点坐标及保护煤柱名称、批准文号
			测量控制点	JSBJ_CLKZD	各级平面和高程测量控制点，注明点号、高程
			井田边界	JSBJ_JTBJ	开采边界
			小煤窑周边煤矿边界	JSBJ_ZBMK	邻近小煤窑、周边煤矿的边界
3	采空区	CL_CLS_CKQ	分煤层采空区	CKQ_CKQ	分煤层
4	采煤工作面	CL_CLS_GZM	采煤工作面	GZM_GZM	分煤层
5	地形地物	CL_CLS_DXDW	地形等高线	DXDW_DXDGX	地形线
			村镇	DXDW_CZ	地面建筑、居民区、村镇、铁路、公路、河流、冲沟、水库、水塘、桥梁涵洞、工业广场、三角点、输电线、主要设施等，不够再扩展
			居民区	DXDW_JMQ	
			铁路	DXDW_TL	
			公路	DXDW_GL	
			河流	DXDW_HL	
			冲沟	DXDW_CG	
			水库	DXDW_SK	
			桥梁涵洞	DXDW_QL	
			工业广场	DXDW_GYGC	
			输电线	DXDW_SDX	
			行政边界	DXDW_XZBJ	如省、市、县界
			塌陷坑	DXDW_TXK	
			矸石山	DXDW_GSS	
			土质和植被情况	DXDW_ZB	

表 5-4-3　水文类空间对象

序号	对象类型	分类编码	图层名称	图层编码	描　述
1	水文点	SW_CLS_SWD	积水区	SWD_JSQ	古井、废弃井巷、采空区、老硐等的积水范围
			突水点	SWD_TSQ	
			抽放水钻孔	SWD_CFK	
			涌水量观测站	SWD_YSLGCZ	
			井、泉分布位置	SWD_JQ	
2	井下水文设施	SW_CLS_SWSS	水闸墙、闸门	SWSS_ZQ	泵房要表示各台水泵位置,注明排水能力、扬程和功率;水仓应注明容量
			水仓	SWSS_SC	
			水泵	SWSS_SB	
			排水沟	SWSS_PSG	
			防隔水煤(岩)柱	SWSS_GSMZ	
			井下输水路线	SWSS_SSXL	
3	含水裂隙带与构造	SW_CLS_SWGZ	含水裂隙带	SWGZ_LXD	
			含水构造	WGZ_HSGZ	
			含水层钻孔	WGZ_HSCZK	
			长期观测孔	WGZ_CQGCK	
			已报废长期观测孔	WGZ_BFGCK	
			注浆孔	WGZ_ZJK	
4	水文技术边界	SW_CLS_SWBJ	积水线	SWBJ_JSX	
			警戒线	SWBJ_JJX	
			探水线	SWBJ_TSX	
5	水文等高线	SW_CLS_DGX	含水层等水位(压)线	DGX_DSW	
6	露头线	SW_CLS_LTX	基岩含水层露头线	LTX_LTX	

表 5-4-4　通风类空间对象

序号	对象类型	分类编码	图层名称	图层编码	描　述
1	通风设施	TF_CLS_TFSS	通风机	TFSS_TFJ	主要通风机、局部通风机
			通风设施	TFSS_TFSS	风门、风桥、风墙、风窗、密闭
2	通风风流	TF_CLS_FL	进风风流	FL_JFFL	
			回风风流	FL_HFFL	

表 5-4-5　机电类空间对象

序号	对象类型	分类编码	图层名称	图层编码	描　述
1	供电	JD_CLS_GD	井上高压供电设施	GD_JSGYSS	盖层、基岩等地质构造
			井上高压供电线路	GD_JSGYXL	
			井上低压供电设施	GD_JSDYSS	
			井上低压供电线路	GD_JSDYXL	
			井下高压供电设施	GD_JXGYSS	
			井下高压供电线路	GD_JXGYXL	
			井下低压供电设施	GD_JXDYSS	
			井下低压供电线路	GD_JXDYXL	
2	运输提升设施	JD_CLS_YS	运输提升设施	YS_YSSS	主提运绞车、带式输送机、刮板输送机、电机车、矿车、平板车、轨道、井筒、巷道、煤仓、溜煤眼、防跑车和跑车防护装置以及相关电气设备
			提升线路	YS_YSXL	
3	排水设施	JD_CLS_PS	排水设施	PS_PSSS	排水泵、排水管、配电设备及设施
			污水处理站	PS_WSCL	
			排水线路	PS_PSXL	
4	压风自救	JD_CLS_YF	压风设施	YF_YFSS	压风机房
			压风线路	YF_YFXL	
5	供水	JD_CLS_GS	供水设施	GS_GSSS	
			供水管路	GS_GSGL	
6	通信	JD_CLS_TX	通信设施	TX_TXSS	
			通信线路	TX_TXXL	

表 5-4-6　瓦斯类空间对象

序号	对象类型	分类编码	图层名称	图层编码	描　述
1	瓦斯数据	WS_CLS_WSSJ	瓦斯涌出量	WSSJ_YCL	主要通风机、局部通风机
			瓦斯含量	WSSJ_HL	
			瓦斯压力	WSSJ_YL	
2	瓦斯等值线	WS_CLS_DZX	涌出量等值线	DZX_YCL	
			含量等值线	DZX_HL	
			压力等值线	DZX_YL	

5.4.1.2　专题图分类及标准

（1）专题图命名及编码规范

专题图命名及编码规范如表 5-4-7 所示。

表 5-4-7 专题图命名及编码规范

序号	专业	专业编码	专题图名称	专题图编码	备注
1	地质	MAP_PRO_DZ	构造纲要图	DZ_GZGYT	平面
			地质地形图	DZ_DZDXT	
			煤层底板等高线图	DZ_DBDGX	分煤层
			储量计算图	DZ_CLJST	分煤层
			水平切面图	DZ_SPQMT	
			基岩地质图	DZ_JYDZT	分岩层
			单孔柱状图	DZ_DKZZT	分钻孔
			勘探线地质剖面图	DZ_KTXPMT	分勘探线
			煤岩层对比图	DZ_MYCDBT	
			含煤地层综合柱状图	DZ_DCZHZZT	
2	测量	MAP_PRO_CL	井田区域地形图	CL_QYDXT	
			工业广场平面图	CL_GGPMT	
			井底车场平面图	CL_JDCCPMT	
			主要巷道平面图	CL_ZYHDPMT	
			采掘工程平面图	CL_CJPMT	
			井上下对照图	CL_JSXDZT	
			井筒(包括立井和主斜井)断面图	CL_JTDMT	
			主要保护煤柱图	CL_BHMZT	
3	水文	MAP_PRO_SW	矿井充水性图	SW_CSXT	
			矿井涌水量曲线图	SW_YSLT	
			矿井综合水文地质图	SW_ZHSWDZT	
			矿井综合水文地质柱状图	SW_ZHSWZZT	
			矿井水文地质剖面图	SW_SWDZPMT	
			矿井含水层等水位(压)线图	SW_DSWT	
			井上下防治水系统图	SW_FZSXTT	
			区域水文地质图	SW_QYSWDZT	
			矿区岩溶图	SW_YRT	
4	储量	MAP_PRO_CHL	全矿井分煤层储量计算图	CHL_CLJST	
			工作面储量计算图	CHL_GZMCLJST	
			全矿井分煤层损失量计算图	CHL_MCSSLJST	
			工作面损失量计算图	CHL_GZMSSLJST	

表 5-4-7(续)

序号	专业	专业编码	专题图名称	专题图编码	备注
5	机电	MAP_PRO_JD	供电系统图(井上下高低压)	JD_XTT	
			提升运输系统图	JD_TSYSXTT	
			压风(自救)系统图	JD_YFXTT	
			排水系统图	JD_PSXTT	
			通信系统图	JD_TXXTT	
			井下供水(防尘)管路系统图	JD_GSXTT	
			井下机电设备布置图	JD_SBBZT	
6	通风	MAP_PRO_TF	矿井通风系统图	TF_XTT	
			避灾线路图	TF_BZXLT	
			防灭火系统图	TF_FMHXTT	
			防尘系统图	TF_FCXTT	
			矿井通风立体示意图	TF_TFLTSYT	
			矿井通风网络图	TF_TFWLT	
			矿井通风压能图	TF_TFYNT	
			均压系统图	TF_JYXTT	
			瓦斯抽采系统图	TF_WSCCXTT	
			安全监测监控系统图	TF_AQJCXTT	
7	瓦斯	MAP_PRO_WS	瓦斯地质图	WS_WSDZT	

（2）专题图图层组成规范

专题图图层组成根据各专题图进行规范。因为涉及的专题图多，以下仅以地质地形图、煤层底板等高线图为例进行说明，见表 5-4-8 和表 5-4-9。

表 5-4-8 地质地形图(DZ_DZDXT)图层组成规范

序号	专业分类	图层要素分类	图层名称	图层编码
1	测量类	地形地物	地形等高线	DXDW_DXDGX
2			村镇	DXDW_CZ
3			居民区	DXDW_JMQ
4			铁路	DXDW_TL
5			公路	DXDW_GL
6			河流	DXDW_HL
7			冲沟	DXDW_CG
8			水库	DXDW_SK
9			桥梁涵洞	DXDW_QL
10			工业广场	DXDW_GYGC
11			输电线	DXDW_SDX
12			行政边界	DXDW_XZBJ
13			塌陷坑	DXDW_TXK
14			矸石山	DXDW_GSS
15			土质和植被情况	DXDW_ZB
16		井巷工程	井筒	JHGC_JT
17			井底车场	JHGC_JDCC
18			集中水平大巷	JHGC_SPDH
19			总回风巷	JHGC_HFH
20			采区主要上、下山	JHGC_SXS
21			煤巷	JHGC_MH
22			岩巷	JHGC_YH
23			古井、地方煤矿	JHGC_DFMK
24	地质类	构造	分层构造	GZ_GZ
25		褶皱	向斜	ZZ_XX
26			背斜	ZZ_BX
27		断层	正断层	DC_ZDC
28			逆断层	DC_NDC
29		侵入体	侵入体	QRT_QRT
30		地层分布	煤层露头线	DCFB_MCLT
31			标志层露头线	DCFB_BZCLT
32			地层界线	DCFB_DCJX
33		地质勘探	地质钻孔	KT_DZZK
34			水文钻孔	KT_SWZK
35			勘探线	KT_KTX

表 5-4-9 煤层底板等高线图(DZ_DBDGX)图层组成规范

序号	专业分类	图层要素分类	图层名称	图层编码
1	测量类	地形地物	地形等高线	DXDW_DXDGX
2			村镇	DXDW_CZ
3			居民区	DXDW_JMQ
4			铁路	DXDW_TL
5			公路	DXDW_GL
6			河流	DXDW_HL
7			冲沟	DXDW_CG
8			水库	DXDW_SK
9			桥梁涵洞	DXDW_QL
10			工业广场	DXDW_GYGC
11			输电线	DXDW_SDX
12			行政边界	DXDW_XZBJ
13			塌陷坑	DXDW_TXK
14			矸石山	DXDW_GSS
15			土质和植被情况	DXDW_ZB
16		井巷工程	井筒	JHGC_JT
17			井底车场	JHGC_JDCC
18			集中水平大巷	JHGC_SPDH
19			总回风巷	JHGC_HFH
20			采区主要上、下山	JHGC_SXS
21			煤巷	JHGC_MH
22			岩巷	JHGC_YH
23			古井、地方煤矿	JHGC_DFMK
24		井田技术边界	保护煤柱线	JSBJ_BHMZX
25			测量控制点	JSBJ_CLKZD
26			井田边界	JSBJ_JTBJ
27			小煤窑周边煤矿边界	JSBJ_ZBMK
28		采空区	分煤层采空区	CKQ_CKQ
29		采煤工作面	采煤工作面	GZM_GZM

表 5-4-9(续)

序号	专业分类	图层要素分类	图层名称	图层编码
30	地质类	断层	正断层	DC_ZDC
31			逆断层	DC_NDC
32		侵入体	侵入体	QRT_QRT
33		风化带	风化带	FHD_FHD
34		陷落柱	陷落柱	XLZ_XLZ
35		地层分布	煤层露头线	DCFB_MCLT
36			标志层露头线	DCFB_BZCLT
37			地层界线	DCFB_DCJX
38		地质勘探	地质钻孔	KT_DZZK
39			水文钻孔	KT_SWZK
40			勘探线	KT_KTX
41		等高线	基岩等高线	DGX_JY
42			煤层等高线	DGX_MC

5.4.1.3 "一张图"系统管理

"一张图"系统管理主要包括用户管理、角色管理、部门管理、权限管理、字典管理,同时还包括数据分类及配置管理、操作权限管理和前端展示应用。

用户管理中的用户主要是功能系统的使用者,这些用户是一个一个的员工个体,这些个体要用两个维度来划分:行政关系(部门架构)、业务部门(业务架构)。该部分由煤业端用户服务统一管理。

角色管理中的角色是基于业务管理需求而预先在系统中设定好的固定标签,每个角色对应明确的系统权限,其所拥有的系统权限一般不会随意更改,并且角色也不会随着用户的添加和移除而改变,相较用户管理而言比较稳定。

部门管理单独管理,为用户管理提供属性信息。该部分由煤业端用户服务统一管理。

权限管理从功能菜单、功能操作、数据参数三个不同颗粒度等级来考量。具体颗粒度的大小视公司结构和团队规模而定,将辅助业务的管理和推进。

字典管理包括所有下拉菜单备选项。

数据分类及配置管理主要是对空间数据的分类管理,主要包括空间图层分类管理、专题图分类管理、专题图配置管理、空间数据分类管理。

操作权限管理依据用户角色和权限,设置用户对空间数据及图层数据的访问、可见、编辑、上传、修改等权限。

前端展示应用主要基于"一张图"的后端数据配置管理提供给用户展示与应用的手段。通过"一张图"与各类专业数据的叠加应用,可以形成各类专题"一张图"。监测"一张图"、生产"一张图"、综合"一张图"应用分别如图 5-4-1 至图 5-4-3 所示。

5.4.2 矿井"一张图"管理平台研发

矿井"一张图"管理平台的基础功能主要包括数据管理与更新、交互展示、二维 GIS、三

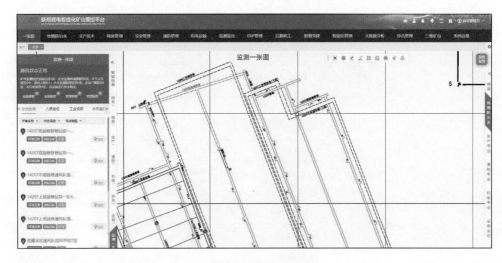

图 5-4-1　监测"一张图"应用

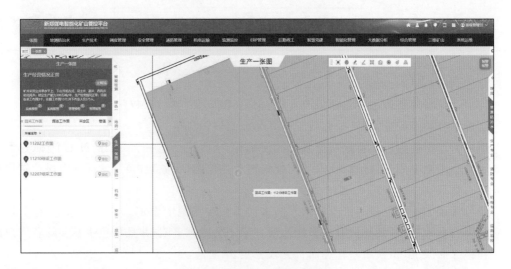

图 5-4-2　生产"一张图"应用

维 GIS 以及诸如报警联动与安全态势分析等各类分析功能。

5.4.2.1　数据管理与更新功能

数据管理与更新主要包括空间数据管理、数据更新以及空间数据服务。通过数据标准体系可实现空间数据规范管理,同时数据综合服务平台可接入第三方数据;并且提供数据管理工具支持第三方空间数据的导入;通过时空"一张图"服务实现煤矿数据全生命周期管理,可实现数据回溯。

（1）空间数据管理

矿井"一张图"管理平台支持地质、测量、水文、储量、环保和气象的数据管理;支持煤矿最新数据的实时存储和管理;支持多源异构数据接入与管理;支持第三方空间数据的导入和导出;支持煤矿历史数据回溯管理,管理煤矿开采过程中和安全生产管理关注的重点数据发生变化时所产生的数据,如巷道掘进、工作面开采、环境监测及煤层形态等。煤矿基础数据主要包括地质、测量、水文、机电、通风、采掘、环保和气象等各类业务的基础数据,其是智慧

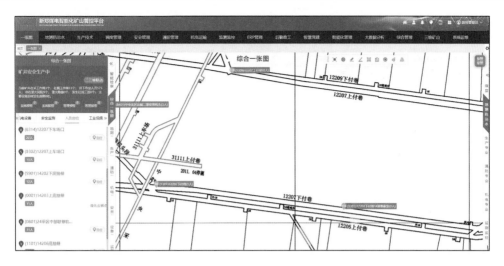

图 5-4-3 综合"一张图"应用

矿山建设的数据基础。煤矿基础数据具有"五性四多"的特性。"五性"指复杂性、海量性、异质性、不确定性、动态性;"四多"指多源、多精度、多时相、多尺度。基础数据管理界面如图 5-4-4 所示。

图 5-4-4 基础数据管理界面

以地质数据为例,它是矿井生产最重要的基础数据,从找煤、普查、详查、勘探等阶段开始,矿井就积累了大量的为矿井开采提供分析依据的地质数据。地质数据管理包括钻孔管理、勘探线管理、地层管理、煤层管理、岩石代码管理。图形系统可以从地质数据库中得到数据,自动生成各种等高线或等值线,在地质平面图上自动布置钻孔,自动生成单孔柱状图,为煤矿真实三维模型提供煤层、钻孔等数据。地质数据管理界面如图 5-4-5 所示。

(2)数据更新

平台支持各类数据的实时更新,并能够快速、高效地在各业务部门间同步共享;支持

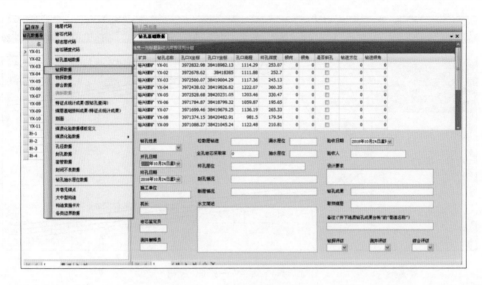

图 5-4-5　地质数据管理界面

GIS 数据的协同更新,数据冲突管理;可以实现测距设备或系统测量数据一次自动成图。

　　平台基于数据综合服务平台的数据推送服务实现数据的同步更新,通过协同设计平台实现各部门间的同步共享,并实现巷道数据的更新。通过精准定位实现回采巷道、掘进巷道的进尺推进更新。通过在采煤工作面的两端支架上和掘进机上安装定位卡,并与精确定位的定位基站建立实时传输,结合精确定位计算上述定位卡坐标并传递给"一张图"协同设计平台自动成图。

　　定位基站是定位系统中的主要部分,负责与定位标签进行通信,利用 SDS-TWR(对称双面双向测距)算法完成与标签之间的测距工作,获取定位数据,并完成定位数据的转发上传。网络协调器的硬件设计与定位基站类似,但是它拥有更多的计算和存储资源。网络协调器是井下无线网络自组网过程的开启者,起到网络总体管理的作用。定位标签硬件主要是 UWB 射频收发模块,可以安装在设备上,负责与定位基站的射频收发模块进行实时通信,提供定位数据。定位服务器负责接收定位基站上传的定位数据,计算得到定位标签的精确位置信息。

　　定位基站与定位标签之间 UWB 信号的飞行时间 TOF 用 T_{f} 表示。根据算法测距过程可以得第一次通信过程时间:

$$T_{\mathrm{round1}} = T_4 - T_1 = T_{\mathrm{reply1}} + 2T_{\mathrm{f}} \tag{5-4-1}$$

式中,T_{reply1} 为定位标签反馈确认信号的等待时间。

$$T_{\mathrm{reply1}} = T_3 - T_2 \tag{5-4-2}$$

　　第二次通信过程时间:

$$T_{\mathrm{round2}} = T_8 - T_5 = T_{\mathrm{reply2}} + 2T_{\mathrm{f}} \tag{5-4-3}$$

式中,T_{reply2} 为定位基站反馈确认信号的等待时间。

$$T_{\mathrm{reply2}} = T_7 - T_6 \tag{5-4-4}$$

　　由上述公式可以推导出 UWB 信号的飞行时间:

$$T_{\mathrm{f}} = \frac{T_{\mathrm{round1}} T_{\mathrm{round2}} - T_{\mathrm{reply1}} T_{\mathrm{reply2}}}{T_{\mathrm{round1}} + T_{\mathrm{round2}} + T_{\mathrm{reply1}} + T_{\mathrm{reply2}}} \tag{5-4-5}$$

则定位基站与标签之间的距离可以表示为：

$$d = cT_{\mathrm{f}}$$ (5-4-6)

式中，c 为电磁波传播速度，$c \approx 3 \times 10^8$ m/s。

已知空间中各定位基站的位置坐标，设第 i 个基站的位置坐标为 (x_i, y_i, z_i)，定位标签的位置坐标为 (x, y, z)，定位标签到第 i 个基站的距离为 d_i，则有：

$$d_i = \sqrt{(x_i - x)^2 + (y_i - y)^2 + (z_i - z)^2}$$ (5-4-7)

根据多个基站与同一标签的距离可以列出关于定位标签坐标位置的双曲线方程组，求解该方程组即可得到定位标签的精确坐标。精确坐标通过数据服务同步更新给"一张图"协同设计平台，实现巷道数据的更新。

（3）空间数据服务

可方便、快速、流畅地访问和使用平台成果数据；成果数据管理和业务应用平台可以为第三方提供数据服务。

协同设计平台是矿山综合数据库与"一张图"平台建设应用之间的桥梁和纽带，为矿山各应用系统之间信息共享和各部门间协同工作提供服务，主要包括权限控制、空间数据引擎（空间数据比较、冲突解决、版本管理）、实时数据引擎、数据订阅与派发等，通过上述服务实现数据管理、更新与服务。

① 数据新建

数据新建是通过数据采集工具采集数据再将数据存储到煤矿综合数据库的过程。其技术路线如图 5-4-6 所示。

数据采集工具是面向各专业部门的使用工具，用来采集煤矿生产综合数据库中的空间数据和属性数据。空间数据和属性数据遵循统一标准定义规范。

数据采集工具采用目前稳定的 CAD 软件；也可以支持 Excel、Txt、Shape 等其他格式的数据。

协同服务采用微服务架构，是一组服务的集合，主要包括权限认证、数据新建、数据更新、版本控制、数据订阅、数据推送、数据融合和即时通信等服务。在新建数据时，首先需要进行权限认证。

权限认证是根据用户和用户的操作进行权限认定的过程，如果用户不具有新建该数据的权限则服务流程终止，并返回认证信息。

新建数据服务是创建新的数据的过程，与更新数据服务的差别在于：更新数据服务是对原来已经存在的数据进行更新的过程。例如，井下在开口点新掘一条新巷道，则需要在生产综合数据库中新增一条巷道数据，包括巷道的空间数据和属性数据，此时需要应用〈新建数据服务〉功能；当巷道存在后，需要不断地掘进此巷道，并更新巷道的导线点数据以及空间数据，此时需要应用〈更新数据服务〉功能。

版本控制服务是对数据信息进行版本控制的服务，通过版本控制可以获取数据的更新记录、修改记录，可实现历史数据的追溯。

数据存储引擎是平台提供的通用数据存储服务，通过标准的数据结构、标准的数据接口将生产数据入库的过程。

② 数据更新

上文已经描述了生产数据的更新与新建在概念上的区别。在技术流程上，二者也有所

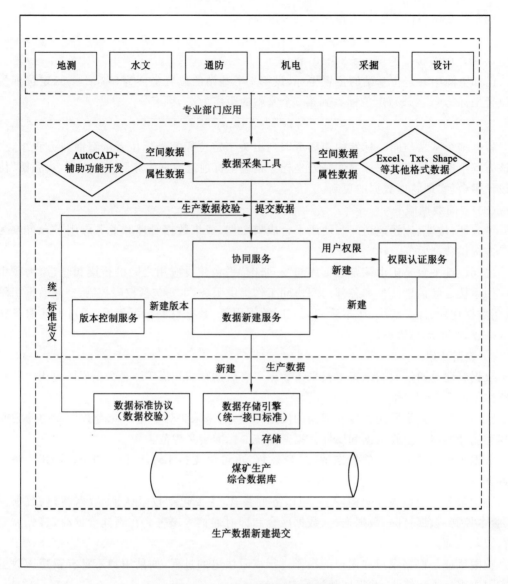

图 5-4-6　生产数据新建技术路线

差别。生产数据更新技术路线如图 5-4-7 所示。

数据更新服务首先需要根据更新数据的版本号找出该数据对应的历史最新版本和最新数据；然后通过版本控制服务，比较数据的变化量，形成新的版本；最后将增量数据和更新的数据一同存储到生产综合数据库。

版本控制服务的目的主要是生成当前数据与历史最新数据的变化增量，并形成最新版本，返回至更新数据服务。

冲突解决服务用来实现空间对象被多人同时修改并提交后的冲突解决功能。

例如，数据库中已经存在一条新建的巷道，该巷道的版本为 1.0，数据为 X（代表描述空间和属性的巷道数据），假设用户 A、B 同时获取了该版本的巷道信息，且均具有编辑更新权限。当用户 A 上传时，用户 B 还没有上传，此时 A 上传的信息即为在 1.0 版本基础上的变

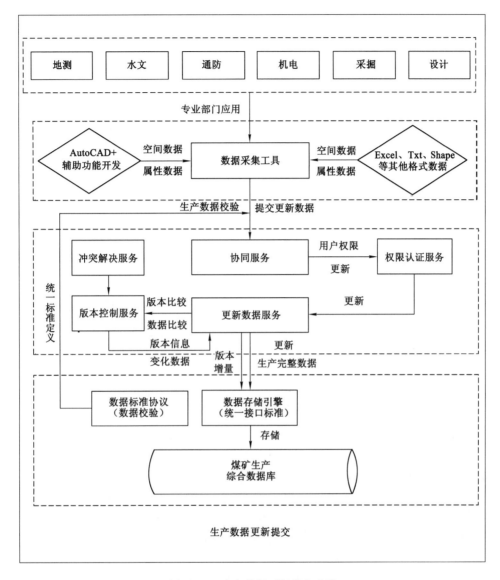

图 5-4-7　生产数据更新技术路线

化量,并形成了 2.0 版本;而当用户 B 再上传时,数据库中的巷道信息已经是 2.0 版本,与之前获取的 1.0 版本的巷道信息已有差异。此时,需要通过冲突解决服务来解决数据合并与数据取舍的问题,这就是冲突解决服务的主要功能。

③ 数据订阅

数据订阅与更新是矿山生产数据发生变化后,通知应用该数据的相关部门,并进行及时更新的过程,其流程如图 5-4-8 所示。

"消息"是在流程间传送的数据单位。消息可以非常简单,如只包含文本字符串;也可以很复杂,可能包含嵌入对象。

消息队列就是一个消息的链表,是在消息的传输过程中保存消息的容器。可以把消息看作一个记录,具有特定的格式以及特定的优先级。对消息队列有写权限的进程可以向消

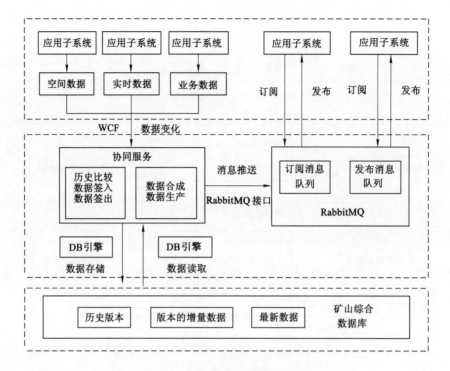

图 5-4-8　生产数据订阅与更新流程

息队列中按照一定的规则添加新消息;对消息队列有读权限的进程则可以从消息队列中读取消息。消息队列是随内核持续的。

　　消息队列管理器在将消息从它的源中继到它的目标时充当中间人。队列的主要目的是提供路由并保证消息的传递;如果发送消息时接收者不可用,消息队列会保留消息,直到可以成功地传递它。

　　订阅消息队列由子系统完成注册,是子系统向平台注册订阅消息的集合,如"进尺数据变化""构造数据变化"等消息队列。当有构造信息变化时,订阅消息队列自动将变化消息推送到子系统。

　　数据发布消息队列在数据发生变化后,将受影响的数据合成后发送至订阅的子系统。

5.4.2.2　交互展示功能

　　图 5-4-9 为调度室多屏幕展示功能示例。

　　(1)支持热力图展示功能。

　　(2)基础统计图:柱图、条图、线图、面积图、饼图、环图、雷达图等。

　　(3)地图统计图:柱图、条图、饼图、环图、气泡图等。

　　(4)仪表盘:半圆仪表盘、圆形仪表盘、数字仪表盘等。

　　(5)表格:统计表、属性表等。

　　(6)提供基于时域的统计柱图、逐时曲线显示,支持瞬时数据或累计数值模式;高效能可视化组件支持海量数据实时刷新;支持针对时间条件的交互筛选,以及时序数据回放。

　　(7)图文介绍页面:系统支持各种图文页面,除文字、图像、动画等对象外,还可集成各种数据,支持建立热区,接收触控、鼠标交互消息,支持页面分级导航,且通过交互可进行页

图 5-4-9　调度室多屏幕展示功能示例

面间跳转。

（8）平台内置视频矩阵页面，支持海康、大华等多种视频平台、设备接入，支持建立并管理视频监控页面、编辑页面布局；可以对视频源进行分类、筛选查看；支持基于地图视野的选择联动聚焦；支持探头控制；支持时统数据回放，视频回放时间、倍速与其他数据页面同步。

（9）多屏幕展示，提供大屏可视化解决方案，可根据用户的业务决策需求、应用情景和大屏情况灵活定制可视化决策主题，为用户的业务决策提供有力支撑。原生支持大屏多屏交互联动控制，通过中控操作台即可对多屏显示内容集中控制，支持主题切换、屏幕布局调整、可视化对象点选、地图平移、视点聚焦联动等功能，大幅度提升大屏系统的易用性，让用户获得便捷的使用体验。

（10）支持和平板电脑的交互操作控制，支持语音 AI 输入控制。通过平板电脑进行大屏操控交互，完成操作菜单、按钮、监控面板、图层选项的点选等交互控制。

（11）支持将实时数据监测以及历史数据分析以逐时曲线、时域统计柱图等形式展示，呈现数据随时间的变化趋势，显现规律，支持决策。

（12）针对数据繁多的指标与维度，将数据按主题成体系地加以呈现，展示在不同维度下数据背后的规律，帮助用户从不同角度观察、分析数据，聚焦趋势规律。具备显示结果形象化和使用过程互动性的特点，便于用户及时捕捉其关注的数据信息。包括：多视图整合，交互联动；任意多维度分析；数据上卷下钻，多层钻取。

（13）系统支持与企业业务系统对接，依据不同业务数据的特点和决策关注焦点，提供丰富的可视化展现形式，将数据指标形象化、直观化、具体化地呈现出来。包括：二、三维地图展示，二维与三维之间同步切换并保持元素与界面的统一，生产工艺流程、三维模型的数值属性、时序数据回放等。

5.4.2.3　二维 GIS 功能

（1）完全兼容 DWG、DXF 格式的图形：除 CAD 文件编辑业务以外，其他业务完全脱离 AutoCAD 软件，可直接在平台中打开 DWG、DXF 格式的图形，支持 JSON 格式文件。

（2）二维图纸自动更新与管理：矿井地质和水文地质图、井上下对照图、巷道布置图、采掘工程平面图、通风系统图、井下运输系统图、安全监测装备布置图、井下通信系统图、井上下配电系统图和井下电气设备布置图、井下避灾路线图等。

（3）图形基本操作：图形基本操作包括图形的放大、缩小、平移、全屏、前一视图、后一视图、量测点坐标、量测距离、量测角度、量测面积。

（4）地图辅助功能：地图辅助功能包括指北针、比例尺、鹰眼图、图层图例等功能，且可以查看线型、字体、填充样式、点样式、图块以及各种标注样式等。

（5）图层管理：图层管理包括对地理空间要素分层管理、开关图层、设置图层属性等，图层支持多层嵌套及图层下面有子图层。

（6）空间查询：空间查询包括地图上设定一个点位进行查询、地图上在指定的位置画一个圆查询圆内的地物要素、地图上在指定的区域绘制一个矩形框查询相关的地物要素。

（7）热点定位：所谓热点就是在地图上点定位后，这个点就具备了鼠标操作的各种事件。例如，某个设备在图形上定位后，鼠标移到这个设备上，点击热点图标，就可以查询该设备的相关信息。

（8）关注要素检索：对用户所关心的信息如巷道、钻孔、工作面、监测点等进行查询搜索的功能，查询的结果可以在图形上定位，同时也可以展示相关的属性信息。

二维地图展示如图 5-4-10 所示。

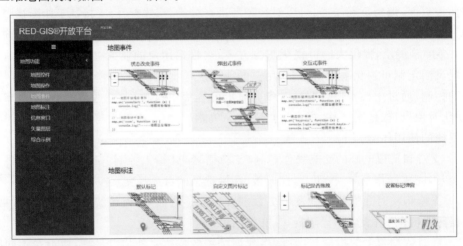

图 5-4-10　二维地图展示

5.4.2.4　三维 GIS 功能

从人们懂得通过空间信息来认识和改造世界开始，空间信息主要是以图形化的形式存在的。然而，用二维的图形界面展示空间信息是非常抽象的，只有专业的人士才懂得使用。相比二维 GIS，三维 GIS 为空间信息的展示提供了更丰富、逼真的平台，将抽象难懂的空间信息可视化和直观化，人们结合自己相关的经验就可以理解，从而做出准确而快速的判断。毫无疑问，三维 GIS 在可视化方面有着得天独厚的优势。下面详述其基本功能。

（1）三维地表、地质实体建模：包括地表建模、巷道建模、地层建模、钻孔建模、煤层顶底板建模等。如图 5-4-11 至图 5-4-14 所示。

（2）三维实体操作与查询：实体操作包括高程分析、等高线绘制、等值线绘制、碟形细

图 5-4-11　工业广场建模

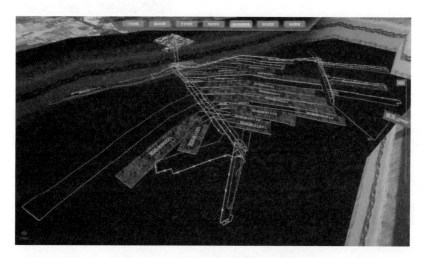

图 5-4-12　巷道建模及通风线路模拟

图 5-4-13　重点场景建模

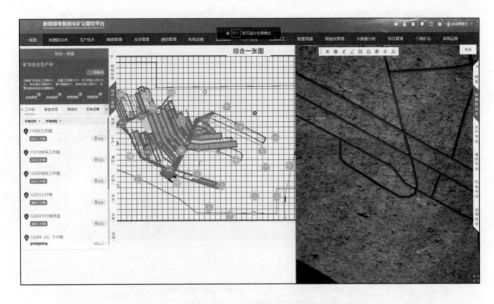

图 5-4-14　二、三维联动

分、三角剖分和任意切分。实体查询包括几何信息、连通性测试信息、距离、角度、表面积、体积、最短路径和顶点信息。

（3）三维虚拟环境功能：① 巷道、工作面等辅助参照物的动态生成与展示可以整体或局部地显示井下巷道的详细结构。② 煤矿、开采水平、采区、工作面、巷道和导线点的数据管理等。③ 含水区、高瓦斯区、危险区和限制区等配置、管理、建模与显示。④ 钻孔、巷道、工作面、正逆断层、岩墙、陷落区、采空区、积水区、异常区等建模与三维可视化。

（4）风流模拟与避灾路线演练：① 动态显示井下风流、风向。② 动态展示井下避灾路线。

（5）三维场景构建：基于真实地理坐标，1∶1真实比例、真实纹理和真实材质构建矿井上下三维场景。

（6）视图操作：包括行走、飞行、放大、缩小、平移、旋转。

（7）快速定位操作：将三维场景视图状态保存为视点，可以直接通过视点定位到该场景位置。

（8）指定路线飞行：按照编辑好的路径飞行浏览。

（9）选择工具：提供空间对象的点选、框选、圆选工具。

（10）编辑工具：空间对象的移动、旋转、缩放和微调操作。

（11）标注：为空间对象增加文字和图标标注信息。

（12）空间量测：实现对面积、距离、高度等的量测。

（13）组管理：组管理包括对地理空间要素分组管理以及开关组、设置组属性等。

（14）空间查询：空间查询包括地图上设定一个点位进行查询、地图上在指定的位置画一个圆查询圆内的地物要素、三维场景中在指定的区域绘制一个矩形框查询相关的地物要素。

（15）热点定位：所谓热点就是在三维场景点定位后，这个点就具备了鼠标操作的各种事件。例如,某个设备在图形上定位后,鼠标移到这个设备上,点击热点图标,就可以查询该设备的相关信息。

(16)关注要素检索:对用户所关心的信息如巷道、钻孔、工作面、监测点等进行查询搜索的功能,查询的结果可以在三维场景中定位,同时也可以展示相关的属性信息。

5.4.3　全息"一张图"服务

全息"一张图"平台利用 GIS,构建基于统一数据标准、以空间地理位置为主线、以分图层管理为组织形式、以打造矿山全息管理为目标的矿山综合数据库,为数字矿山应用提供二三维一体化的位置服务、协同设计服务、组态化服务、三维可视化仿真模拟、矿山工程及设备的全生命周期管理等服务和工具,实现"一张图"集成融合、"一张图"协同设计、"一张图"协同管理和"一张图"决策分析。

5.4.3.1　位置服务的概念

位置服务(location based services,LBS)又称定位服务。LBS 是通过地理信息系统获得相关实体位置信息及其相关应用的一种增值业务,为用户本人或他人以及通信系统提供位置信息,实现各种与位置相关的业务。LBS 实质上是一种概念较为宽泛的与空间位置有关的新型服务业务。这个概念在移动通信中得到广泛的应用,如 GPS 导航应用。从技术的角度,位置服务实际上是多种技术融合的产物,但其关键是地理信息系统,即空间位置。

5.4.3.2　矿井安全生产的位置服务及其应用

通过位置服务的概念及其应用情况看,位置服务主要是基于 GPS 与 GIS 的增值服务,而且主要是跟移动通信相关的应用,这主要跟移动通信运营商与服务商的引导密切相关。实际上,只要与位置(确切地讲是坐标)相关的服务都是位置服务。

针对煤矿安全生产来讲,位置服务无处不在,离开了采掘工程平面图就无法生产,也就是说离开了位置就无法实现生产服务。当前,煤矿实际工作中越来越多地应用位置的增值服务,如监测监控、应急救援、人员跟踪管理、工作面与巷道布置、采区设计等,这些都是地理信息系统引入煤炭企业信息化应用的增值服务。特别地,当前基于三维地理信息系统平台的数字矿山工程建设给煤矿安全生产的位置服务带来更大的空间,同时也真正服务于安全生产,如矿井应急救援与指挥管理、监测监控的三维展示与自动报警及其快速导航定位、人员下井路线与避灾路线分析等。

具体而言,我们认为时空 GIS"一张图"位置服务在矿井的应用主要有定位、导航、智能搜索三类。

定位服务:井下目标的定位数据均通过时空 GIS"一张图"位置服务进行集成,对外统一发布,并可通过 GIS 平台进行二维或者三维展示。

导航服务:井下导航服务在定位服务的基础上,通过 GIS 平台的路径分析功能进行人员或者车辆的井下路径导航。

智能搜索服务:在数字矿山建设中,地理位置是一个天然的纽带,将矿井各类数据和信息有机地联系起来。智能搜索服务是时空 GIS"一张图"位置服务的核心,建立在时空 GIS"一张图"集成融合的基础之上,依靠各类数据和信息的位置关联,采用全文检索、空间查询等技术,为用户提供智能化的搜索服务,并通过 GIS 平台对搜索结果进行二维或三维可视化展示。

(1)"一张图"协同设计服务

"一张图"协同设计服务主要基于设计协同平台完成地质、测量、水文、采掘、供电、生产等各业务专业的日常业务的协同设计,使各业务部门共同维护矿井的"一张图"数据,并实现业务之间的数据共享和协作。

(2)"一张图"集成融合服务

"一张图"集成融合(图 5-4-15)是"一张图"管理平台的基础,它在对全矿井所有的数据进行梳理的基础上,将其通过地理位置进行关联并存入数据库,并以服务的方式分类对外提供。

图 5-4-15 "一张图"集成融合

(3)"一张图"协同管理服务

"一张图"协同管理服务在集成融合服务的基础上,对矿井生产与安全各个方面进行综合管理,主要包括地质测量管理、回采掘进管理、一通三防管理、机电运输管理、矿井安全管理、应急指挥管理、智能监控管理和综合调度管理,如图 5-4-16 所示。

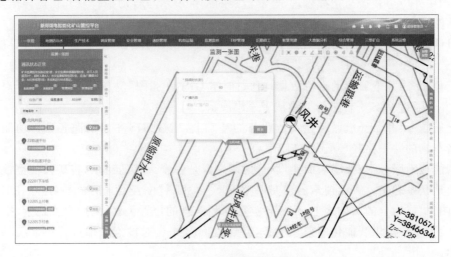

图 5-4-16 "一张图"协同管理

（4）"一张图"决策分析服务

"一张图"决策分析服务在大数据融合分析的基础上,对矿井生产与安全各类数据进行综合分析,为管理者决策提供支持,如图 5-4-17 所示。"一张图"决策分析服务主要应用于灾害事故分析预警、安全风险量化分析、生产成本分析、生产效能分析、设备效能分析、人员绩效分析等。

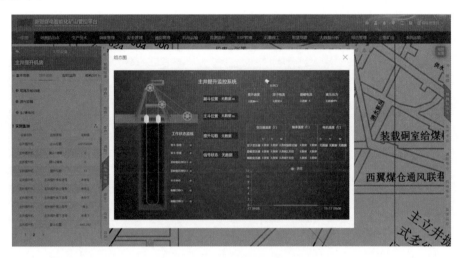

图 5-4-17　"一张图"决策分析

5.5　智能化矿山管控系统

5.5.1　智能化矿山综合门户及平台

综合门户界面(图 5-5-1)包含首页、企业介绍、智慧矿山、企业风采、App 下载、技术和支持与单点登录等主要菜单。

图 5-5-1　综合门户界面

首页包含今日天气,矿井当前值带班人员信息,每日更新一次的新规程学习内容,当天产、销、存及进尺情况,快捷菜单,最新行业资讯、公文公告、新闻资讯,预警报警信息等内容。

5.5.2 "一张图"应用

页面以卫星遥感影像图为底图,将新郑煤电及其矿井周围通过坐标的形式展示出来,同时,展示出矿井与上级管理部门所存在的数据传输状态。

通过"一张图"首页界面(图5-5-2),用户能够轻松获取当前矿井的主要生产信息、安全信息、预警报警信息、值班及井下人员数等信息。

图 5-5-2 "一张图"首页界面

进入"一张图"内部系统,页面转为以采掘图为底图,呈现矿井当前的各类生产活动信息。"一张图"内部系统页面如图5-5-3所示。

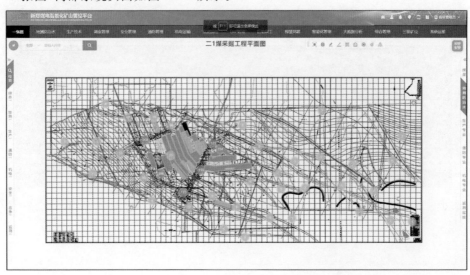

图 5-5-3 "一张图"内部系统页面

"一张图"左侧折叠面板中,将"一张图"按照矿井所有在用的专业划分开来,供选择使用。相对应的右侧折叠面板中,按照看图方式划分"一张图"供用户选择。"一张图"各专业页面如图 5-5-4 所示。

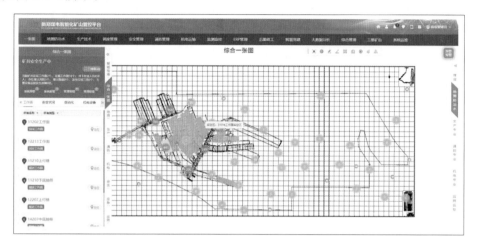

图 5-5-4 "一张图"各专业页面

各专业"一张图"的分类包括智能检索、综合"一张图"、地测"一张图"、生产"一张图"、通防"一张图"、机电"一张图"、安全"一张图"、应急"一张图"、监测"一张图"。

用户可以自主根据需要操作页面,如图 5-5-5 所示,浏览当前工作面的各项生产信息。

图 5-5-5 "一张图"工作面信息

页面自动关联该采煤工作面相关的技术资料,形成文件列表,用户可以完成在线查看等相应操作。

以监测"一张图"为例(图 5-5-6),该界面融合了各项监测数据,在专业分类折叠面板内,用户能够根据需要浏览查询矿井所有实时监测监控信息。

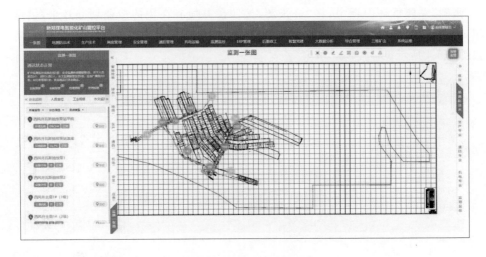

图 5-5-6 "监测"一张图

5.5.3 智能化管控系统应用

（1）智能化矿山业务管理

业务管理实现了地测防治水、生产技术、调度管理、安全管理、通防管理、机电运输、监测监控、ERP 管理、后勤政工、智慧党建、大数据分析、综合管理等各项业务的管理。

（2）大数据分析

模块内功能主要包括大数据指标库、大数据分析知识库、视频 AI 分析、AI 智能调速、数据分析及大数据功能。

（3）三维矿山

三维透明化矿山系统通过对新郑煤电包括工业广场、井下采煤工作面、巷道、中央变电所、水泵房等诸多关键场所的精细化建模，使用户能够体验高度还原的可视化的虚拟矿山，其中，三维矿山浏览获取的信息取自接入的安全监控、人员定位、自动化监控、视频监控等的实时数据，此外，用户还可使用虚拟矿山进行通风、避灾网络智能解算等。

（4）移动端应用

移动智能门户系统，支持 Android 及 iOS 操作系统，用户使用移动端可以随时随地获取企业安全生产运营指标信息，实现移动办公，如查询与浏览"一张图"各专题图及属性数据、浏览生产调度及安全监控信息、快速拨打值班领导电话、对企业安全状况进行风险评估、查看综合自动化及安全检测系统组态，以及在井下任意位置通过移动端地图选择定位，采集、录入各类安全隐患、异常信息，包括文字、照片、视频、语音等。

（5）效益分析

截至目前，系统登录次数约 9 700 人次，主要业务系统总操作频次约 14 万次；主要业务流程数据（生产、安全类）新增量为 65 万多条数据，其中安全管理 40 560 条、一通三防 1 326 条、机电运输 11 023 条、生产技术 2 784 条、调度管理 7 012 条、地测防治水 2 475 条；监测类（安全监测、人员定位、水文等）数据采集量为 1 378 万条；功能涉及各个模块，数据涵盖地测、生产、调度、机电、通防、安全、经营、后勤等各专业。通过上述大量数据的集成、规范、汇总，实现了平台大数据融合分析应用。

① 经济效益

新郑煤电基于GIS"一张图"与三维空间数据智能化矿山管控系统在矿井内部得到了成功应用,为煤矿安全生产工作提供了先进的信息化平台,集成替代了大量分散、孤立的传统业务系统,实现了矿井从上到下、矿井内部各部门之间数据的来源唯一、自由流转、协同共享,消除了人为误差,提高了矿井领导决策准确性和可靠性,提高工效约30%,降低工作强度45%。整个系统的运行提高了工作效率,大大降低了劳动成本,具有良好的经济效益。

② 社会效益

新郑煤电基于GIS"一张图"与三维空间数据智能化矿山管控系统的研究与应用,基于综合三维空间数据、交互式的管理理念,建成了全矿井一体化的新型智能管控系统,大大提高了矿井安全生产管理效率,保障了矿井的安全高效生产。

系统实现了煤矿基础地测防治水、生产调度、监测监控、综合自动化、安全管理等业务数据在矿井内部的横向、纵向流通,并基于三维空间数据建立了煤矿安全生产智能诊断、安全生产大数据分析、预警报警分析等模型,实现了矿井安全生产管理的协同调度、集中管控,为企业领导层正确决策提供科学依据,使矿井领导和管理部门能够及时、全面、准确地掌握情况,实现对矿井全业务的全覆盖,彻底改变煤矿安全生产现有的管理模式,为矿井的安全生产保驾护航,是一项具有广泛应用前景的技术,也为实现新郑煤电的智慧矿山建设奠定了坚实的基础,具有良好的社会效益。

6 覆岩破坏与松散含水层下安全绿色开采

地下开采导致覆岩移动破坏,当破裂岩体接触到上覆岩层含水层或地表水体时,水进入井下,这样不仅造成涌水量增加或淹没矿井等安全问题,还会导致含水层水位下降,地面河流、水库干涸,对地表生态环境及绿色矿山建设带来不利影响。根据不完全统计,我国受煤矿水灾威胁的矿井多达 2 500 多处,受水灾严重威胁的矿井多达 500 多处。2001—2015 年间全国煤矿水灾事故 653 起,死亡人数 3 609 人,直接经济损失达数亿元。其中,乡镇煤矿的水灾事故起数与死亡人数占煤矿事故总起数和总死亡人数的 70% 以上,掘进工作面的水灾事故起数占煤矿水灾事故总起数的 65% 左右。全国发生较大水害事故主要有老空水、地表水、岩溶水、松散层水等。矿井水害防治和水体下煤层的安全开采已成为矿区生产中急需解决的重大实际和理论问题。

我国科研工作者开展了大量的覆岩破坏规律及水体下采煤的研究,进行了大量的覆岩破坏高度现场实测,建立了适合我国实际情况的覆岩破坏高度计算理论和方法。在此基础上,进行了河下、海下、含水砂层下等采煤实践,完成了淮河堤及河漫滩下、水库下及大量的含水层下采煤,并进行了近海下采煤试验。就研究水平和规模而言,处于国际领先水平。我国水体下采煤不仅开采了大量水下煤炭资源,还获得了丰富经验,发展了理论,形成了一套具有我国特色的理论体系。即从分析水体类型、特征、赋存条件及上覆岩层的水文地质条件、地层结构入手,并根据地质采矿条件预计覆岩垮落带、导水裂缝带的高度、空间形态,掌握覆岩的移动破坏规律及"两带"与上覆水体之间的联系,从而确定煤层合理的开采上限。在确保矿井生产安全的前提下,实现资源利用的最大化和对水资源的保护。

含水层下采煤不仅可能对矿井安全生产造成威胁,而且会引起上覆岩层水资源的破坏。当煤层位于含水层下方时,称为水体下采煤。水体下采煤具有自身的特点:水体下采煤要关注破裂岩体是否触及含水层、水体;保护对象一般来说不是水体而是矿井本身,随着对生态环境保护的重视,近年来推广保水开采或对水资源加以利用;水体是一个整体,只要裂缝带触及水体,就会使整个水体溃入井下,从而造成矿井排水量增大或矿井淹没,因此水体下采煤要在确保安全的前提下实现绿色开采。

6.1 覆岩破坏高度分析

在对含水层下采煤的安全性进行分析时,覆岩破坏高度计算至关重要,导水裂缝带是否会波及含水层关系到 12 采区东翼二$_1$煤层开采的安全性与否。在对 12 采区东翼覆岩破坏高度进行分析时主要以经验公式为主。

6.1.1 覆岩破坏特征

煤层开采后,其覆岩会发生变形移动和破坏,在采用顶板垮落法管理采空区的情况下,根据采空区覆岩移动破坏程度,正常情况下可以将顶板划分为三个带,即垮落带、裂缝带和弯曲下沉带。图 6-1-1 为水平煤层采后"三带"分布示意图。

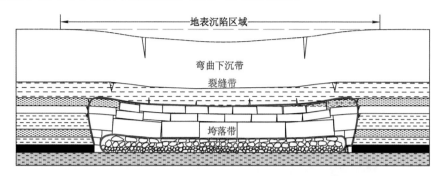

图 6-1-1　水平煤层采后"三带"分布示意图

垮落带是破坏后的岩块脱离原始岩体呈不规则岩块或似层状块体向采空区垮落的岩层。垮落带位于覆岩的最下部,紧贴煤层。煤层采空后上覆岩层失去平衡,由直接顶岩层开始垮落,并逐渐向上发展,直到采空区被垮落岩块充满为止。垮落带内岩块之间空隙多,连通性强,可成为水体和泥沙溃入井下的通道。

裂缝带位于垮落带之上,岩体水平变形和弯曲、剪切变形产生裂缝、破断,岩层破断后岩块依然整齐排列,岩层连续性未受破坏。裂缝带的裂缝包括垂直和斜交于岩层的张裂缝以及沿层面的离层裂缝两种,因为裂缝的导水性较强,水体能够向下渗流至采空区,故将垮落带和裂缝带合称为"两带",又称为导水裂缝带。导水裂缝带若波及水体可将水导入井下,一般不透泥沙。

弯曲下沉带是指裂缝带顶部到地表的那部分岩层。由于岩体变形小,岩层内的水体不能渗流到采空区。弯曲下沉带总体上呈整体移动,具有隔水保护层的作用。弯曲下沉带内可以产生离层裂缝,而且可以局部充水,但离层一般对矿井涌水量影响不大。

覆岩破坏的最终形态不仅决定着破坏岩体的范围,而且直接决定着破坏范围的最大高度。近水平及缓倾斜煤层(0°～35°)覆岩在垂直剖面上的最终形态类似于一个马鞍形,如图 6-1-2 所示。

6.1.2　覆岩破坏高度经验计算公式

(1)上覆岩层岩性判断

覆岩破坏与覆岩的力学性质密切相关。在相同采煤条件下,覆岩强度是决定覆岩破坏的主要因素。因此,在研究覆岩力学性质对覆岩破坏高度的影响时主要研究覆岩强度对覆岩破坏高度的影响。

当上覆岩层为坚硬岩层时,在采动影响下,易产生断裂,岩体破坏高度大。相反,当上覆岩层为软弱岩层时,在采动影响下易产生变形但不容易断裂,岩体破坏高度小。因此,从岩体破坏高度来看,上覆岩层软弱时岩体的破坏高度比上覆岩层坚硬时小,对水体下采煤有利。为了准确评价上覆岩层的力学性质,采用《建筑物、水体、铁路及主要井巷煤柱留设与压煤开采规范》(以下简称《规范》)中覆岩综合评价系数 P 来判定,P 的大小取决于覆岩岩性及厚度,可用式(6-1-1)表示:

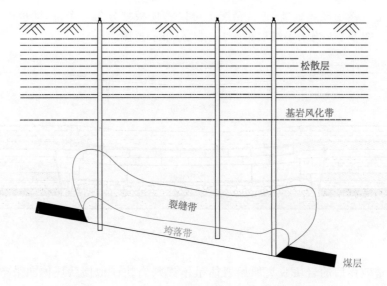

图 6-1-2　近水平及缓倾斜煤层"两带"破坏形态

$$P = \frac{\sum_{i=1}^{n} m_i Q_i}{\sum_{i=1}^{n} m_i} \tag{6-1-1}$$

式中　m_i——覆岩 i 分层的法线厚度,m;

　　　Q_i——覆岩 i 分层岩性评价系数,可由表 6-1-1 查得。

表 6-1-1　分层岩性评价系数

岩性	单轴抗压强度/MPa	岩石名称	初次采动 Q^0	重复采动	
				Q^1	Q^2
坚硬	≥90	很硬的砂岩、石灰岩和黏土页岩、石英矿脉、很硬的铁矿石、致密花岗岩、角闪岩、辉绿岩	0	0	0.1
	80～<90	硬的石灰岩、硬砂岩、硬大理石、不硬的花岗岩	0	0.1	0.4
	70～<80		0.05	0.2	0.5
	60～<70		0.1	0.3	0.6
中硬	50～<60	较硬的石灰岩、砂岩和大理石、普通砂岩、铁矿石、砂质页岩、片状砂岩、硬黏土质页岩、不硬的砂岩和石灰岩、软砾岩	0.2	0.445	0.7
	40～<50		0.4	0.7	0.95
	30～<40		0.6	0.8	1.0
	20～<30		0.8	0.9	1.0
	10～<20		0.9	1.0	1.1
软弱	<10	各种页岩(不坚硬的)、致密泥灰岩、软页岩、很软石灰岩、无烟煤、普通泥灰岩、破碎页岩、烟煤、硬表土、粒质土壤、致密黏土、软砂质黏土、黄土、腐殖土、松散砂层	1.0	1.1	1.1

　　计算过程中,选择 12 采区东翼有代表性的 1153 和 1154 两个钻孔柱状图所揭露的岩层

计算其 P 值，其覆岩综合评价系数计算如表 6-1-2 和表 6-1-3 所示。

表 6-1-2 1153 钻孔覆岩综合评价系数计算表

岩性	厚度/m	评价系数	m_iQ_i	岩性	厚度/m	评价系数	m_iQ_i
中粒砂岩	7.47	0.40	2.988	砂质泥岩	3.80	0.60	2.280
细粒砂岩	2.56	0.50	1.280	细粒砂岩	3.58	0.50	1.790
砂质泥岩	0.94	0.60	0.564	粉砂岩	2.08	0.50	1.040
细粒砂岩	7.67	0.50	3.835	砂质泥岩	3.89	0.60	2.334
粉砂岩	1.70	0.50	0.850	泥岩	3.40	0.85	2.890
砂质泥岩	0.66	0.60	0.396	粉砂岩	0.60	0.50	0.300
煤层	1.05	1.00	1.050	泥岩	1.30	0.85	1.105
泥岩	2.14	0.85	1.819	中粒砂岩	1.20	0.40	0.480
细粒砂岩	0.80	0.50	0.400	泥岩	6.20	0.85	5.270
中粒砂岩	2.60	0.40	1.040	中粒砂岩	0.90	0.40	0.360
细粒砂岩	3.08	0.50	1.540	泥岩	1.30	0.85	1.105
泥岩	1.52	0.85	1.292	总计	60.44		36.008

表 6-1-3 1154 钻孔覆岩综合评价系数计算表

岩性	厚度/m	评价系数	m_iQ_i	岩性	厚度/m	评价系数	m_iQ_i
中粒砂岩	12.56	0.40	5.024	砂质泥岩	0.42	0.60	0.252
细粒砂岩	3.54	0.50	1.770	粉砂岩	2.45	0.50	1.225
粉砂岩	3.24	0.50	1.620	砂质泥岩	0.80	0.60	0.480
碳质泥岩	0.40	0.85	0.340	细粒砂岩	1.00	0.50	0.500
二₃煤层	1.35	1.00	1.350	粉砂岩	9.66	0.50	4.830
砂质泥岩	4.14	0.60	2.484	中粒砂岩	4.91	0.40	1.964
粉砂岩	0.61	0.50	0.305	砂质泥岩	22.62	0.85	19.227
细粒砂岩	0.70	0.50	0.350	粗粒砂岩	4.18	0.35	1.463
粉砂岩	1.10	0.50	0.550	泥岩	1.12	0.85	0.952
细粒砂岩	3.26	0.50	1.630	粗粒砂岩	0.88	0.35	0.308
粉砂岩	0.71	0.50	0.355	总计	79.65		46.979

根据 1153 和 1154 两个钻孔资料计算可得：1153 钻孔覆岩综合评价系数 $P=0.60$，1154 钻孔覆岩综合评价系数 $P=0.59$。参照《规范》中岩性综合评价系数 P 与岩性影响系数 D 的对应关系表（表 6-1-4）可知，12 采区东翼松散层下工作面上覆岩层岩性综合评定为中硬岩类。所以下述各类公式选择时均基于中硬岩类。

表 6-1-4　岩性综合评价系数 P 与岩性影响系数 D 的对应关系表

坚硬	P	0	0.03	0.07	0.11	0.15	0.19	0.23	0.27	0.30
	D	0.76	0.82	0.88	0.95	1.01	1.08	1.14	1.20	1.25
中硬	P	0.30	0.35	0.40	0.45	0.50	0.55	0.60	0.65	0.70
	D	1.26	1.35	1.45	1.54	1.64	1.73	1.82	1.91	2.00
软弱	P	0.70	0.75	0.80	0.85	0.90	0.95	1.00	1.05	1.10
	D	2.00	2.10	2.20	2.30	2.40	2.50	2.60	2.70	2.80

（2）"两带"高度计算方法

① 垮落带高度计算

按照《规范》，当煤层顶板覆岩为坚硬、中硬、软弱、极软弱岩层或其互层时，采用开采单一煤层的垮落带最大高度计算公式计算：

$$H_{\mathrm{m}} = \frac{M - W}{(K-1)\cos\alpha} \qquad (6\text{-}1\text{-}2)$$

式中　M——煤层采厚，m；

　　　W——冒落过程中顶板的下沉值，m；

　　　K——岩石碎胀系数；

　　　α——煤层倾角（°）。

由于 W 值缺乏实际测定，也未找到合适的参照数据，所以本次计算采用《规范》中煤层顶板覆岩内有极坚硬岩层，采后能形成悬顶时的垮落带高度计算公式：

$$H_{\mathrm{m}} = \frac{M}{(K-1)\cos\alpha} \qquad (6\text{-}1\text{-}3)$$

该计算方法的计算结果大于前者，从安全的角度考虑是适宜的。

由于《规范》中没有综放工作面方面的计算公式，所以采用《煤矿防治水手册》中所给的综放开采垮落带高度经验计算公式计算：

$$H_{\mathrm{m}} = \frac{100M}{0.49M + 19.12} \pm 4.71 \qquad (6\text{-}1\text{-}4)$$

也可按照《煤矿床水文地质、工程地质及环境地质勘查评价标准》（MT/T 1091—2008）（以下简称《勘查评价标准》）以及《矿区水文地质工程地质勘查规范》（GB/T 12719—2021）（以下简称《勘查规范》）中垮落带（亦即水文地质学中的冒落带）高度经验计算公式计算：

$$H_{\mathrm{m}} = （3 \sim 4）M \qquad (6\text{-}1\text{-}5)$$

② 导水裂缝带高度计算

由于《规范》中没有综放工作面方面的计算公式，所以采用《煤矿防治水手册》中所给的综放开采导水裂缝带高度经验计算公式计算：

$$H_{\mathrm{li}} = \frac{100M}{0.26M + 6.68} \pm 11.49 \qquad (6\text{-}1\text{-}6)$$

也可按照《勘查评价标准》和《勘查规范》中导水裂缝带（亦即水文地质学中的冒落裂缝带）高度经验计算公式计算：

$$H_{\mathrm{li}} = \frac{100M}{3.3n + 3.8} \pm 5.1 \qquad (6\text{-}1\text{-}7)$$

式中　n——煤分层层数。

《煤矿防治水手册》中由中煤科工集团唐山研究院有限公司提出的中硬岩层水体下综放开采导水裂缝带高度参考预测公式为：

$$H_{li} = 20M + 10 \tag{6-1-8}$$

（3）经验公式对比分析

① 垮落带高度

在垮落带高度计算过程中，为确保安全，公式中的取值采用取大不取小的原则执行。利用3个公式分别计算垮落带高度与煤层厚度之间的关系并进行对比，可以看出，利用《煤矿防治水手册》中综放开采垮落带高度经验计算公式[式(6-1-4)]计算结果最大(图6-1-3)。

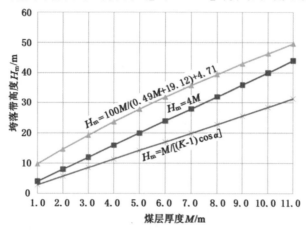

图 6-1-3　垮落带高度计算方法对比(根据采区实际取 $K=1.35, \alpha=4°$)

② 导水裂缝带高度

采用上述3个导水裂缝带高度经验计算公式计算导水裂缝带高度与煤层厚度之间的关系，如图6-1-4所示。为确保安全，公式中的取值均取大值。

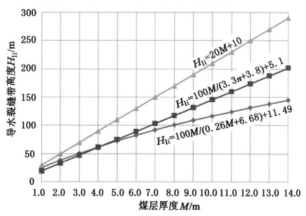

图 6-1-4　导水裂缝带高度计算方法对比(根据采区实际取 $n=1$)

由图 6-1-4 可以看出，《煤矿防治水手册》中给出的公式[式(6-1-6)]与《勘查评价标准》

中给出的公式[式(6-1-7)]相比,在煤厚小于 4 m 时,由式(6-1-6)计算出的导水裂缝带高度略高于由式(6-1-7)计算得到的高度,当煤厚大于 4 m 时,导水裂缝带高度变化规律与之相反,而且煤层厚度越大,二者之间的差值也越大。

6.1.3 覆岩破坏数值模拟分析

为了分析采用上述经验公式计算 12 采区东翼松散层下综放开采导水裂缝带高度的可靠性,进一步掌握研究区域内综放开采导水裂缝带高度的计算方法,本书采用 UDEC 软件,研究了不同采厚下的导水裂缝带发育高度,并与经验公式计算结果进行对比分析,得出本区域的导水裂缝带高度计算方式。

(1)数值模拟模型的建立

UDEC 离散元软件在 20 世纪 80 年代末被引入国内,并应用到采矿领域,取得了较好的应用效果。相关文献为离散元法在放顶煤开采中的应用做了大量开创性的工作,有效地通过数值计算和图形处理对综放开采矿压问题、顶煤放出规律做了进一步的概括和总结。

因为本区域煤层厚度变化较大,根据赵家寨煤矿 12 采区东翼内的钻孔柱状资料及实际开采情况,分别取开采厚度为 3 m、6 m、9 m、12 m 建立四个数值模型进行计算。计算模型的大小为 500 m×334 m(长×高),开切眼和停采线往外 100 m 煤柱作为固定边界,煤层上方 298 m 岩层范围作为研究对象,在不同的采厚条件下只改变煤层底板的厚度;模型左右边界和下部边界为固定边界,上部边界为自由边界。

(2)煤岩力学参数的确定

本次数值模型模拟以赵家寨煤矿 12 采区东翼综合柱状图为基础,将岩性相似的岩层进行合并,从下到上依次是:中粒砂岩、粉砂岩、砂质泥岩、煤层、细粒砂岩、泥岩、粗粒砂岩、松散层。参考有关松散含水层下采煤文献中数值模拟参数,各煤岩层物理力学参数如表 6-1-5 所示。

表 6-1-5 UDEC 模型中覆岩力学参数

岩层名称	密度/(kg/m³)	体积模量/GPa	剪切模量/GPa	内聚力/MPa	内摩擦角/(°)	抗拉强度/MPa
中粒砂岩	2 650	2.18	1.52	4.5	35	2.8
粉砂岩	2 460	4.6	4.20	3.7	30	1.5
砂质泥岩	2 500	2.18	1.52	4.5	27	1.7
煤层	1 440	0.35	0.30	1.8	18	1.0
细粒砂岩	2 600	2.16	1.42	5.0	47	3.2
泥岩	2 460	5.70	3.40	2.0	23	1.4
粗粒砂岩	2 700	1.60	1.52	4.1	32	2.5
松散层	1 860	3.52	3.52	0.015	20	0.16

(3)数值模拟结果分析

① 采场上覆岩层位移变化特征

煤层采出后,煤层上覆直接顶会垮落,充填采空区,由于岩石的碎胀性,所以垮落的高度是有限的,当垮落的岩石充满采空区以后,岩体会形成新的平衡状态,垮落的部分形成垮落带,垮落带上部形成裂缝带和弯曲下沉带。

当开采厚度不同时,随着开采厚度增大,上覆岩层向下位移也随之增大;当开采厚度由3 m增大至6 m及由6 m增大至9 m时,开采引起的下沉盆地明显增大;当采厚由9 m增大至12 m时,开采引起的下沉盆地没有明显增大。这说明在相同地质条件下,在一定范围内,下沉盆地的范围随着开采厚度的增大而增大,当开采厚度增大到一定值时,其对下沉盆地范围的影响减弱。模型从100 m处开始推进,分别在距煤层顶板9 m、18 m、27 m、42 m、54 m、78 m处设置6条观测线,每条观测线上均匀分布50个观测点,监测不同岩层处的竖直位移,不同开采厚度对应的观测线处竖向位移如图6-1-5至图6-1-8所示。

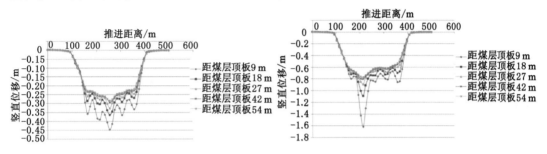

图6-1-5　开采厚度为3 m时上覆岩层下沉曲线　　图6-1-6　开采厚度为6 m时上覆岩层下沉曲线

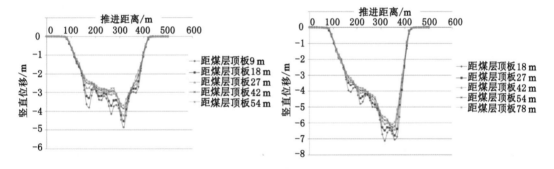

图6-1-7　开采厚度为9 m时上覆岩层下沉曲线　　图6-1-8　开采厚度为12 m时上覆岩层下沉曲线

二₁煤层开采初期,煤层上覆直接顶会随采随落;随着开采范围的不断扩大,采动影响范围随之扩大,上覆岩层竖直位移向上传递,竖直位移自直接顶至松散层向上逐渐减小。煤层上覆岩层存在若干关键层,当煤体采出后,若某一关键层断裂后能够形成铰接梁结构,且不发生变形失稳,则该关键层及其以上岩层会形成裂缝带和弯曲下沉带,该关键层以下岩层会形成垮落带;由于铰接梁的支撑,裂缝带岩层的向下移动减小,而垮落带岩层直接垮落充填采空区,所以垮落带岩层的竖直位移会明显大于裂缝带岩层的竖直位移。根据以上分析,由图6-1-5至图6-1-8可得,开采厚度分别为3 m、6 m、9 m、12 m时的垮落带高度范围分别为9~18 m、18~27 m、27~42 m、27~42 m。

② 采场上覆岩层破坏特征

根据不同开采厚度下综放充分开采时的上覆岩层塑性破坏区分布可知,开采厚度较小时,随着开采厚度的增大,导水裂缝带高度明显增大;当裂缝带发育到松散层时,随着开采厚度增大,裂缝带发育缓慢。这是由于当开采厚度较小时,煤体采出后关键层以下脆性覆岩很快垮落充填采空区,形成垮落带,关键层以上覆岩形成裂缝带和弯曲下沉带;当开采厚度较大时,更多的上覆岩体会充填采空区,造成关键层逐步悬露并断裂,导致松散层破坏形成裂缝带,但由于松散层属于天然塑性体,在重力作用下,其很快被压实,所以松散层内裂缝带随开采厚度增大发育缓慢。根据塑性破坏区分布可知,开采厚度为 3 m、6 m、9 m、12 m 的垮落带高度分别为 8.5 m、23.2 m、29.4 m、38.7 m,导水裂缝带高度分别为 28.6 m、61.5 m、71.6 m、81.5 m。综上,根据采场上覆岩层竖直位移和塑性破坏区的模拟结果所分析的"两带"高度基本对应。

6.1.4 研究区"两带"高度计算方法

根据不同开采厚度下导水裂缝带高度经验公式计算结果与数值模拟结果可知(表 6-1-6),模拟结果小于经验公式计算结果。这是由于导水裂缝带高度和覆岩岩性有关,岩性越软弱,导水裂缝带高度越小,郑州矿区属于"三软"煤层,上覆基岩以泥岩为主,岩性偏软,导水裂缝带模拟高度较经验公式计算结果偏小,且松散层下导水裂缝带的高度受到很多因素的影响,数值模拟不能将所有的地质情况考虑在内,因此存在模拟结果比经验公式计算结果小的可能性。

表 6-1-6 导水裂缝带高度经验公式计算结果与数值模拟结果对比分析

开采厚度/m	垮落带高度/m				导水裂缝带高度/m			
	模拟结果	公式计算结果			模拟结果	公式计算结果		
		式(6-1-3)	式(6-1-4)	式(6-1-5)		式(6-1-6)	式(6-1-7)	式(6-1-8)
3	8.5	8.6	19.2	12	28.6	51.7	47.4	70
6	23.2	17.2	31.9	24	61.5	84.3	89.6	130
9	29.4	25.8	43.0	36	71.6	111.3	131.9	190
12	39.7	34.4	52.7	44	81.5	133.9	174.1	250

由表 6-1-6 分析可知,式(6-1-3)和式(6-1-5)计算的垮落带高度和数值模拟结果比较接近,但是式(6-1-3)的计算结果存在比模拟结果小的情况;式(6-1-5)与式(6-1-4)相比计算的垮落带高度和模拟结果比较接近,但为安全考虑,防止工作面出现溃砂现象,选用式(6-1-4)计算垮落带高度。通过对导水裂缝带经验公式计算结果和模拟结果对比分析可知,3 个经验公式计算结果都明显大于模拟结果,但式(6-1-7)和式(6-1-8)的计算结果明显大于模拟结果,式(6-1-6)的计算结果更接近模拟结果,所以选用式(6-1-6)计算导水裂缝带高度。

6.2 松散含水层下煤层安全开采

6.2.1 地质采矿条件

通过补充水文地质抽水试验孔和井下探放水工程,查明 12 采区松散层具有新近系底部砂砾石层的的富水性和新近系隔水层的隔水性,同时兼顾第四系含水层的水文地质条件。

(1)松散层厚度与分布

12 采区东翼松散层主要为第四系和新近系未固结-弱固结的松散沉积物,通过研究采区 48 个钻孔数据可知,采区内第四系松散层组成上部主要为黄土,下部主要为砾石,局部含砂质黏土和黏土夹砾石层,第四系松散层厚度较为均一,整体在 30.8~53.45 m 之间,平均厚度为 44.07 m。新近系松散层主要为黏土和砂质黏土,夹砾石和细砂,厚度普遍较大,大多数钻孔新近系厚度在 100 m 以上,仅 1 个钻孔厚度小于 100 m,平均厚度为 144 m。整体上松散层厚度以滹沱背斜轴部最大,向两翼逐渐变小,且在研究区内呈现自北西向南东逐渐增大的趋势。

(2) 含水层与隔水层(组)厚度与分布

第四系与新近系厚度较大,其内部含水层和隔水层厚度分布不一,横向连续性较差,剖面上大多呈透镜状。因缺少明显的标志层,单个的砂砾石层(含水层)、黏土层(隔水层)对比基本无法实现,因此采用含(隔)水层组的方式划分并对比了 12 采区东翼新近系和第四系松散层含(隔)水层。依据 12 采区范围内的相关钻孔资料及补勘中相关抽水试验的验证结果,通过对单个钻孔中揭露的新近系和第四系松散层含水层、隔水层发育结构和特征分析,结合研究区 5 个含(隔)水层组对比剖面,归纳出新郑煤电 12 采区东翼第四系和新近系松散层基本呈现 4 段特征,从上至下依次为:第 I 段强富水层组、第 II 段相对弱富水层组、第 III 段相对隔水层组和第 IV 段相对弱富水层组。

(3) 开采设计与采煤方法

设计区域 12 采区东翼位于井田中北部,南邻 11 采区东翼,西邻 12 采区西翼,东邻 13 采区。11 采区东翼受工业广场煤柱及断层影响比较大,设计有 12201、12205、12207、12209、12211 共计 5 个工作面,均受新近系下部含水层的影响。12 采区西翼开采二₁和二₃煤层,其中二₁煤层布置有 12202、12204、12206、12208、12210 和 12212 共 6 个工作面。与矿井 12 采区地质条件相似的矿井南部相邻的王行庄煤矿 11011、11051 工作面已安全回采。

根据 12 采区东翼的整体布局,设计该区域首采工作面为 12211 工作面,工作面上、下副巷及开切眼均沿二₁煤层布置,为确保工作面自流排水,上、下副巷掘进期间巷道沿煤层正坡度施工(外段可以割底岩石 1 m),局部低洼处可以沿煤层顶板掘进(煤层和伪顶厚度大于 5 m 时可以沿煤顶施工)。该面下副巷共用原 12210 下车场、回风联巷和下副巷机头段及煤仓。上副巷从上车场口以方位角 $67°22'$ 施工 760 m 至上切口;下副巷从 12210 下副巷煤仓处以方位角 $105°13'33''$ 施工 242 m 至下转角处,然后以方位角 $67°22'$ 施工 643 m 至下切口。

12211 工作面采用走向长壁后退式、综合机械化放顶煤采煤方法,采用间隔多轮顺序放煤、见矸关门的放煤方式,为最大限度提高顶煤回收率,端头支架也应放煤。采放煤平行作业,即割上半部煤时,放下半部顶煤,割下半部煤时,放上半部顶煤,放煤时,每轮放出顶煤量的 1/3~1/2,反复进行将煤放完,尽量使顶煤保持均匀下降,以减少混矸、提高煤质。放煤步距为 1.2 m,拉两次架放一次顶煤。顶板管理方法为全部垮落法。

6.2.2 覆岩破坏高度计算

覆岩的破坏高度直接关系到松散含水层下采煤的安全性,12 采区东翼采用式(6-1-4)和式(6-1-6)分别计算二₁煤开采垮落带和导水裂缝带高度。根据研究区内的钻孔资料,分别计算各个钻孔点的垮落带高度、导水裂缝带高度、基岩残余厚度、隔水层残余厚度,并运用 Sufer8.0 软件将计算结果绘制成等值线图。

各等值线图见图 6-2-1 至图 6-2-4。

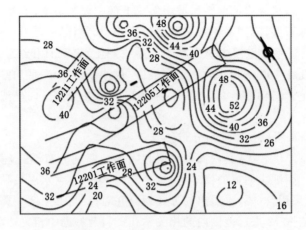

图 6-2-1 垮落带高度等值线图

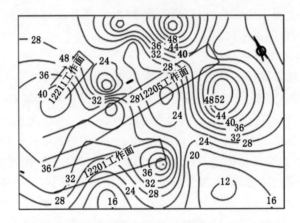

图 6-2-2 导水裂缝带高度等值线图

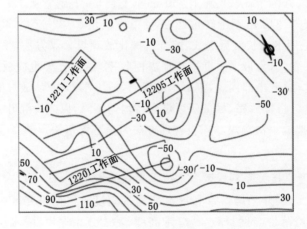

图 6-2-3 基岩残余厚度等值线图

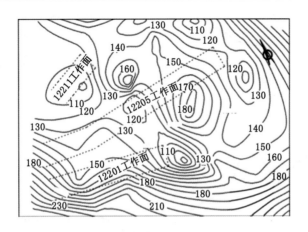

图 6-2-4　隔水层残余厚度等值线图

6.2.3　松散含水层下安全开采

（1）安全煤（岩）柱留设

在水体底界至煤层开采上限之间所留设的防止水体中的水溃入井下的煤和岩层块段称为防水安全煤（岩）柱；留设防水安全煤（岩）柱的目的是不允许导水裂缝带波及水体，进一步确定合理的开采上限。留设防砂安全煤（岩）柱的目的是允许导水裂缝带波及松散弱含水层或已疏降的松散强含水层，但不允许垮落带接近松散层底部。为安全起见，通常取保护层最小有效隔水厚度为 3 m 的倍数。

保护层厚度：

$$H_b = 3B \tag{6-2-1}$$

一般情况下 B 取 2，即 $H_b = 3B = 3 \times 2 = 6$（m）。

防砂煤（岩）柱高度：

$$H_s = H_m + H_b \tag{6-2-2}$$

防水煤（岩）柱高度：

$$H_{sh} = H_{li} + H_b \tag{6-2-3}$$

其中 H_m 和 H_{li} 分别按照式（6-1-4）和式（6-1-6）计算。

根据式（6-2-2）和式（6-2-3）计算各个钻孔点防砂（水）煤（岩）柱高度，并将基岩厚度减去防砂（水）煤（岩）柱高度的结果绘制成等值线图，划定防砂（水）区范围，如图 6-2-5 所示（图中虚线为划定防砂区范围，实线为防水区范围）。

根据图 6-2-5 可知，12 采区中部和南部部分区域属于防砂区；除 12 采区东翼西部部分区域及中部少数区域、北部少数区域处于防水区范围之外，大多数区域均处于防水区范围之内。

（2）开采安全性分析

为保证安全，在进行水体下开采可行性分析时，要依据采矿及水文地质条件和有关规程规定。根据《规范》第 50 条，近水体采煤时，必须严格控制对水体的采动影响程度。按水体的类型、流态、规模、赋存条件及允许采动影响程度，将受开采影响的水体分为不同的采动等级。对不同采动等级的水体，必须留设相应的安全煤（岩）柱。

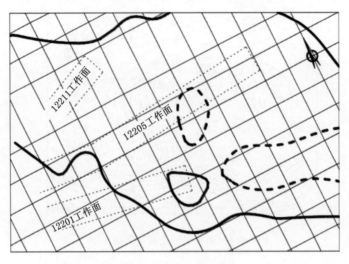

图 6-2-5　防砂(水)区范围

根据《规范》第 50 条关于水体下采煤允许采动影响程度要求,允许导水裂缝带波及松散孔隙弱含水层水体,但不允许垮落带波及该水体。根据目前的钻孔地质资料,12 采区东翼新近系含水层整体上呈现弱富水性,但局部存在中等富水性,对开采后导水裂缝带波及中等含水层的区域尚不清楚,所以达不到《规范》所允许开采的条件。但是,根据已开采的 12 采区西翼 12202、12210、12212 工作面和王行庄煤矿 11011、11051 工作面看,其都存在导水裂缝带波及松散含水层的情况,并且均已安全回采。根据 12 采区西翼 12202 工作面中的 0952 钻孔,12204 工作面中的 0954 钻孔,王行庄煤矿 11011 工作面中的 6303、16-1、15-6 钻孔地质资料,分析计算得到工作面回采后"两带"高度波及松散层的情况,如表 6-2-1 所示。

表 6-2-1　部分钻孔导水裂缝带破坏高度情况

钻孔编号	0952	0954	6303	16-1	15-6
松散层破坏高度/m	12.35	107.3	61.3	59.4	85.0
含水层破坏厚度/m	2.33	6.75	6.8	0	1.8

12 采区西翼 09 勘探线揭露上覆松散含(隔)水层组性质与东翼类似,也分为 4 段(图 6-2-6)。对比 12 采区两翼新近系基岩厚度与导水裂缝带高度之差等值线,并圈定出差值等于 0 的边界可以看出:西翼开采东部区域存在大面积二₁煤层开采后导水裂缝带波及新近系底部含水层的区域(图 6-2-7),0954 孔破坏高度达 107.3 m,其中破坏新近系细砂层 4.1 m,破坏第四系砾石层 2.65 m,但其上尚有 33.6 m 的黄土覆盖。

另外,12 采区西翼属于双煤层(二₁和二₃煤层)开采,对上覆新近系含水层的破坏范围和高度一般应大于图中圈定的范围,在西翼巷道掘进过程中,也进行了顶板钻孔疏放水工程,施工钻孔均未出现含水层溃水溃砂现象,并且在回采过程中也未发生溃水溃砂事故。由于西翼新近系含水层未曾做过抽水试验,对其富水性尚不清楚,目前无法对含水层富水性做出评价。通过分析计算可知,12 采区西翼的工作面在回采过程中,虽存在开采造成新近系底部含水层被破坏的情况,但是开采后并没有造成溃水溃砂现象,目前几个工作面均已安全

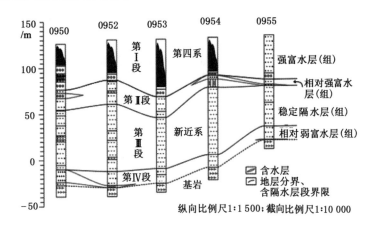

图 6-2-6　12 采区西翼 09 勘探线松散含(隔)水层对比剖面图

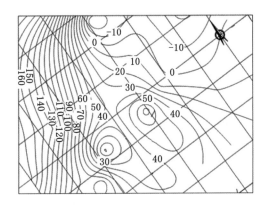

图 6-2-7　12 采区西翼基岩厚度与导水裂缝带高度之差等值线

回采。

根据《规范》第 51 条,水体与设计开采界限(煤层)之间的最小距离,略小于第 50 条中各水体采动等级要求留设的相应类型安全煤(岩)柱尺寸,本矿井又有类似条件的近水体采煤成功经验和可靠数据的,水体的压煤允许开采。12 采区东翼松散层下采煤符合《规范》规定,但应该对不符合要求的局部中等富水性含水层进行进一步查明,或者采用相应的防治水措施(如疏干或疏降含水层),满足开采条件要求后再进行开采。

综上分析,赵家寨煤矿 12 采区东翼松散含水层下开采时,大部分区域的导水裂缝带会波及松散层下部含水层,不能直接进行开采,采取相应的防治水措施后具备开采条件。

6.2.4　安全技术措施

（1）限高开采

在露头厚煤层或特厚煤层区域采用限高开采或阶梯限高,可减少安全煤(岩)柱的压煤量。对于倾斜或缓倾斜厚煤层,根据基岩柱厚度的变化,综放工作面可采取"只采不放""限制放煤"至"全厚综放",形成阶梯采高;也可以采用分层开采,通过开采不同数量的分层达到限高开采的目的,从而减小"两带"高度。但是由于本区煤层厚度普遍较大,根据上述分析,二₁煤层全部采后,大部分区域的导水裂缝带和部分区域的垮落带能波及基岩上覆松散层,如采用限高开采方式,则全区大部分区域都属于限高区域,煤炭资源浪费严重。

（2）充填开采

充填开采是利用充填顶板管理方法实现减少覆岩破坏和地表沉降变形的开采技术,其实质是利用煤矸石、电厂粉煤灰、沙子、碎石或炉渣等材料充填采空区,相当于减小开采高度。根据运送充填材料的动力不同,充填开采可分为水力充填、风力充填、机械充填和自溜充填四种;根据充填材料的不同,充填开采可分为干式充填、水砂充填、胶结充填和膏体充填等几种;根据充填位置的不同,充填开采可分为采空区充填与离层注浆充填两种。

充填开采能大幅度地减小"两带"高度,但是充填开采也存在几个明显缺点。① 开采中增加充填环节,影响生产进度,严重制约这一技术的推广和应用;② 充填时需要有充填设备、运行设备及人工的投入,加之充填材料等费用,成本增加较大;③ 充填过程中需要大量价格低廉的充填材料。

（3）疏干开采

疏干或疏降水体开采是在开采前或开采过程中,采用钻孔、开挖巷道等方式,疏干(补给源有限时)或降低(补给源充足时)采区、井田或矿区的地下水位,使含水层残余水位低于临界水力坡降,以保证开采含水层下面或上面煤层时的安全的开采方法。疏干或疏降水体开采方法一般适用于下列 3 种情况:① 当煤层的直接顶板无隔水层且为含水层时;② 当基岩含水层底板位于煤层开采导水裂缝带范围内时;③ 当回采上限接近第四系全砂含水松散层且含水砂层的补给源充足时。疏干或疏降水体开采方法具有资源回收率高,生产安全性大的优点。

根据上述对水体下安全采煤的主要技术措施的分析,赵家寨煤矿 12 采区东翼若采取限高开采措施,煤炭资源浪费严重;若采取充填开采,则需要改变现有生产工艺,需要购买投入充填设备,成本过高,且生产效率低。赵家寨煤矿 12 采区大部分区域煤层开采受基岩上覆松散含水层影响,其中 12 采区西翼通过疏干或疏降松散含水层已安全回采,积累了大量的技术及管理经验,且疏干(降)含水层开采较限高开采煤炭采出率高,较充填开采成本低,综合分析,12 采区东翼区域二$_1$煤层采取疏干(降)含水层开采的技术措施。

6.3 水资源绿色洁净利用

6.3.1 疏放水技术

在开采之前精准探测了开采影响范围内的含水层厚度和水量,提出了将松散含水层水转化为清洁能源的疏放水技术。

（1）疏干含水层

在松散层下采煤时,有时水体距离煤层很近,不可能采取留设防水煤(岩)柱和改变开采措施的方法进行开采,必须对水体进行疏降,以降低含水层水压和水量。疏降水体的方法有钻孔疏降、巷道疏降、联合疏降、回采疏降和多矿井分区排水联合疏降。其中,钻孔疏降和巷道疏降通过钻孔和巷道直接抽排含水层中的水,使含水层疏干或水位降低,然后进行开采。联合疏降根据地质采矿条件、含水层特点,采用巷道、钻孔联合疏降水体。具体方法为先掘进疏水巷道和石门,然后再在其中打钻孔穿过含水层放水进行疏降。回采疏降通过开采离含水层远的工作面,使含水层水通过这些工作面的采动影响缓慢流出,以降低含水层水位,达到疏降的目的。回采疏降适合于弱含水层和补给来源有限的含水层。

（2）疏放水措施

① 12211工作面疏放水采用地面疏放与井下疏放相结合的方法。在地面施工疏水孔，将新近系含水层的水疏放到煤层顶板或底板某一位置，再通过井下钻孔对接疏放至井下排水系统。

② 12211工作面巷道掘进过程中每60～80 m做一次物探，保证20 m超前距，根据物探结果，对前方异常区进行打钻验证或预注浆。

③ 在巷道掘进遇到杜庄断层前，对断层或前方富水区进行进一步控制。距离断层60 m时，超前对断层进行探查和注浆加固，并留设足够的防水煤柱。根据探查情况及时调整工作面切巷位置。

④ 由于该面回采时受新近系顶板水影响，掘进时利用钻孔提前对新近系底部底砾岩顶板水进行探查和疏放，当顶板涌水量较大时回采时应采取限制采高的措施。

⑤ 掘进期间巷道沿煤层正坡度施工，局部煤层倾角发生变化时，巷道沿煤层顶（或底）板掘进，确保巷道自流排水，掘进过程中及时完善排水系统。

⑥ 1053钻孔为封闭不良钻孔，在下副巷掘进至离该钻孔50 m时，应对该孔L1-4灰岩段进行注浆加固。

⑦ 掘进过程中加强地质及水文地质观测，发现异常情况及时向调度室及地测防治水科汇报。

（3）评价标准

疏放松散含水层中水的评价标准按照《规范》中第50条"水体采动等级及允许采动程度"中顶板防水安全煤（岩）柱要求执行，即将新近系含水层的富水性疏放到弱富水性以满足《规范》要求。为评价12211试采面的疏放效果，可以采用以下4种评判指标进行评价，满足其中之一即可进行开采。

① 将含水层中的静储量全部疏干，确保没有补给来源，可以通过疏放水量监测进行评价。

② 将含水层中的水降到弱富水性及以下，可以通过抽水试验获得的参数进行评价。

③ 将含水层水位降到新近系界面，可以通过含水层水位监测孔观测进行评价。

④ 当疏放水量稳定到能够满足井下巷道的正常排水能力时，即可视为达到疏干要求，可以通过疏放水的动态监测进行评价。

6.3.2 绿色洁净利用

为合理利用松散含水层的疏放水，研发了智能化矿井热源供应系统，以满足职工洗浴、制冷/热需求。

（1）空压机余热利用系统工作原理及组成

空压机余热利用系统包含余热回收主机、二次换热系统、软水处理系统、循环水泵系统、保温水箱及配套自动化集控系统。空压机余热利用系统采用循环供热，所有换热水均采用二次换热，首先软水通过余热回收主机同压缩空气一起进入换热器进行一次换热，出水温度≥70 ℃（温度可设定），70 ℃软水分别经循环泵送至二次板式换热器，出换热器后，软水温度降低，循环回余热回收主机再次热交换。洗浴用水经热交换后，温度升高，回保温热水箱，热水箱中热水与软水反复循环热交换，直至水温达到50 ℃。50 ℃热水送至浴室交换机房热水箱,供职工洗浴。

（2）水源热泵系统工作原理及组成

水源热泵系统通过少量的高温位电能输入,实现低温位热能向高温位热能的转移。水源热泵系统由水源系统、水源热泵机组和末端散热系统三部分组成。水源系统包括水源、取水源、输水管网和水处理设备等;水源热泵机组包括压缩机、蒸发器、冷凝器、变频器等;末端散热系统由管网、盘管等构成。水源系统的水量、水温、水质和供水稳定性是决定水源热泵系统运行效果的重要因素。

（3）主要优点

① 环保安全:无污染、零排放、运行稳、便维护。

② 高效节能:通常水源热泵消耗 1 kW 的能量,用户可以得到 4 kW 以上的热量或冷量。比传统空调系统运行效率高 40%,能效比高达 6。

③ 节水省地投资少:以矿井水为冷热源,向其释放或吸收热量,不消耗水资源。较燃气炉建设省去锅炉房及配套辅助设施,节约资金,减少投入。

④ 一机两用,适用宽泛:水源热泵系统具有供暖和制冷两种功能,替代原来的锅炉加制冷机的两套装置或系统。适用办公楼、浴室等不同地点,功能宽泛。

⑤ 水源热泵系统从矿井水中吸热或向其排热,是一种可再生的清洁能源技术,可持续使用,具有应用推广价值。

新郑煤电通过清洁能源一、二期项目建设,已实现职工浴室 24 h 不间断供水和公司办公楼、灯浴联合建筑、食堂、1#—3#宿舍楼、救护楼、后勤管理中心、供销服务大厅、班中餐食堂、服务队楼和副井车房、锅炉房、机修间、设备库、综采车间、新郑精煤公司东西宿舍楼的值班室等地点夏季制冷和冬季制热,最大限度利用矿井水资源,取消燃气锅炉、电空调等高耗能设备,实现疏放水的清洁利用。

7　采动地表移动变形规律

7.1　地表移动规律现场监测

7.1.1　地表观测站简介

　　赵家寨煤矿11206工作面上方的地表移动观测站采用剖面线状形式布设,设计走向观测线一条,倾向观测线两条,走向观测线与两条倾向观测线互相垂直,分别布置在地表移动盆地走向、倾向主断面上,观测线布设成"干"字形,观测线与工作面相对位置如图7-1-1所示。走向观测线(即A线,在开切眼的一侧)长度为590 m,测点间距设计为25 m,布置25个测点,分别为A1、A2、A3、…、AC;两条倾向观测线(B线、C线)互相平行,间距为50 m,每条布置29个观测点,长度为710 m,两条倾向观测线长度相同,测点编号自下山向上山方向分别为B1、B2、B3、…,C1、C2、C3、…。控制点分别布设在观测线两端,共计9个。本观测站布置共需埋设83个工作测点,观测点结构如图7-1-2所示。观测站设计的相关参数如表7-1-1所示。

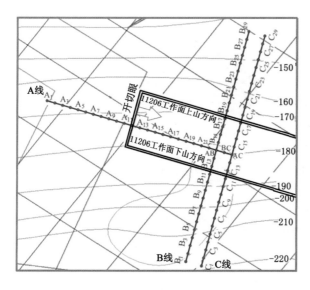

图 7-1-1　观测线与工作面相对位置

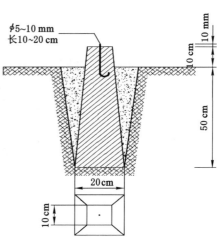

图 7-1-2　观测点构造图

表 7-1-1 观测站参数

观测线名称	长度/m	测点间距/m	测点个数/个	采深/m	观测站设计所用参数
A 线(沿走向)	590	25	25	313	最大下沉角 $\theta=86.1°$；走向移动角 $\delta=73°$
B 线(沿倾向)	710	25	29	303～322	上山移动角 $\gamma=73°$；下山移动角 $\beta=69.1°$
C 线(沿倾向)	710	25	29	303～322	松散层移动角 $\varphi=45°$

7.1.2 地表移动和变形特征

通常将地表移动盆地内通过地表最大下沉点所作的沿矿层走向和倾向的垂直断面称为地表移动盆地的主断面。沿走向的主断面称为走向主断面,沿倾向的主断面称为倾向主断面。地表移动盆地主断面具有如下特征:

① 在主断面上地表移动盆地的范围最大;

② 在主断面上地表移动量最大;

③ 在主断面上,不存在垂直于主断面方向的水平移动。

由于主断面的上述特征,在研究开采引起的地表移动和变形分布规律时,为简单起见,首先研究主断面上的地表移动和变形。在移动盆地内,地表各点的移动方向和移动量各不相同。一般在移动盆地主断面上,通过设点观测来研究地表各点的移动和变形。在地表移动前后,测量各点的高程和测点间距,通过计算即可得到各点的移动和变形量。

(1)地表下沉特征分析

为了全面揭示地表动态沉陷变形的全过程,通过实测数据分析回采过程中地表点的动态移动特征。走向上设置了一条观测线,倾向上设置了两条观测线,根据下沉值绘制成曲线,如图 7-1-3 至图 7-1-5 所示。

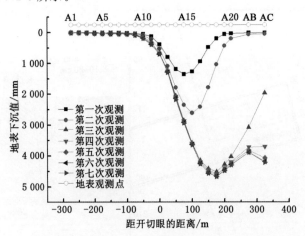

图 7-1-3 走向(A线)不同时期地表下沉曲线

由图 7-1-3 可以看出,对于赵家寨矿区地质采矿条件,当非充分采动时,随着工作面的推进下沉值越来越大,最大下沉点也随之前移,地表移动盆地的范围和移动量均增加;当到了活跃期后,下沉曲线斜率比较大,下沉剧烈且集中,地表损害程度严重;工作面推进约155 m 时,在现场调查中,发现在 A10 与 A11 测点之间出现了多个塌陷坑及台阶裂缝,台阶落差为 50～70 mm,如图 7-1-6 所示,这与曲线上的 A10 与 A11 测点之间出现了下沉比较

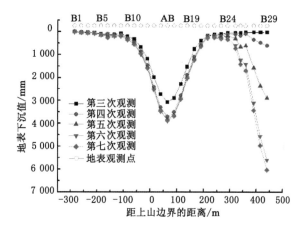

图 7-1-4　倾向(B线)不同时期地表下沉分布曲线

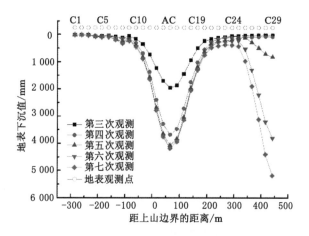

图 7-1-5　倾向(C线)不同时期地表下沉分布曲线

(a)

(b)

图 7-1-6　A10 与 A11 测点之间出现的塌陷坑及台阶裂缝

剧烈的异常现象相吻合;同时在 A17 至 A19 测点之间也出现了明显的裂缝。参照该区域的地质资料可知,该区域的砂砾石组岩石浸水后易崩解,黏土、砂质黏土组中间夹有数层薄粉细砂,黏土具压缩性中等、水稳性极差的特点,砂层易坍塌。同时,第四系上部主要为次生黄土,其中有少量成层分布的姜结石,大孔隙发育,具垂直节理等。这说明这种裂缝产生除与地下采矿有直接关系以外,还与局部地段地层结构的差异性有关。

为了分析曲线上最大下沉值后的下沉曲线出现的先上升后下降的现象,分析每月各时段井下开采煤层厚度的情况,发现此工作面采高 2.5 m,放煤高度参差不齐,在 A19 测点下方周边放煤厚度较大,其后的数个点周边放煤厚度较小,在 AC 测点下方周边放煤厚度又变大。所以,曲线出现的上述现象主要与此局部区域开采的煤层厚度、采煤工艺等有关。

在工作面回采以后,工作面开采形成的地表移动盆地的剖面形状类似碗形,符合地表双向非充分采动盆地特点,此时地表移动和变形值远低于该地质采矿条件下充分采动时的移动和变形值,并且地表移动过程也比较平缓,地表移动和变形呈现出连续渐变的特点。当达到充分采动后,最大下沉点保持不变,基本稳定于 A19 测点,但地表移动范围还继续增加。从最后几次测量中可以看出,走向基本上达到了该地质采矿条件下的充分采动,此后的各次测量最大下沉值趋于稳定、变化不大。

由倾向的下沉曲线可以看出:随着工作面的推进,下沉值逐渐增大,最大下沉点位于走向主断面上。由于 12202 工作面布置在上山方向,回采后的两个月期间对 11206 工作面的影响不大;之后的下沉曲线不对称是由于上山方向受到了 12202 工作面开采的影响,这与实际情况相吻合;随着工作面的推进其影响越来越大,表现为在 12202 工作面上方地表的观测线下沉值越来越大,且剧烈;同时,在下山边界的最外点 B1 及 C1 测点均有移动且下沉值大于 10 mm,说明在这种厚松散层的特殊地质采矿条件下进行开采,其影响范围较常规条件下大。

厚松散层对下沉盆地形态的影响主要表现为:在采空区上方的地表下沉主要是顶板岩层破碎、冒落,基本顶及以上岩层弯曲、移动所致。在此过程中,坚硬的上覆岩层内部产生垂直层理面的裂缝和顺层理面的离层裂缝,使采空区上方岩层在向下弯曲移动过程中,下沉量由下而上逐渐减小。厚松散层地质条件下采煤,基岩的下沉带动松散层下沉,但松散层属于较为松散介质,强度较弱,上覆岩层不易产生离层裂缝,下沉值较大。在采空区边界的煤柱上方,下沉主要是由于覆岩自重压力和岩层弯曲产生的拉应力的综合影响,而松散层本身强度较弱,抗拉、抗压能力差,松散层所受影响明显减小,下沉值也小。而拐点附近为地层中拉、压应力快速变化区域,下沉值变化较大,也是地表容易出现裂缝的区域。另外,松散层中大多有含水层,煤层开采后造成含水层水位下降,同时加剧了地表的下沉,使该区域下沉系数增大。由于含水层水位在比采空区大得多的范围内发生不同程度的下降,因而采空区边界以外较大范围内的地表都会出现一定的沉降,但下沉值不大。

下沉曲线表现为采空区上方地表下沉剧烈,下沉值偏大;采空区边界以外下沉值偏小,收敛缓慢;拐点附近下沉值变化大,曲线较陡。

(2)倾斜和曲率分析

根据走向线上各测点不同时间段的下沉值,结合倾斜定义,可以计算出走向线不同时间段的倾斜值,绘制成倾斜曲线图,如图 7-1-7 所示。

从走向上的倾斜曲线看,地表倾斜最大值总是滞后工作面一定距离,该滞后距主要与采深、推进速度有关,推进速度越大,采深越大、滞后距越大。曲线符合一般的分布规律,即盆地边界至拐点间倾斜值逐渐增大,拐点至最大下沉点间倾斜值逐渐减小,在最大下沉点处倾斜值为零;在拐点处倾斜值最大,且有两个方向相反的最大倾斜值;当走向达到充分采动以

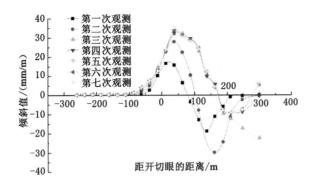

图 7-1-7　走向不同时期倾斜分布曲线

后,由于走向上设置半条观测线,所以仅出现一个峰值,倾斜曲线形状基本保持不变,最大值基本稳定。

根据走向线上各测点不同时间段的倾斜值,可以计算出走向线不同时间段的曲率值,绘制成曲率曲线图,如图 7-1-8 所示。

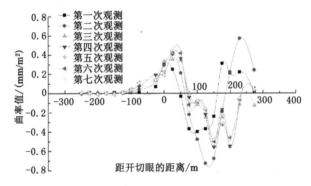

图 7-1-8　走向不同时期曲率分布曲线

由图 7-1-8 可见,随着推进距离增大,地表曲率增大,在采动程度小时,各观测线上均出现了两个正曲率和一个负曲率,且地表负曲率最大值大于正曲率最大值。当采动程度达到一定后,负曲率最大值开始减小。

由于倾向上布置了两条观测线,为了综合分析,分别给出倾向 B 线、C 线相关的计算值。根据倾向线上各测点不同时间段的下沉值,结合倾斜定义,可以计算出倾向 B 线、C 线不同时间段的倾斜值,绘制成对应的倾斜曲线图,分别如图 7-1-9 和图 7-1-10 所示。

由图 7-1-9 和图 7-1-10 可以看出,曲线符合一般倾斜变化规律,即盆地边界至拐点间倾斜值逐渐增大,拐点至最大下沉点间倾斜值逐渐减小,在最大下沉点处倾斜值为零;在拐点处倾斜值最大,有两个相反的最大倾斜值。随着工作面的推进,由于邻近的 12202 工作面进行了回采,逐渐影响 11206 工作面上山方向,所以在上山方向上端头部分测点出现了异常现象。

根据倾向线上各测点不同时间段的倾斜值,计算出倾向 B、C 两条观测线不同时间段的曲率值,并绘制成对应的曲率曲线图,分别如图 7-1-11 和 图 7-1-12 所示。

由图 7-1-11 和图 7-1-12 可以看出,上山方向受到邻近的 12202 工作面开采的影响,所

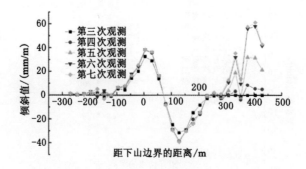

图 7-1-9　倾向（B 线）不同时期倾斜分布曲线

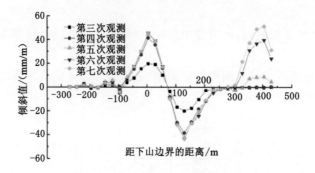

图 7-1-10　倾向（C 线）不同时期倾斜分布曲线

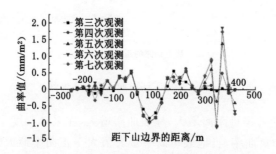

图 7-1-11　倾向（B 线）不同时期曲率分布曲线

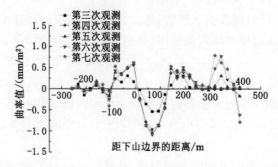

图 7-1-12　倾向（C 线）不同时期曲率分布曲线

以在曲率曲线中,在上山方向端部分测点出现异常。曲线符合一般曲率变化规律,即随着推进距离增大,地表曲率增大,由于倾向上为非充分采动,各观测线上均出现了两个大体相等的正曲率和一个负曲率,盆地边缘区为正曲率区,其最大值位于边界点和拐点之间,盆地中部为负曲率区,其最大值位于最大下沉点处,边界点和拐点处曲率为零。地表负曲率最大值始终大于正曲率最大值,且约大一倍,负曲率大的主要原因是本区覆岩较软弱,松散层较厚,易弯曲。

（3）水平移动和变形特征分析

根据走向线上各测点最后一次导线测量结果,可以计算出各测点的水平移动值和水平变形值,绘制成相应的水平移动曲线和水平变形曲线,分别如图 7-1-13 和图 7-1-14 所示。

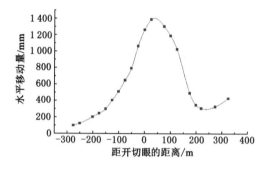

图 7-1-13　走向各测点水平移动分布曲线

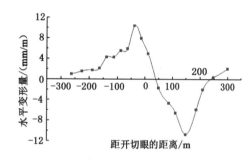

图 7-1-14　走向各测点水平变形分布曲线

由图 7-1-13 和图 7-1-14 可以看出,走向观测线的水平移动符合充分采动时的水平移动规律,即在盆地边界至拐点处水平移动量渐增,拐点至最大下沉点间水平移动量逐渐减小,在拐点附近移动量最大,移动盆地内各点的水平移动方向都指向盆地中心。同时,可以看到,在最大下沉点附近水平移动值不为零,其原因是多方面的;总体上来说,水平移动量均较大。走向观测线的水平变形分布曲线符合一般的水平变形规律,即盆地边缘为拉伸区,盆地中部为压缩区。

根据倾向线上各测点最后一次导线测量结果,可以计算出倾向线（B 线、C 线）各测点的水平移动值和水平变形值,绘制成相应的水平移动曲线和水平变形曲线,分别如图 7-1-15 至图 7-1-18 所示。

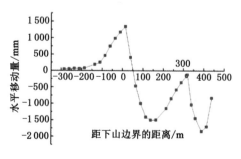

图 7-1-15　倾向（B 线）各测点水平
移动分布曲线

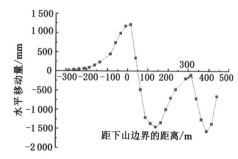

图 7-1-16　倾向（C 线）各测点水平
移动分布曲线

由图 7-1-15 和图 7-1-16 可以看出,水平移动曲线符合一般非充分采动的水平移动规

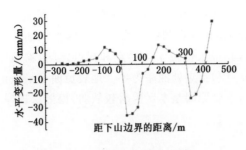

图 7-1-17　倾向（B 线）各测点水平
变形分布曲线

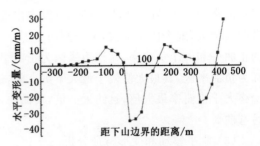

图 7-1-18　倾向（C 线）各测点水平
变形分布曲线

律,有两个方向相反的最大水平移动值,移动盆地内各测点的水平移动方向都指向采空区中心。同时,从图中可以看出,在下山端部附近的几个测点的水平移动值出现反弹现象,其主要原因是受到邻近的 12202 工作面开采的影响。

由图 7-1-17 和图 7-1-18 可以看出,水平变形曲线大体上符合一般非充分采动的水平变形规律,水平变形曲线有三个极值,有两个近似相等的正极值,此区域为拉伸区,有一个负极值,此区域为压缩区,负极值远大于正极值。

7.1.3　地表移动角量参数

7.1.3.1　地表移动角量参数确定方法

（1）边界角

边界角是指在充分采动或接近充分采动的条件下,地表移动盆地主断面上盆地边界点至采空区边界的连线与水平线在煤柱一侧的夹角。本次边界角以下沉 10 mm 的点作为移动盆地的边界点求得。走向和上山、下山边界角分别用 δ_0、β_0、γ_0 表示。

（2）移动角

移动角是指在充分采动或接近充分采动的条件下,地表移动盆地主断面上三个临界变形值点中最外一个临界变形值点至采空区边界的连线与水平线在煤柱一侧的夹角。本次移动角以倾斜 3 mm/m、曲率 0.2 mm/m²、水平变形 2 mm/m 的最外点至采空区边界的连线与水平线在煤柱一侧的夹角求得。上山、下山和走向移动角分别用 γ、β、δ 表示。如图 7-1-19 和图 7-1-20 所示。

（3）裂缝角

裂缝角是指在充分采动或接近充分采动的条件下,在地表移动盆地主断面上,移动盆地最外侧的地表裂缝至采空区边界的连线与水平线在煤柱一侧的夹角。走向和下山、上山裂缝角分别用 δ''、β''、γ'' 表示。

（4）充分采动角

充分采动角是指在充分采动条件下,根据地表下沉盆地主断面实测下沉曲线,取下沉盆地平底边缘点至采空区边界的连线与煤层在采空区一侧的夹角。上山、下山和走向充分采动角分别用 ψ_1、ψ_2、ψ_3 表示。

（5）最大下沉角

最大下沉角是指在非充分采动条件下,在地表下沉盆地倾向主断面上,实测地表最大下沉点(或倾斜为零的点)至采空区中心连线与水平线在下山一侧的夹角,用 θ 表示。当松散

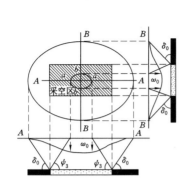

图 7-1-19 充分采动水平煤层（主断面）

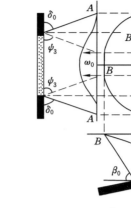

图 7-1-20 充分采动倾斜煤层（主断面）

层的厚度 $h>0.1H_0$（H_0 表示平均开采深度）时，先将最大下沉点垂直投影到基岩面上，然后再与采空区中点连线，取此线与水平线在下山一侧的夹角为最大下沉角。

在充分采动条件下，以地表下沉盆地的平底中心至采空区中心的连线与水平线在下山一侧的夹角为最大下沉角。

（6）超前影响角

超前影响角是指工作面推进前方地表下沉盆地主断面上，下沉 10 mm 的点至当时推进工作面的连线与水平线在煤柱一侧的夹角。超前影响角一般采用超前影响距和开采深度反算得到：

$$\omega = \text{arccot}\,\frac{l}{H_0} \tag{7-1-1}$$

式中 l——超前影响距；

$\quad\quad H_0$——平均开采深度。

（7）最大下沉速度滞后角

最大下沉速度滞后角是指当地表已达到充分采动或接近充分采动时，工作面后方地表移动盆地主断面上实测下沉速度最大点至当时推进工作面的连线与水平线在采空区一侧的夹角。最大下沉速度滞后角一般采用滞后距和开采深度反算得到：

$$\varphi = \text{arccot}\,\frac{L}{H_0} \tag{7-1-2}$$

式中 L——滞后距；

$\quad\quad H_0$——平均开采深度。

7.1.3.2 地表移动角值参数求取

地表移动角值参数反映了地下开采对地表移动的影响程度、大小、范围。角值参数与开采方法、岩石物理力学性质、煤层倾角、开采厚度和开采深度、采动次数、采空区尺寸、地形、地貌、松散层厚度等有关。

（1）综合移动角

本次求取的走向综合移动角以最后一次测量数据为基础。走向观测线相关的曲率值、倾斜值、水平变形值的测量数据如表 7-1-2 所示。

表 7-1-2 走向观测线相关测量数据

水平变形值 /(mm/m)	距开切眼距离 /m	曲率值 /(mm/m²)	距开切眼距离 /m	倾斜值 /(mm/m)	距开切眼距离 /m
1.00	−262.54	0.01	−250.00	0.01	−262.53
1.55	−225.02	0	−225.00	0.36	−237.48
1.75	−187.57	−0.01	−200.04	0.46	−212.51
2.11	−162.56	0	−175.05	0.27	−187.56
4.29	−137.46	−0.01	−150.00	0.37	−162.55
4.25	−112.48	0.01	−124.96	0.04	−137.45
5.51	−87.52	0.04	−99.99	0.34	−112.47
5.90	−62.82	0.11	−75.16	1.32	−87.51
10.37	−37.78	0.14	−50.29	4.15	−62.81
7.91	−12.46	0.19	−25.12	7.70	−37.78
4.95	12.48	0.45	0.01	12.62	−12.46
−1.69	49.96	0.45	24.98	23.95	12.48
−4.68	87.43	−0.19	49.98	35.13	37.48
−6.59	112.46	−0.08	74.95	30.35	62.48
−10.74	150.00	−0.16	99.95	28.25	87.43
−5.92	187.42	−0.48	124.99	24.34	112.46
−1.99	210.06	−0.31	150.01	12.28	137.52
0.38	247.55	−0.49	174.96	4.43	162.50
		−0.05	198.74	−7.80	187.42
		0.04	228.81	−9.01	210.06
		0.27	273.66	−7.49	247.55
				6.55	299.76

注:以上符号规定为,指向工作面推进的方向为正方向。

根据移动角的定义,结合曲率、倾斜和水平变形的数值,求取倾斜值为 3 mm/m、曲率值为 0.2 mm/m² 、水平变形值为 2 mm/m 的最外点。选取三个临界变形值点中最外一个临界变形值点来进行求取。经过计算该点位置在距开切眼约 170 m 处,由于走向平均开采深度约 313 m,计算出走向综合移动角 δ' 约为 61.5°。由于本矿区没有实测的松散层移动角,考虑松散层移动角时一般取 45°进行计算,松散层的厚度约为 120 m,因此根据移动角的定义,可以计算出走向移动角 δ 约为 75.5°。

本次求取的下山综合移动角以最后所测 C 线数据为基础。倾向观测线(C 线)相关的曲率值、倾斜值、水平变形值的测量数据如表 7-1-3 所示。

表 7-1-3 C 线相关测量数据

水平变形值 /(mm/m)	距下山边界的 距离/m	曲率值 /(mm/m²)	距下山边界的 距离/m	倾斜值 /(mm/m)	距下山边界的 距离/m
29.36	427.52	−0.79	417.00	31.33	429.52
8.04	402.48	0.09	391.95	51.14	404.48
−12.36	377.41	0.47	366.92	48.80	379.41
−21.29	352.42	0.62	341.90	37.17	354.42
−23.87	327.37	0.79	316.90	21.53	329.37
3.83	302.43	0.05	291.97	1.70	304.43
5.59	264.99	0.09	266.96	0.58	279.51
8.81	227.40	0.02	241.91	−1.78	254.41
11.94	202.43	0.34	216.91	−2.36	229.40
13.21	177.55	0.39	191.99	−10.97	204.43
4.59	152.68	0.39	167.12	−20.57	179.55
−3.68	127.68	0.53	142.18	−30.39	154.68
−6.39	102.56	−0.47	117.12	−43.60	129.68
−29.95	77.49	−0.88	92.03	−31.84	104.56
−34.33	52.54	−1.07	67.02	−9.85	79.49
−35.61	27.54	−0.88	42.04	16.82	54.54
1.81	2.50	−0.25	17.02	38.88	29.54
7.22	−22.55	0.60	−8.03	45.21	4.50
9.67	−47.67	0.51	−33.11	30.15	−20.55
11.79	−72.63	0.33	−58.15	17.24	−45.67
4.33	−109.91	0.53	−83.07	8.94	−70.63
3.09	−147.58	−0.41	−107.96	−4.16	−95.51
2.43	−173.05	0.10	−133.00	5.97	−120.41
1.09	−197.97	0.14	−158.31	3.50	−145.58
0.61	−222.74	−0.03	−183.51	−0.08	−171.05
0.18	−247.74	−0.04	−208.36	0.74	−195.97
0.82	−272.74	0.05	−233.24	1.82	−220.74
		0.01	−258.24	0.48	−245.74
		0.18			−270.74

注:以上符号规定为,指向上山方向为正方向。

水平变形值为 2 mm/m 的点为最外点,水平变形值为 2 mm/m 的点在 1.09 mm/m 与 2.43 mm/m 这两点之间,通过插值,计算出水平变形值为 2 mm/m 的点距离下山边界约为 181 m,下山平均开采深度约为 322 m,所以计算出下山综合移动角 β' 约为 60.7°;如果考虑松散层移动角,同样,可以计算出下山移动角 β 约为 73.3°。由于上山方向受到了邻近的 12202 工作面回采的影响,上山移动角无法较准确地求出,其值可以参考走向相关值。

（2）综合边界角

根据边界角的定义，从对应的走向下沉曲线（图 7-1-3）中，寻求下沉值为 10 mm 点的位置，以最后两次测量数据为基础，从下沉曲线中很明显地看出下沉值为 10 mm 点的位置约在测点 A2 附近，考虑工作面的下沉盆地在 A 线端部点的下沉变化很小，可以认为此区域下沉盆地基本稳定，取 A2 测点为计算的边界点，此点距离工作面开切眼约为 250 m，工作面平均开采深度约为 313 m，因此，可以计算出走向综合边界角 $\delta_0{}'$ 约为 51.4°。如果考虑松散层移动角，按 45° 计算，松散层厚度取 120 m，根据边界角的定义，可以计算出走向边界角 δ_0 约为 56.0°。

同理，求取下山综合边界角，从实测的两条倾向观测线下沉曲线（图 7-1-5 和图 7-1-6）中求取下沉值为 10 mm 点的位置。下沉值为 10 mm 点的位置约在下山最外边界点 B1（下沉值为 10 mm 左右）附近，在下山最外边界点 C1 处的下沉值约为 11 mm，此两处的下沉值变化不大基本接近 10 mm，测点 B1 和 C1 到下山边界的距离约为 285 m，下山开采深度约为 322 m，因此，求得的下山综合边界角 $\beta_0{}'$ 约为 48.5°。如果考虑松散层移动角，按 45° 计算，松散层厚度取 120 m，根据边界角的定义，可以计算出下山边界角 β_0 约为 50.8°。

上山边界角 γ_0 由于受到 12202 工作面的影响无法求出。其值可以参考走向相关值。

（3）充分采动角

由下沉曲线可知，最大下沉点为 A19 测点，该点到开切眼的距离约为 175 m，平均开采深度约为 313 m。根据充分采动角的定义，走向充分采动角 ψ_3 约为 60.8°。

（4）最大下沉角

实测资料表明，最大下沉角 θ 与覆岩岩性和煤层倾角 α 有关，在倾斜或缓倾斜煤层条件下，θ 值随煤层倾角的增大而减小。根据最大下沉角的定义，其计算示意图如图 7-1-21 所示。

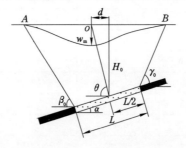

图 7-1-21　最大下沉角计算示意图

以实测数据为基础，根据倾向 B 线、C 线下沉曲线，通过最小二乘法曲线拟合，如图 7-1-22 和图 7-1-23 所示，经过内插方法，可以计算出采空区中心向下山方向偏移距离 d 约为 14.2 m，平均开采深度约为 313 m。一般最大下沉角表示为 $\theta=90°-k\alpha$（k 为与岩性有关的系数，此处取 0.4；α 为煤层倾角，取平均值 6.5°），代入计算得 $\theta=90°-0.4\times6.5°=87.4°$。

（5）最大下沉速度滞后角

影响最大下沉速度滞后角的主要因素是岩石的物理力学性质、开采深度与采高之比及工作面推进速度。一般来说，开采深度与采高之比越大、岩石越坚硬、工作面推进速度越快，最大下沉速度滞后角越小；反之，最大下沉速度滞后角越大。最大下沉点为 AC 点，实测得

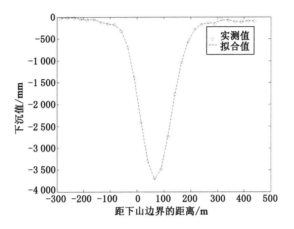

图 7-1-22　C 线下沉曲线拟合图

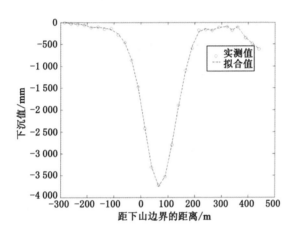

图 7-1-23　B 线下沉曲线拟合图

到最大下沉速度滞后距约为 75 m,工作面平均开采深度约为 313 m,因此,计算得出最大下沉速度滞后角约为76.5°。地表最大下沉速度滞后角可用于确定在回采过程中对应地表移动的剧烈区,对采动地面保护具有重要意义。

（6）超前影响角

在下沉曲线中,先求得工作面前方地表开始移动下沉值为 10 mm 点的位置,综合分析取其平均值,最终确定出超前影响距平均约为 174 m,平均开采深度约为 313 m,因此超前影响角平均约为 61.0°。

影响超前影响角的因素有采动程度、工作面推进速度和上覆岩层岩性等。分析认为该条件下超前影响角较小的原因与采动程度相对较大,工作面推进速度相对较慢,松散黄土层较厚,上覆岩层岩性偏软以及综放开采初采时的放煤工艺等有关。同时,超前影响距和超前影响角与工作面的推进速度有关,推进速度越快,超前影响距越小,超前影响角越大。

经上述分析和计算,综合移动角、综合边界角、考虑松散层移动角（按 45°计算）的移动角和边界角、超前影响角及最大下沉速度滞后角的计算汇总如表 7-1-4 所示。

表 7-1-4 赵家寨煤矿地表移动参数汇总表

名称	走向	下山	上山
综合移动角/(°)	61.5	60.7	61.5
移动角/(°)	75.5	73.3	75.5
综合边界角/(°)	51.4	48.5	51.4
边界角/(°)	56.0	50.8	56.0
充分采动角/(°)	60.8		
最大下沉角/(°)		87.4	
最大下沉速度滞后角/(°)		76.5	
超前影响角/(°)		61.0	

7.1.4 概率积分法参数

概率积分法预计参数按照表 7-1-5 取值。该表结合利用特征点及经验公式求取预计参数方法和基于 Matlab 的曲线拟合求取预计参数方法所确定。

表 7-1-5 概率积分法预计参数总汇

下沉系数 q	水平移动系数 b	主要影响角正切 $\tan\beta$	拐点偏移距 S/m			开采影响传播角 θ_0/(°)
			下山	上山	走向	
0.93	0.3	2.38	$0.04H_1$	$0.08H_2$	$0.1H_0$	87.4°

11206 工作面开采条件为：平均开采深度为 313 m，煤层平均开采厚度为 6.0 m，煤层平均倾角为 6.5°。12202 工作面开采条件为：平均开采深度为 283 m，煤层平均开采厚度为 7.0 m，煤层平均倾角为 4°。

7.2 地表裂缝特征及规律分析

7.2.1 地表裂缝特征

根据现场调查，当 11206 工作面推进 155 m 时，在工作面上方地表的公路路面上出现了许多裂缝，如图 7-2-1(a)所示。当 11206 工作面推进 204 m 时，路面上的裂缝边界扩大了，裂缝宽度也扩大了，拉伸区和压缩区更加明显，在现场找到了一条较长的基本上平行于工作面上巷的裂缝，如图 7-2-1(b)所示。

当 11206 工作面推进 330 m 时，工作面周边出现明显且很有规律性的台阶状裂缝，基本上是沿着工作面边界发展的，平行于工作面边界，整个裂缝圈近似椭圆形。如图 7-2-2 所示。

由于该矿区地层属于厚松散层且具有湿陷性特征，在这种条件下开采，工作面上方地表移动特征具有其特殊性，通过多次现场调查和测量，总结 12202 工作面上方地表裂缝有如下特征：

① 在工作面前方地表出现了明显的裂缝群(区)，地表裂缝随工作面向前推进而前移，

（a）路面上的裂缝　　　　　　　　　　（b）平行工作面上巷的裂缝

图 7-2-1　地表塌陷及裂缝

（a）　　　　　　　　　　　　　　　　（b）

图 7-2-2　沿工作面边界发展的地表裂缝

形成动态超前裂缝群,如图 7-2-3 所示。当工作面向前推进时,超前裂缝区有规律地前移,工作面后方部分裂缝出现了逐渐闭合趋势。随着工作面的推进,地表裂缝沿推进方向经历了拉伸-压缩的动态过程。现场对最前方裂缝进行了定位测量。

②　工作面边界(上、下巷道及开切眼)以外出现的地表裂缝群(区)距离开采边界较近。裂缝发育基本平行于工作面开采边界,当工作面开采面积增大时,开切眼、上山边界、下山边界附近的裂缝区域扩大,而工作面上方的地表裂缝区域也扩大并向前移动;当工作面开采面积进一步增大时,开切眼、上山边界、下山边界外围裂缝区域的范围不再扩大。现场找到最外侧裂缝并进行了定位测量。裂缝区域地表非连续移动变形明显,出现了地表裂缝、台阶、塌陷坑等破坏形式。

③　开采后在地表形成的裂缝破坏随时间的延长,在雨水侵蚀、冲刷的作用下,破坏程度逐渐加剧,局部地表裂缝宽度最大达到 50 cm,而且这种破坏持续时间长、治理难度大,有时还会在黄土层浅部形成隐蔽性的空穴,看似平整的地表,实际存在突发性、随机性、不连续性的再次塌陷危害,对地面保护物及工程建设造成破坏。

④　在 11202 工作面上方局部出现了反向台阶裂缝,反向台阶裂缝即裂缝的台阶下沉方向与地表倾斜的方向相反,如图 7-2-4 所示。

根据煤矿具体的地质采矿条件和地表裂缝特征,对地表裂缝特征分析如下。

①　湿陷性黄土具有与一般粉土和黏性土不同的特征,黄土的抗拉伸变形能力很小,结

图 7-2-3　地表超前裂缝群　　　　　　　　图 7-2-4　反向台阶裂缝

构疏松，多孔隙，垂直节理发育，含有大量可溶性盐，受水浸湿后被溶化，土中胶结力减弱，导致土粒变形。该区域黄土具有湿陷性，并且厚度较大，黄土层中垂直裂缝发育程度高。黄土层中的垂直裂缝在土层中形成了弱面，这些弱面阻滞了土层中的移动传递，在拉伸变形作用下使得垂直裂缝沟通扩张，在裂缝中释放水平移动与变形，形成地表裂缝。

　　② 采煤工作面煤层厚度不稳定，局部较大，综采放顶煤开采一次性采高大，采用全部垮落法管理顶板，开采强度相对大，对地表影响程度大。

　　③ 分析认为，地表出现反向台阶裂缝特征的主要原因有：多种因素导致工作面推进速度不一致，没有均匀连续推进；第四系松散黄土层厚度大；煤层厚度不稳定。

7.2.2　地表裂缝基本规律

　　根据上述观测成果，结合土体力学基本性质，可以将采动地表裂缝的基本规律归纳如下：

　　① 当开采引起的地表拉伸变形达到或超过土体的极限抗拉强度时，地表土体将开始产生裂缝；随着地表变形的增大，地表裂缝加深、加宽，裂缝两侧通常还产生一定的落差；裂缝的深度、宽度、落差大小与地表变形、土体力学性质有关；地表裂缝形成后，裂缝将吸收周围的地表变形，使得裂缝两侧的土体变形减小，所以通常两条裂缝之间相隔一定距离。

　　② 随着工作面的推进，通常每隔一定距离形成一条新裂缝；裂缝的间距取决于工作面的推进速度、开采深度和地表变形值。一般当地表土强度大、抗变形能力强时，形成的地表裂缝深度、长度和宽度较大，各裂缝的间距大、密度小；当土体强度弱、抗变形能力差时，地表裂缝深度、宽度、长度小，但裂缝密度大、间距小。当然，土体抗变形能力越强，地表产生裂缝所需的地表变形越大。

　　③ 地表裂缝总是在采空区的边界外侧上方产生，其基本形态是以采空区为中心的圆弧形或椭圆形，近似平行于采空区覆岩陷落边界，裂缝的延伸方向与地表变形主拉伸方向正交。

　　裂缝并非地表沉陷一开始就产生的，而是工作面推进一定距离，地表某一点的主应力达到裂缝临界值后开始逐步形成的。地表有一点处于裂缝临界状态时，已开采的面积称为裂缝临界开采面积。裂缝临界开采面积取决于开采深度、开采厚度、上覆岩层的物理力学性质和结构等因素。产生裂缝的临界值则主要取决于地表土的物理力学性质。根据有关资料，地表裂缝产生机理如下：

① 竖向裂缝先从地表开始产生,不会从某一深度处开始发育。

② 地表变形达到表土破坏临界变形值后即产生裂缝,有几处达到裂缝临界变形值就产生几条裂缝。

③ 裂缝处变形明显集中。

④ 产生裂缝后地表变形分布是非连续的,两条裂缝之间或裂缝之外的地表其变形值不会超过裂缝临界变形值。

⑤ 裂缝沿竖直方向的发育是有限的,因此,存在裂缝发育的极限深度。

⑥ 裂缝沿竖直方向的发育形态不是一条直线,其弯曲变化主要取决于土层的性质和变形状态。

7.3　岩层与地表移动规律数值模拟

当地下煤层开采以后,采场空间的形成使得其周围岩体的应力平衡状态受到破坏,形成附加应力,当附加应力超过岩层极限强度时,岩层就会产生移动和破坏。基于厚湿陷性黄土层特殊的采矿条件下开采引起的岩层移动规律不同于一般情况,而且经典连续介质力学和统计力学难以准确描述覆岩破坏和地表沉陷所涉及的复杂非线性力学过程,本书采用UDEC离散元数值模拟软件对不同开采条件影响下的上覆岩层移动规律进行了分析研究。同时,为了弥补观测站实测资料的不足,本书研究了厚湿陷性黄土层不同地质采矿条件(开采厚度、开采深度、煤层倾角等)下综放开采岩层与地表移动变形规律。

7.3.1　UDEC 软件简介

离散元法是研究不连续分割的块体所组成的块系的相互作用以及运动过程的有效方法,该方法可以研究块系的运动动态过程和块体之间的接触变化以及块体应力调节变化过程。离散元法是一种适用于研究节理岩体的数值方法,已广泛用于边坡工程、采矿工程、隧洞工程和基础工程等方面,成为解决岩土力学问题的一个重要的数值方法。UDEC是针对非连续介质模型的二维离散元数值计算程序,它主要模拟静载或动载条件下非连续介质力学行为的特征,非连续介质是通过离散块体的组合来反映的,节理被当作块体间的边界条件来处理,允许块体沿节理面运动及回转。对于不连续的节理以及完整的块体,UDEC具有丰富的材料特性模型,从而允许模拟不连续材料的地质特征或相近材料的力学行为特征。

UDEC是基于拉格朗日显式差分法求解运动方程和动力方程的,适用于研究与采矿有关的问题,已经在地下深部开挖巷道的静态和动态分析、断层滑落导致巷道围岩失稳研究、运用动态应力或速度波研究模拟边界的爆破效果、运用连续节理模型研究断层滑落诱导受震程度、运用结构元素模拟研究各种岩石加固系统等方面广泛应用。UDEC能够较好地适应不同岩性和不同开挖状态条件下的岩层运动和巷道变形的需要,可以定量分析任何一点的应力、应变、位移状态,并可以对其进行全程监测,所有工作均能以直观化的图像和数据表述,分析问题直观明了,是目前模拟岩层破断移动过程较为理想的数值模拟软件。

7.3.2　数值模拟模型的建立

(1)数值模型范围的确定

合理的模型边界应使模型范围对研究问题的分析结果不产生显著的影响,计算时间较短,且能充分反映研究问题的实际情况。但是,模型的单元和节点总数目要受计算机处理速度和运算时间的限制,为节省计算时间,一般模型范围由岩层移动角来确定,即通常认为在岩层移动角圈定范围以外的岩层受到开采的影响较小,以 $L_1/H_0 > \cot\beta$ 来确定边界。其中,L_1 为开采范围边界尺寸;H_0 为平均开采深度,m;β 为岩层移动角,(°)。

本书以赵家寨煤矿地质采矿条件为原型建立模型,数值模型均采用直角坐标系,以煤层走向为 X 轴方向,垂直煤层走向的竖直方向为 Y 轴方向。模型上边界以地表为界,模型下边界取至煤层底板破坏深度以下,模型的左边界、右边界用岩层移动角来确定,取岩层移动角 $\beta = 40°$。

(2) 边界条件及初始应力场的确定

① 模型边界条件的确定

a. 模型的左侧和右侧边界固定;

b. 模型底部边界固定,底部边界水平、垂直位移均为零;

c. 模型顶部为自由边界。

② 模型初始应力场的确定

地应力的大小和准确程度也是模拟计算结果准确与否的关键因素。参考有关文献给出了数值模型中垂直应力与水平应力的计算公式,即垂直应力按式(7-3-1)计算,水平应力按式(7-3-2)计算。

$$\sigma_z = 0.32 + 0.028H_0 \tag{7-3-1}$$

$$\sigma_x = \sigma_y = 0.76 + 0.039\,65H_0 \tag{7-3-2}$$

(3) 岩体及节理力学参数的确定

岩体与节理的力学参数对数值模拟计算结果的影响很大,为此,本书参考有关文献确定了各岩层与节理的力学参数。各岩层与节理的物理力学参数分别见表7-3-1和表7-3-2。本次数值模型模拟岩层以赵家寨煤矿综合柱状图为依据,通过适当简化,从上至下依次是:表土层、细砂岩与泥岩互层、泥岩、中粒砂岩、粉砂岩、砂质泥岩、基本顶粉砂岩、直接顶砂质泥岩、煤层、直接底细砂岩。

表 7-3-1 岩层物理力学参数

岩层名称	弹性模量/GPa	泊松比 μ	内摩擦角/(°)	黏聚力/MPa	抗拉强度/MPa	密度/(kg/m³)
表土层	0.22	0.25	20	0.21	0.15	2 500
细砂岩与泥岩互层	2.23	0.32	30	2.00	0.85	2 300
泥岩	1.31	0.35	25	1.42	0.32	2 200
中粒砂岩	3.54	0.36	32	3.31	1.23	2 540
粉砂岩	3.16	0.35	31	3.00	1.36	2 540
砂质泥岩	2.05	0.31	27	1.82	1.12	2 400
基本顶粉砂岩	3.35	0.34	31	3.12	1.54	2 650
直接顶砂质泥岩	2.05	0.33	30	1.82	0.92	2 544
煤层	0.40	0.40	25	0.50	0.43	2 600
直接底细砂岩	4.75	0.28	31	4.15	2.75	2 100

表 7-3-2 节理物理力学参数

岩层名称	法向刚度/GPa	切向刚度/GPa	内摩擦角/(°)	黏聚力/MPa	抗拉强度/MPa
表土层	0.2	0.25	18	0.1	0.002
细砂岩与泥岩互层	2.0	0.32	25	0.3	0.002
泥岩	0.6	0.35	20	0.2	0.002
中粒砂岩	2.54	0.36	26	0.4	0.003
粉砂岩	2.16	0.35	25	0.4	0.004
砂质泥岩	1.55	0.31	24	0.3	0.002
基本顶粉砂岩	3.0	0.34	26	0.8	0.004
直接顶砂质泥岩	1.55	0.33	24	0.5	0.004
煤层	0.40	0.40	22	0.1	0.003
直接底细砂岩	4.05	0.28	30	0.5	0.007

(4) 模型准则的选取

本书中煤和岩体材料破坏准则采用莫尔-库仑(Mohr-Coulomb)屈服准则。UDEC 中岩石材料莫尔-库仑屈服准则对应的是剪切破坏的线性破坏面,即

$$f_s = \sigma_1 - \sigma_3 N_\varphi + 2C \sqrt{N_\varphi} \tag{7-3-3}$$

式中　　$N_\varphi = (1 + \sin\varphi)/(1 - \sin\varphi)$

　　σ_1——最大主应力;

　　σ_3——最小主应力;

　　φ——内摩擦角;

　　C——黏聚力。

如果 $f_s < 0$,就发生剪切屈服。常数 φ 和 C 为实验室的三轴试验测定参数。当法向应力变为拉应力时,莫尔-库仑准则就失去实际意义。但为简化,屈服面扩展到 σ_3 等于其抗拉强度 σ_t 的区域,最小主应力不能超过抗拉强度:

$$f_s = \sigma_3 - \sigma_t \tag{7-3-4}$$

如果 $f_s < 0$,则发生张拉屈服。岩石和混凝土的抗拉强度通常由巴西试验获得。但是,抗拉强度不能超过 σ_3 值,该值对应莫尔-库仑关系的上限。其最大值由式(7-3-5)确定:

$$\sigma_{tmax} = \frac{C}{\tan\varphi} \tag{7-3-5}$$

7.3.3　采动岩层与地表移动规律

为了分析赵家寨煤矿厚湿陷性黄土层下综放开采上覆岩层移动规律,建立模型尺寸为: 2 000 m×350 m(长×高),左右边界各留 400 m 煤柱,模拟开采厚度均取 6 m,开采深度为 313 m,从模型左侧开挖。

(1) 覆岩垂直应力分布规律

通过数值模拟计算得出了赵家寨煤矿厚湿陷性黄土层下开采时覆岩垂直应力随着工作面推进的分布规律,如图 7-3-1 所示。

从图 7-3-1 中可以看出,在没有采动影响情况下,覆岩垂直应力呈水平条带式分布。当

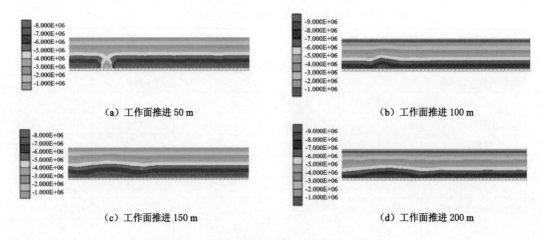

(a) 工作面推进50 m   (b) 工作面推进100 m

(c) 工作面推进150 m   (d) 工作面推进200 m

图 7-3-1　随工作面推进覆岩垂直应力分布规律

煤层开采后,在自重应力作用下覆岩发生了移动、变形和破坏,采空区周围岩体的应力平衡状态受到了破坏,使得采空区周围应力重新分布,形成了应力增高区和降低区。当工作面推进50 m时,在开切眼后方和工作面前方形成了应力增高区,此时直接顶部分垮落,岩层之间产生了离层,在采空区上方形成了应力降低区,如图 7-3-1(a)所示。随着工作面推进,应力增高区始终存在于开切眼后方和工作面前方,而采空区由于垮落的岩石逐渐被压实,应力逐渐升高,如图 7-3-1(c)和图 7-3-1(d)所示。

为进一步分析随工作面推进覆岩垂直应力的变化规律,在开采深度为313 m、开采厚度为6 m的数值模型中布置了距煤层顶板0 m、10 m两条应力观测线。通过监测得到随工作面推进覆岩垂直应力分布曲线,如图 7-3-2 至图 7-3-5 所示。

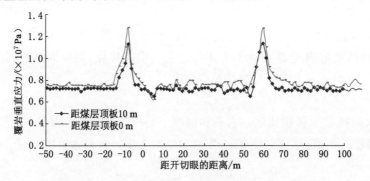

图 7-3-2　工作面推进50 m时覆岩垂直应力分布曲线

从图 7-3-2 至图 7-3-5 中可以看出:

在水平方向上,随着工作面的推进,在开切眼和工作面前方始终存在应力增高区,且工作面煤壁一侧形成的应力峰值随工作面推进向前传递;在开切眼至工作面煤壁之间形成应力降低区,随着工作面推进,采空区垮落的岩石逐渐被压实,覆岩垂直应力逐渐恢复至原岩应力状态,并在整个区域甚至局部覆岩垂直应力呈现"W"状分布形态。

在垂直方向上,随着距煤层顶板距离的增加,应力增高区的垂直应力值越接近应力降低区的垂直应力值,且垂直应力分布曲线越来越平缓。这是因为煤层开采后在采空区上方形

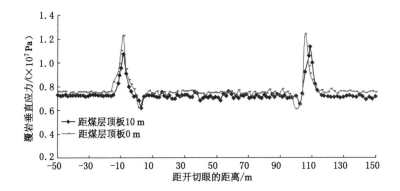

图 7-3-3　工作面推进 100 m 时覆岩垂直应力分布曲线

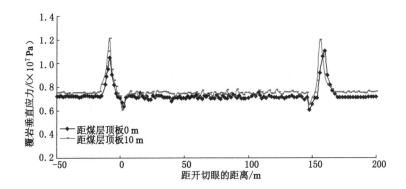

图 7-3-4　工作面推进 150 m 时覆岩垂直应力分布曲线

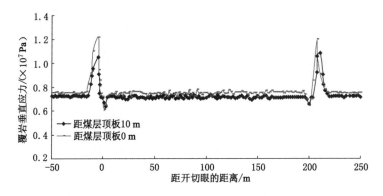

图 7-3-5　工作面推进 200 m 时覆岩垂直应力分布曲线

成了应力平衡拱,在平衡拱内形成减压区,而在平衡拱外岩层的应力状态逐渐恢复,并随岩层离平衡拱距离的增大,岩层的应力状态越接近原始应力状态,岩层受采动影响也越小。

(2)覆岩垂直位移分布规律

本书对厚松散层(松散层不具有湿陷性)及厚湿陷性黄土层下开采时覆岩垂直位移随着工作面推进的变化规律进行模拟研究。设定开采厚度为 6 m,开采深度为 313 m,分别模拟工作面推进 100 m、150 m、200 m、400 m、600 m、800 m、1 000 m、1 200 m 时,厚湿陷性黄土层下开采时覆岩垂直位移变化情况,如图 7-3-6 所示。

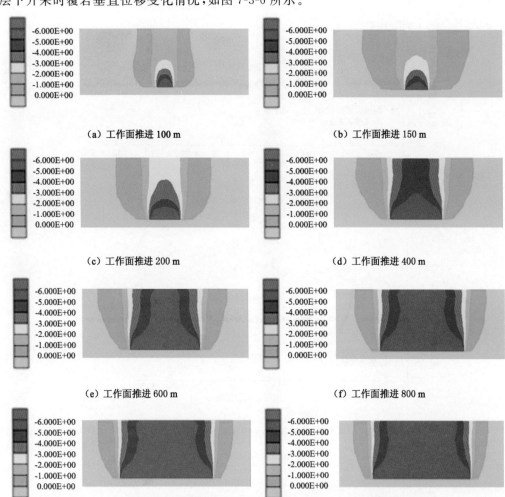

图 7-3-6　随工作面推进覆岩垂直位移等值线云图

　　从图 7-3-6 中可以看出:煤层采出以后,在自重应力及上覆岩层的作用下,采空区直接顶岩层首先断裂、破碎并相继垮落,而基本顶则沿层理面法线方向向下移动、弯曲,进而产生断裂、离层。随着工作面向前推进,受采动影响的岩层范围不断扩大,当开采范围足够大时,岩层移动发展到地表,在地表形成一个比采空区大得多的下沉盆地。当工作面推进100 m时,岩层的移动已发展到地表,如图 7-3-6(a)所示;随着开采范围的扩大,受采动影响的岩层范围也不断扩大,岩层移动继续向上传递,部分下位岩层的垂直位移达到了最大值,上位岩层的垂直位移逐渐增大;当达到充分采动时,岩层的移动范围随工作面推进向前继续扩大,但各岩层的最大垂直位移不再增大,如图 7-3-6(e)至图 7-3-6(h)所示。

　　为进一步分析随工作面推进覆岩垂直位移的变化规律,在数值模型上覆岩层中布置了观测线,来监测工作面推进过程中各岩层的垂直位移。在数值模型中按一定的间距布置了距煤层顶板 0 m、10 m、50 m、100 m、150 m、200 m、250 m、300 m、307 m 九条垂直位移观测线。

通过监测得到了厚湿陷性黄土层下开采时,随工作面推进覆岩垂直位移曲线,如图 7-3-7 至图 7-3-14 所示。

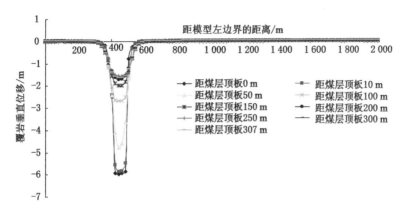

图 7-3-7 工作面推进 100 m 时覆岩垂直位移曲线

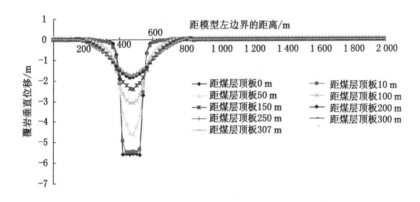

图 7-3-8 工作面推进 150 m 时覆岩垂直位移曲线

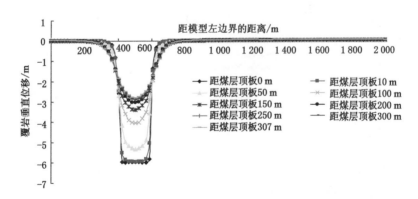

图 7-3-9 工作面推进 200 m 时覆岩垂直位移曲线

由上述分析结果可知,在这种特殊条件下开采,随着工作面的推进上覆岩层与地表的垂直位移变化情况有以下特点:

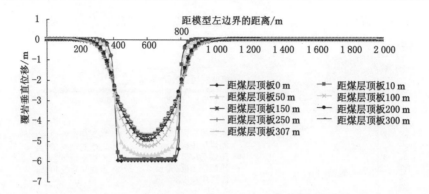

图 7-3-10　工作面推进 400 m 时覆岩垂直位移曲线

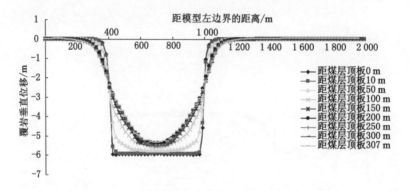

图 7-3-11　工作面推进 600 m 时覆岩垂直位移曲线

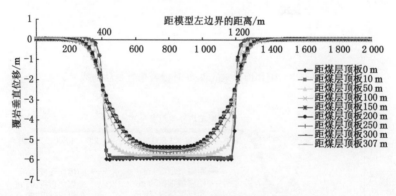

图 7-3-12　工作面推进 800 m 时覆岩垂直位移曲线

① 从图 7-3-7 至图 7-3-14 中可以看出，当工作面开采到一定范围以后，离煤层顶板较近的覆岩垂直位移曲线出现了平底，且随工作面向前推进，平底范围逐渐增大。这是因为采空区垮落的岩石已被压实，覆岩内的离层已经完全闭合。但是，在工作面开切眼前上方和煤壁后上方仍会留有残余离层，有的离层甚至永不闭合。

② 同一层位的覆岩内部各点的垂直位移不同，离采空区中央越近，覆岩垂直位移越大，且岩层的垂直位移曲线以采空区为中心对称分布。

③ 随着工作面推进，岩层由下向上移动，离煤层顶板越近，覆岩垂直位移越大，不同层

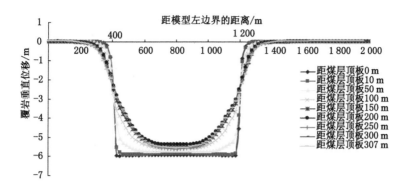

图 7-3-13 工作面推进 1 000 m 时覆岩垂直位移曲线

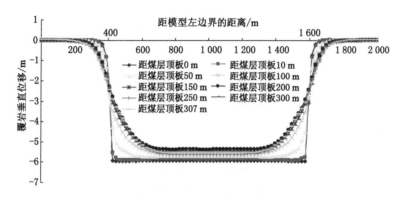

图 7-3-14 工作面推进 1 200 m 时覆岩垂直位移曲线

位的覆岩内部各点形成了不同步沉降,使得覆岩内部形成了离层,且离层自下而上逐渐发展。当开采达到一定范围后,采空区垮落的岩石逐渐被压实,下位岩层垂直位移增加速率减小,上位岩层则受采动影响垂直位移增加速率增大,因而下部离层较上部离层先闭合。

④ 由于地表厚黄土层的湿陷性,随着工作面的推进,地表一定范围内的岩层出现同步下沉,下沉量非常大,且离层率很低,这主要是因为黄土层遇水后土体分子结构受到破坏,失去了支撑作用,除本身简化为自由载荷直接作用于基岩上面外,还增加了附加载荷的作用,从而增大了地表的下沉量。

(3)地表沉陷规律

① 工作面推进过程中地表下沉变化规律

根据对开采深度为 313 m、开采厚度为 6.0 m 的覆岩垂直位移随工作面推进变化规律的模拟计算结果,提取数据并绘制出了工作面推进 100 m、150 m、200 m、400 m、600 m、800 m、1 000 m、1 200 m 时的地表下沉曲线,如图 7-3-15 所示。

从图 7-3-15 中可以看出,在工作面推进过程中,地表下沉曲线始终以采空区中心对称分布。在地表为非充分采动时,地表的受影响范围不断扩大,地表下沉值不断增大,下沉盆地也逐渐扩大,地表的最大下沉点也随工作面推进而向前移动。当地表达到充分采动后,地表的受影响范围和下沉盆地继续扩大,下沉盆地会出现平底,并随着工作面向前推进而不断扩大。随着工作面向前推进到一定值,地表最大下沉值达到该地质采矿条件下的最大值后便不再增加。但是,这种厚湿陷性黄土层下开采,地表下沉量比较大、地表边缘影响范围

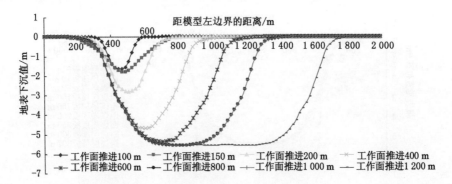

图 7-3-15　工作面推进过程中地表下沉变化曲线

较大。

② 工作面推进过程中地表倾斜与水平移动变化规律

根据模拟计算得出的地表下沉曲线,绘制出了地表倾斜随工作面推进 100 m、150 m、200 m、400 m、600 m、800 m、1 000 m、1 200 m 时的曲线图,如图 7-3-16 所示。同时,根据数值模拟结果提取地表水平移动随工作面推进距离不同时的变化曲线,如图 7-3-17 所示。

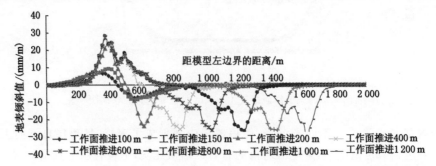

图 7-3-16　工作面推进过程中地表倾斜变化规律

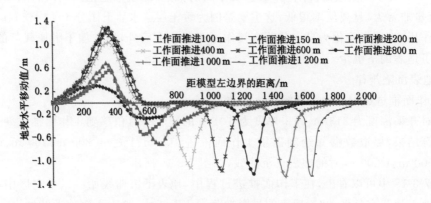

图 7-3-17　工作面推进过程中地表水平移动变化规律

从图 7-3-16 中可以看出,在非充分采动时,随着工作面向前推进,地表倾斜值逐渐增大,地表倾斜影响的范围也变大,且地表倾斜值为零的点随工作面推进而向前移动。当工作面达到充分采动时,开切眼上方的地表倾斜值渐趋稳定,地表倾斜值等于零的点不再向前移动,而是随工作面推进逐渐扩大,地表倾斜曲线形状基本不变,随着工作面推进有规律地前移。由图 7-3-17 可以看出,在工作面推进过程中地表水平移动变化规律与地表倾斜变化规律基本相同,并且在这种厚湿陷性黄土层下进行高强度的综放开采,地表水平移动及地表倾斜值均较大。

(4) 数值模拟值与实测值对比分析

通过将数值模拟与实测数值进行对比分析,检验数值模拟的正确与否,这具有至关重要的意义。当工作面推进 100 m 及 400 m 时,对现场数据进行了实测,本次模拟了随着工作面推进地表沉陷情况,并选取工作面推进 100 m 及 400 m 时的模拟值与实测值进行对比分析,结果如图 7-3-18 和图 7-3-19 所示。

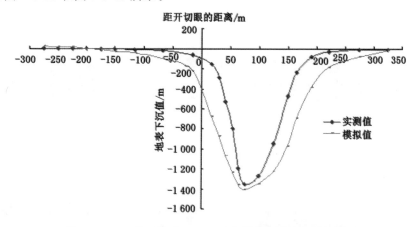

图 7-3-18　工作面推进 100 m 时实测值与模拟值对比图

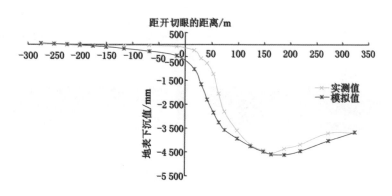

图 7-3-19　工作面推进 400 m 时实测值与模拟值对比图

由图 7-3-18 和图 7-3-19 可知,模拟值与实测值不完全相同,主要是受现场煤层开采厚度不均、岩层内部的地质构造复杂、开采工艺、测量误差、模拟中对上覆岩层的简化等多种因素影响。但是数值模拟值与实测值大体上是相吻合的,如当工作面推进 100 m 时,最大下沉点实测值约为 1 356 mm,而模拟值约为 1 402 mm,相差约 46 mm;当工作面推进 400 m 时,最大下沉点实测值约为 4 589 mm,模拟值约为 4 620 mm,相差约 31 mm,其误差均较小。这在一定程度上验证了这种模拟预测方法的可靠性和有效性,有利于进一步分析与推断工作面推进对地表下沉情况的影响及影响范围等,为保护地表建筑物及留设保护煤柱等提供了可靠的参考依据。

7.3.4 地质采矿因素对地表移动规律的影响

（1）开采厚度对地表移动的影响规律

① 模拟方案及结果

为了研究开采厚度对厚湿陷性黄土层开采条件下地表移动变形的影响规律，本书建立了4个数值模拟模型，开采厚度分别取4 m、6 m、8 m、10 m。为使各方案模拟结果具有可比性，4个模型的长×高均为2 000 m×350 m，左右边界均各留400 m煤柱，开采深度均为313 m，开采长度均为1 000 m。各方案的岩层参数、节理参数、块体划分等条件均相同。

通过对上述各方案进行模拟，得出了各方案的岩层与地表下沉、水平移动等值线图，分别如图7-3-20至图7-3-23及图7-3-24至图7-3-27所示。

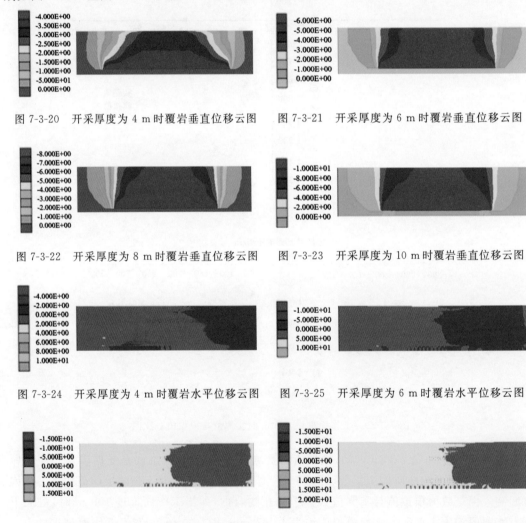

图 7-3-20　开采厚度为4 m时覆岩垂直位移云图　　图 7-3-21　开采厚度为6 m时覆岩垂直位移云图

图 7-3-22　开采厚度为8 m时覆岩垂直位移云图　　图 7-3-23　开采厚度为10 m时覆岩垂直位移云图

图 7-3-24　开采厚度为4 m时覆岩水平位移云图　　图 7-3-25　开采厚度为6 m时覆岩水平位移云图

图 7-3-26　开采厚度为8 m时覆岩水平位移云图　　图 7-3-27　开采厚度为10 m时覆岩水平位移云图

② 计算结果分析

通过对上述各数值模型进行模拟计算，得出了不同开采厚度条件下的地表下沉曲线和水平移动曲线,如图 7-3-28 和图 7-3-29 所示。

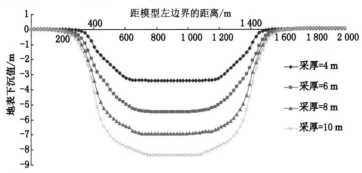

图 7-3-28　不同开采厚度时地表下沉曲线

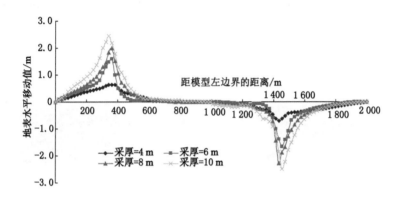

图 7-3-29　不同开采厚度时地表水平移动曲线

由上述模拟计算结果可得出,开采厚度是影响地表移动破坏的主要因素。地表移动变形值与开采厚度成正比,随着开采厚度的增大,地表的最大下沉值、最大水平移动值均呈线性关系增大,地表移动范围也增大。这是因为开采厚度越大,垮落带、导水裂缝带高度越大,上覆岩层移动破坏越剧烈,地表移动变形值也就越大。

（2）开采深度对地表移动的影响规律

① 模拟方案及结果

为了研究开采深度对厚湿陷性黄土层开采条件下地表移动变形的影响规律,本书建立了 5 个数值模拟模型,模拟开采深度分别取 300 m、400 m、500 m、600 m、700 m。5 个模型的长×高分别为 1 800 m×350 m、2 000 m×450 m、2 200 m×550 m、2 400 m×650 m、2 600 m×750 m。5 个模型左右边界煤柱尺寸分别为 400 m、500 m、600 m、700 m、800 m。为了使各方案模拟结果具有可比性,开采厚度均取 6 m,开采长度均取 1 000 m。各方案的岩层参数、节理参数、块体划分等条件均相同。

通过对上述各方案进行模拟,得出了各方案的岩层与地表下沉、水平移动等值线图,分别如图 7-3-30 至图 7-3-33 及图 7-3-34 至图 7-3-37 所示(其中,覆岩水平位移云图附了一部分)。

② 计算结果分析

通过对上述各数值模型进行模拟计算,得出了不同开采深度条件下的地表下沉曲线和水平移动曲线,如图 7-3-38 和图 7-3-39 所示。

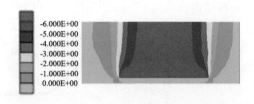

图 7-3-30　采深 300 m 时覆岩垂直位移云图　　　　图 7-3-31　采深 400 m 时覆岩垂直位移云图

图 7-3-32　采深 500 m 时覆岩垂直位移云图　　　　图 7-3-33　采深 600 m 时覆岩垂直位移云图

图 7-3-34　采深 700 m 时覆岩垂直位移云图　　　　图 7-3-35　采深 400 m 时覆岩水平位移云图

图 7-3-36　采深 600 m 时覆岩水平位移云图　　　　图 7-3-37　采深 700 m 时覆岩水平位移云图

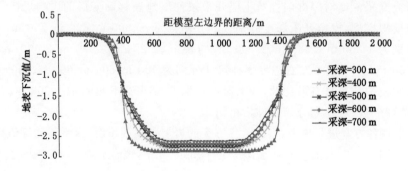

图 7-3-38　不同开采深度时地表下沉曲线

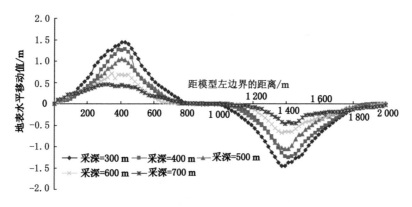

图 7-3-39   不同开采深度时地表水平移动曲线

由上述模拟计算结果可知：

a. 随着开采深度的增加，地表移动范围不断增大，但地表下沉值呈减小趋势，地表移动盆地也趋缓，但是总体上来说，在这种厚湿陷性黄土层下开采，地表下沉值比较大，下沉系数较大。

b. 随着开采深度的增加，地表的最大下沉值、最大水平移动值均呈减小趋势，但地表下沉值的变化趋势比地表水平移动值平缓。

8 生态保护与绿色矿山建设

绿色开采,顾名思义就是在矿产开采时增强对环境的保护,最大限度地防止与减轻开采矿物资源时对周边环境与可利用资源的污染与破坏。在矿产工程中应用绿色开采技术能够有效保证对当地水资源、土地资源与原有地表的保护,减少采矿时各种废弃物的排放,还能够运用先进的绿色环保理念有效实现对废弃物的二次利用,增强矿产工程开采的实效性与环保性[101]。

《浙江省绿色矿山创建指南》对绿色矿山的定义为:"绿色矿山是矿产资源开发利用与经济社会环境相和谐的矿山,实现了矿产资源利用集约化、开采方式科学化、生产工艺环保化、企业管理规范化、闭坑矿区生态化"。2018 年 6 月 22 日,由我国自然资源部发布于 2018 年 10 月 1 日开始实施的《非金属矿行业绿色矿山建设规范》(DZ/T 0312—2018)等九大行业绿色矿山建设规范中,明确阐释了绿色矿山的定义为"在矿产资源开发全过程中,实施科学有序开采,对矿区及周边生态环境扰动控制在可控制范围内,实现环境生态化、开采方式科学化、资源利用高效化、管理信息数字化和矿区社区和谐化的矿山"。

建设绿色矿山是生态文明建设在采矿行业的具体实践,是积极响应国家政策的体现。绿色矿山建设是协调优化人和矿山的关系,建设有序的生态运行机制和良好的矿山生态环境所取得的物质、精神和制度成果的总和,包括矿山的生态环境、生态意识以及生态制度等方面。生态文明建设是我国可持续发展战略的重要保障,是全面建设小康社会的内在需要,是构建社会主义和谐社会的重要条件。只有尊重和维护生态环境,注重生态文明建设,把经济发展建立在生态系统良性循环的基础上,才能有效解决人类经济社会活动的需求和自然生态环境系统供给之间的矛盾。绿色矿山建设具体落实了生态文明建设对矿业发展的要求,因此具有重要的战略发展意义[102]。

8.1 矿区生态保护与土地复垦

8.1.1 矿区生态环境保护对策

矿区开发产生的主要环境问题有水环境污染及地表变形与塌陷等。矿区生态环境保护的对策主要有以下几个方面。

(1) 加强宣传教育,转变思想观念

环境问题主要源于人类对自然资源和生态环境的不合理利用和破坏,这种损害环境的行为,与人们缺乏对环境的正确认识有关。因此,从这个意义上讲,环境保护要宣传先行,教育为本,提高人们的环境保护意识,使人们的行为与环境相和谐。为此,要有计划、有步骤、全方位和多层次地利用各种宣传形式和手段,将清洁开采工艺、洁净煤利用新技术、高效节能新技术、矿区生态环境恢复与重建新技术以及可持续发展思想等传播给广大干部群众。

（2）坚持矿区生态环境与发展的综合决策

矿区可持续发展的核心内容之一是保持矿区经济与环境的协调发展。树立保护环境就是保护生产力的意识，改变过去将经济发展与环境保护相对立的落后观念，实行矿区环境与发展的综合决策机制。

（3）矿区生态环境保护规划

矿区开发引起的水土流失主要来自地表变形塌陷和植被破坏及煤矸石的堆弃。防止水土流失，除对矿井塌陷地进行综合治理外，还应加强绿化，扩大绿化面积，对裸露的土地采取绿化措施，恢复表土的植被。矿山建设应尽量减少植被破坏，铁路、公路两侧地界内的山坡地应修建边坡或采取其他的土地整治措施。在排矸场地周围设置防护林带，以防止灰尘、烟尘的飘飞。

（4）实行全过程环境管理，加大环境执法监督力度

全过程环境管理要求对煤炭开发项目立项、规划设计、基建、生产、销售、运输、使用的全过程实行全面管理。不但要对产品的整个寿命期实施环境管理，还要对其副产品的回收与处理进行管理。

（5）拓宽环保筹资渠道，加强环境治理的经济实力和实际效果

矿区环境保护费用主要包括新建项目的环境保护投资、老企业技术改造环境保护投资、环境保护运行费用、各类损失补偿费用以及生态恢复与重建费用等。针对费用发生的不同类型，在煤矿生产和建设的各个环节，都要采取不同的措施，确保环保资金的足额到位。

（6）建立健全环境保护经济政策，完善环保激励与环境约束机制

我国环境与发展十大对策明确提出，应更多地利用经济手段来达到保护环境的目的。财税、金融等作为重要的经济手段，在诱导企业采用清洁生产工艺和设备，减少污染物排放，进行排泄资源（废气、废水、固体废弃物）的减量化、资源化、无害化等方面具有十分重要的作用。

8.1.2　矿区生态环境规划

（1）矿区生态环境规划的意义

① 可实现矿区环境的综合整治和废弃物的综合利用，保障矿区生态环境质量，为矿区可持续发展创造条件。

② 煤矿特殊的社会经济环境决定煤炭产业是矿区经济增长的主动力，但煤炭资源的有限性，使煤炭产业不能无限制地发展。通过对煤矿矿区生态修复规划，可合理地调整和优化矿区的产业结构和布局，为矿区后期的转产做好准备，使矿区经济得到极大发展。

③ 改善矿区生态环境，提高矿区人民的生活质量，有利于社会稳定。同时提高矿区形象与知名度，改善矿区的投资环境，对吸引外来资金和技术将起到巨大的推动作用。

（2）矿区生态环境规划的原则

① 整体性原则。矿区生态修复的规划范围可大可小，大到整个矿区，小到矿区中的一块塌陷地。但是无论范围大小，在进行矿区生态重建时，应将包括矿区在内的整个区域作为一个整体进行综合考虑，使新建景观与周边景观和谐地融合在一起，兼顾经济、生态和美学价值。

② 异质性原则。矿区生态修复规划要综合考虑矿区及其区域景观环境中的板块、廊道和基质的有机结合，包括道路、水渠等廊道，耕地、鱼塘、林地等板块，还要把矿区作为区域的

景观环境中的一个板块来考虑其自身的意义和价值。

③ 多样性原则。矿区的可持续利用要考虑未来发展的多种可能,采取多样性设计和不同的恢复与利用方式,来满足功能的多样化和人的不同层次的需求。

④ 因地制宜原则。矿区废弃地景观的空间异质性要求生态设计遵守因地制宜的原则。在矿区景观中,有多种景观类型,如陆地、水域等,具有不同的特点和利用取向。在进行修复规划时,要针对不同的景观类型,采取不同的工程措施和生态设计类型,因地制宜地重建矿区多样性的景观环境。

⑤ 可持续原则。矿区生态修复规划的最终目标是实现矿区的可持续发展。由于矿区资源开发利用的不可持续性及采矿活动所带来的生态环境、资源的破坏等,在矿区生态修复规划时,不仅要立足变废弃为可利用,而且要达到矿区的可持续利用。

⑥ 综合性原则。矿区生态修复规划涉及生态学、土地学、经济学、环境科学、美学等相关学科,从这方面来讲,进行矿区生态修复规划需要综合多学科的知识,对"矿区-社会-经济环境"这一复合生态系统的功能和结构进行有目的的调整。

(3)矿区生态环境规划的目标

矿区生态环境规划的最终目标就是增强矿区的可持续发展能力。随着可持续发展的概念和内涵不断拓展,矿区的可持续发展问题也越来越引起人们的重视。总的来说,矿区可持续发展的内涵包括四个方面:第一,使矿区资源开发、环境保护、经济及社会发展相互协调;第二,向社会提供洁净的燃料、原料及电力;第三,珍惜矿产资源和生态环境资源,调控矿产资源的耗竭速度,以取得最佳综合效益;第四,协调好矿区与邻区、矿区近期发展与长期发展的关系。

矿区可持续发展的内涵规定了矿区生态修复规划的具体目标,即建立适合于矿业特点的矿区生态规划理论与方法,通过实证研究为矿区资源、生态环境、经济和社会的协调发展提供科学依据。

(4)矿区生态环境规划的内容

矿区生态修复规划是一个复杂的动态决策过程,具体来说,包括以下内容。

① 设计矿区工业生态链网。根据煤矿矿区的工业生态系统构成及技术可行性、经济可行性和环境保护的要求,将核心企业及其相关附属企业组成工业生态群落,建立矿区工业生态链网。

② 划分矿区工业生态功能区。根据矿区自然条件、资源、土地使用状况、绿化状况的资料及环境潜能分析结果,对矿区工业生态功能进行区划,可以划分为产业区、管理区、居住区及分散的生态保护区等。

③ 发展生态矿区。生态矿区是基于一定地域内人类社会活动共同体的基础,以生态性能为主旨,以整体的环境观来组合相关的建设和管理要素,且可持续发展的人类居住地。本着"以人为本"的原则,对居住区进行区域绿化、完善服务功能、设计景观环境、开展社区文化及生态教育和建立相应管理机制等,将居住区建设成为生态社区。

④ 根据规划的原则、思路及目标,详细研究并明确矿区生态修复规划重点工程项目及其效益。根据煤矿矿区开采所带来的生态环境破坏情况,矿区生态修复规划重点工程项目主要有固废综合利用工程、大气环境污染控制工程、噪声治理工程、废弃地生态修复治理工程、水资源综合利用工程等,利用现有的科学技术和工艺方法,对其进行方案制定及效益

分析。

⑤ 生态修复规划工程概算及效益分析。通过对整个规划工程的总投资预算,分析其经济效益、生态环境效益和社会效益,明确该规划的经济可行性。

（5）矿区生态环境规划的方法

① 根据研究目标和研究内容,广泛调查我国各类典型矿区资源、生态环境、经济和社会发展现状,分析其特点、存在的问题和演变趋势。

② 以矿区可持续发展为目标,以复合生态系统理论为指导,运用现代生态学等理论和计算机技术,建立矿区可持续发展的生态规划基本理论与方法。

③ 选择典型矿区应用该方法和模型进行模拟、评价,进一步修正、完善所建立的理论与方法,提出理论并指导实践。采用这种方法,将使生态规划由一般的定性分析走向定量研究,由偏重于理论阐述走向模型计算,由逻辑推理走向模拟预测,从而使其更具实用性和可操作性。同时,现今计算机科学和技术手段的发展以及现代生态学（特别是景观生态学、系统生态学等）的发展和各种规划模型的研究,为建立矿区可持续发展的生态规划理论与方法及其应用提供了基础。

8.1.3 矿区土地复垦内容

土地复垦是指采用工程、生物等措施,对在生产建设过程中因挖损、塌陷、压占造成破坏、废弃的土地和因自然灾害造成破坏、废弃的土地进行整治、恢复利用的活动。矿区土地复垦的对象包括四类:挖损地,即露天开采矿山的采矿场;压占地,包括废石场、尾矿库及电厂粉煤灰库等;塌陷地,即因矿体采出后形成采空区使地面塌陷或出现裂缝;占用地,包括矿山的工业建筑、民用建筑和道路等。

（1）《土地复垦条例》的基本内容

《土地复垦条例》共四十四条,概括起来其主要内容如下。

① 土地复垦的宗旨。为落实十分珍惜、合理利用土地和切实保护耕地的基本国策,规范土地复垦活动,加强土地复垦管理,提高土地利用的社会效益、经济效益和生态效益,根据《中华人民共和国土地管理法》,制定本条例。

② 土地复垦的含义和范围。a. 含义:指对生产建设活动和自然灾害损毁的土地,采取整治措施,使其达到可供利用状态的活动;b. 范围:生产建设活动损毁的土地、历史遗留损毁土地和自然灾害损毁的土地都属于土地复垦范围。

③ 土地复垦的基本原则。即"谁破坏,谁复垦"。但是,由于历史原因无法确定土地复垦义务人的生产建设活动损毁的土地（即历史遗留损毁土地）,由县级以上人民政府负责组织复垦;自然灾害损毁的土地,由县级以上人民政府负责组织复垦。

④ 土地复垦的管理制度。国务院国土资源主管部门负责全国土地复垦的监督管理工作;县级以上地方人民政府国土资源主管部门负责本行政区域土地复垦的监督管理工作;县级以上人民政府其他有关部门依照本条例的规定和各自的职责做好土地复垦有关工作,应当建立土地复垦监测制度,及时掌握本行政区域土地资源损毁和土地复垦效果等情况。

⑤ 建设项目土地复垦规定。编制土地复垦方案、实施土地复垦工程、进行土地复垦验收等活动,应当遵守土地复垦国家标准;没有国家标准的,应当遵守土地复垦行业标准。制定土地复垦国家标准和行业标准,应当根据土地损毁的类型、程度、自然地理条件和复垦的可行性等因素,分类确定不同类型损毁土地的复垦方式、目标和要求等。

⑥ 法律责任。土地复垦义务人拒绝、阻碍国土资源主管部门监督检查，或者在接受监督检查时弄虚作假的，由国土资源主管部门责令改正，处2万元以上5万元以下的罚款；有关责任人员构成违反治安管理行为的，由公安机关依法予以治安管理处罚；有关责任人员构成犯罪的，依法追究刑事责任。破坏土地复垦工程、设施和设备，构成违反治安管理行为的，由公安机关依法予以治安管理处罚；构成犯罪的，依法追究刑事责任。

（2）矿区土地复垦的原则

矿区塌陷土地复垦的原则如下。

① 因地制宜原则。根据矿区所在地的自然、气候条件，按照土地适宜性评价的结果，宜农则农、宜林则林，合理安排各类用地，使遭破坏的土地发挥最大效益。

② 持续性原则。可持续发展理念对于矿区土地复垦规划显得特别重要，因为矿区废弃地、塌陷地的产生正是源于资源开发利用的不可持续性。只有土地复垦规划以可持续发展为基础，立足土地资源的持续利用和生态环境的改善，才有利于保证社会经济的可持续发展，变废弃为可利用，达到永久利用。

③ 综合效益原则。矿区土地复垦追求的目标是融社会、经济和生态效益为一体的综合效益最优。

④ 统一性原则。坚持开采工艺设计与复垦设计相统一是国外矿山通行的做法，也是相关法律法规明确要求的。把复垦内容纳入采矿计划之中，统一规划，统一管理，使开采程序和排土程序及排土工艺根据土地复垦的要求做出相应的调整，既可节省复垦费用，又能使遭破坏的地表尽快恢复其功能。这也是我国矿山规划必须重视的一点。

（3）矿区土地复垦技术分类

按复垦方法的不同，可将矿区土地复垦技术分为工程复垦技术和生物复垦技术两类。工程复垦技术通过工程的方法恢复原有的土地形状。生物复垦技术通过养殖生物、种植植物的方法恢复土壤和生物生产能力，以达到提高土地质量的目的。

（4）工程复垦技术

工程复垦技术可分为以下五种。

① 充填复垦技术

充填复垦技术一般利用土壤和容易得到的矿区固体废弃物（如煤矸石、坑口和电厂的粉煤灰、露天矿排放的剥离物）及垃圾、沙泥、湖泥、水库库泥和江河污泥等来充填采煤沉陷地，恢复到设计地面高程来复垦土地，其工艺流程如图8-1-1所示。

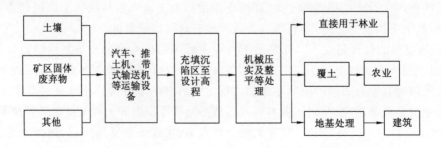

图8-1-1 机械运输矿区废弃物及土壤充填沉陷区复垦重构工艺流程

　　充填复垦技术的应用条件是有足够的充填材料且充填材料无污染或可经济有效地采取污染防治措施。其优点是既解决了沉陷地的复垦问题,又进行了固体废弃物的处理,经济环境效益显著;缺点是充填后的土壤生产力一般不是很高,并可能造成二次污染。

　　A. 矸石充填复垦技术

　　矸石充填复垦技术是各矿区均可采用的土地复垦途径,利用矸石作为沉陷区复垦的充填材料,既可使采矿破坏的土地得到恢复,又可减少矸石占地,消除矸石对环境的污染。矸石复垦的土地既可作为农业用地,也可作为建筑用地。我国部分煤矿和金属矿开展了矸石充填复垦恢复沉陷区的实践活动。

　　矸石复垦的步骤:在已沉陷稳定的区域,首先将沉陷区的表层熟土剥离,堆放在四周,然后充填矸石到设计水平时,再将熟土覆盖在矸石的上面,作为耕作层。对于含有有毒、有害物质的矸石,在复垦时应作隔离处理,即在填充矸石的塌陷坑中预先铺设黏土防水层,防止矸石中有毒、有害物质外流而污染地下水源和周围的环境。在塌陷区尚未形成之前或尚未稳定时,可将矸石直接排放到塌陷区进行复垦。具体为:在采空区上方,将预计发生下沉区域的表土取出堆放在四周,按预计的下沉速度和范围,用生产排矸设备预先排放矸石,矸石充填到预计水平后,再将堆放在四周的表土覆盖在矸石层上面,覆土成田。

　　对于复垦用于农业的矸石复垦土地,充填的矸石应下部密实上部疏松,以便保墒保肥,有利于植物生长。对于复垦作为建筑用地的矸石复垦土地,应根据建筑的要求进行矸石地基处理。

　　沉陷区土地复垦标高应根据复垦用途、地下潜水位标高、洪水位标高确定。一般来说,建筑用地复垦的标高应高于本区洪水位标高或恢复原有的地面标高;农业种植和养殖复垦区,考虑地下开采后地表及潜水位都将下降,为了有利于农田保墒、保水、保肥及农作物的生长,农林复垦标高常低于原地标高,根据复垦区的潜水位标高确定。复垦后地表高于潜水位的标高值,应根据本区农作物的耐渍深度确定。

　　由于充填矸石风化、崩解、水解后会产生固结沉降,因而矸石充填标高应考虑矸石的沉陷。英国莱斯特郡的观测表明,未进行专门压实的矸石回填后的压缩率可达 7%。由此可见,其量值是不小的。一般矸石充填标高 H 的计算公式为:

$$H = H_0 + \Delta h \tag{8-1-1}$$

$$\Delta h = (\frac{\gamma}{\gamma_0} - 1)h \tag{8-1-2}$$

$$\Delta h = (\frac{e_1}{e_2 + 1} - 1)h \tag{8-1-3}$$

式中　H_0——设计充填沉降后的标高;

　　　　Δh——充填后的沉降量;

　　　　γ——压实后矸石实际达到的重力密度;

　　　　γ_0——压实前矸石重力密度;

　　　　h——充填厚度;

　　　　e_1,e_2——矸石压实前后的孔隙比。

　　作为农业用地的覆土厚度,国家及部分省、区以及地级市制定的覆土厚度标准见表 8-1-1。

表 8-1-1　农业复垦土地覆土厚度

标准来源	土层厚度/m	耕层厚度/m
国家标准	＞0.5	＞0.2
平顶山	水浇地＞0.6	
贵州	0.8～1.0	＞0.15
江苏	＞0.3	＞0.2
山西	＞1.0	
安徽	＞0.4	
内蒙古	0.3～0.5	

美国、波兰、苏联、澳大利亚、加拿大等国家要求覆土厚度在 1 m 以上,甚至 2 m 以上。对于建筑复垦地,目前未制定相关标准,为了便于绿化,建议覆土厚度不小于 0.3 m。

用矸石作为充填物进行充填复垦可分为两种情况,即新排矸石复垦和预排矸石复垦。新排矸石复垦是指将矿井新产生的矸石直接排入充填区域造地,这是最经济合理的矸石充填复垦方式。预排矸石复垦是指建井过程中和生产初期,沉陷区未形成前或未终止沉降时,在采区上方,将沉降区域的表土先剥离取出堆放四周,然后根据地表下沉预计结果预先排放矸石,待沉陷稳定后再利用。根据测算,在充填复垦时,矸石的实际充填高度应为设计高度的 1.31 倍左右。

B. 粉煤灰充填复垦技术

粉煤灰用于农业的途径主要有两条:一是在土壤中掺加粉煤灰作为肥料和改良剂;二是在排灰场(包括沉陷地)复垦进行农林种植。

我国火力发电厂以燃煤为主,燃煤电厂年发电量约占总发电量的 76%,全国电厂每年燃煤约 3.6×10^8 t。截至 2005 年,我国电力企业装机容量已达 4.4×10^8 kW,是世界上粉煤灰排弃量最大的国家。一般每燃烧 1 000 kg 煤要产生 250～300 kg 粉煤灰。目前,除一部分粉煤灰被工业利用外,其余都排入贮灰场或用于充填沉陷地。

沉陷地粉煤灰充填复垦是将粉煤灰直接充填到沉陷地,恢复到设计地面高程,然后根据复垦目的进行土壤重构,整平造地。也可以利用电厂原有设备和增加所需要的输灰管道,将灰水直接充填塌陷区。贮灰场沉积的粉煤灰达到设计高程后停止充灰,将水排净,而后覆土。

用粉煤灰充填复垦是我国现行的主要复垦技术之一,已在平顶山、徐州、淮北、唐山等矿区复垦了数千亩土地。

利用粉煤灰充填沉陷区复垦的工艺如下,工艺流程如图 8-1-2 所示。

a. 在计划复垦的沉陷区内修筑贮灰场。用推土机、铲运机、汽车或挖泥船、挖塘机等施工机械,按设计用量取出沉陷区内表土,运到沉陷区周围,压实筑坝形成贮灰场。

b. 水力充灰。利用管道将电厂粉煤灰水力输送到沉陷区,排入贮灰场。

c. 沉淀排水。贮灰场内的粉煤灰随着充灰不断地沉淀积累,水由贮灰场排水口流出,流入江河或循环利用。

d. 覆土造田。贮灰场沉积的粉煤灰达到设计高程后停止充灰,将水排净,然后破坝覆土成田。

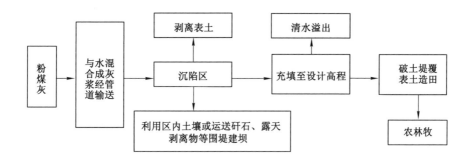

图 8-1-2 粉煤灰充填沉陷区复垦技术工艺流程

② 平整土地和修建梯田复垦技术

平整土地和修建梯田复垦技术主要用于不积水沉陷区、积水沉陷区的边坡地带、井工矿矸石山、露天矿剥离堆放场。按照我国对地形特征的规划标准,地表坡度小于 2° 时为平原,大于 6° 为山地,2°～6° 为丘陵,25° 以上为高山。采矿形成的沉陷区附加坡度一般较小。沉陷后地表坡度在 2° 以内时,可通过土地平整耕作;沉陷后坡度在 2°～6° 之间时,可沿地表等高线修整成梯田,并略向内倾以拦水保墒,土地利用可农林(果)相同,耕作时采用等高耕作,以利于水土保持。我国山西、河南、山东等地的一些矿区采用该法复垦沉陷地。

A. 土地平整技术

土地平整技术是沉陷地复垦技术中一项比较基本的技术,主要是消除附加坡度、地表裂缝以及波浪状下沉等破坏特征对土地利用的影响。

适用条件:主要用于中低潜水位沉陷地的非充填复垦、高潜水位沉陷地的充填复垦,以及与疏排法配合用于高潜水位沉陷地的非充填复垦等。

在进行沉陷地平整时,一方面应设计好标高,使地面平整度符合规定要求;另一方面土地平整要与沟、渠、路、田、林、井等统一考虑,避免挖了又填、填了又挖的现象。

B. 梯田式复垦技术

梯田式复垦就是根据沉陷后地形及土质条件与耕作要求,合理设计梯田断面,将沉陷地整理为梯田。

适用条件:主要用于位于丘陵山区或中低潜水位采厚较大的矿区,由于耕地受损形成的高低不平甚至台阶状地貌的沉陷地复垦。采煤形成沉陷而产生的附加坡度一般都较小,沉陷后地表坡度在 2°～6° 之间时,可沿地形等高线修整成梯田。

我国山西大部分矿区,河南、山东等地的一些矿区不少沉陷地可用此法复垦。

③ 疏排法复垦技术

在地下潜水位较高或平原矿区,地表沉陷区常常积水或水不能自流排出,影响耕种。地表积水可分为两种情况:

a. 外河洪水位标高高于沉陷区地表标高,沉陷区水无法自流排出。此时,必须采取充填复垦或强排法排除沉陷区积水,方能耕种。

b. 外河洪水位标高低于沉陷区地表标高,沉陷区积水自流排出。此时,可以建立适当的排水系统,通过自排方式排除沉陷区积水。如地下水位过高,还应挖排渍沟降低地下水位,才能保证作物正常生长。

疏排法将开采沉陷积水区通过强排或自排的方式实现复垦,即采用合理的排水措施(如建立排水沟、直接泵排等)开挖沟渠、疏浚水系等,将沉陷区积水引入附近的河流、湖泊或设泵站强行排除积水,使采煤沉陷地的积水排干,再加以必要的地表整修,使采煤沉陷地不再积水并得以恢复利用。开挖沟渠、疏浚水系是防止和减轻低洼易涝地灾害的有效途径。

适用条件:多用在地表沉陷不大,且正常的排水措施和地表整修工程能保证土地恢复利用的地区,低潜水位地区或单一煤层、较薄煤层开采的高、中潜水位地区。

优点:工程量小,投资少,见效快,且不改变土地原用途。

缺点:需要对配套的水利设施进行长期有效的管理以防洪涝、保证沉陷地的持续利用。

疏排法复垦技术的关键是排水系统的设计。由于水体是一个整体,在进行排水系统设计时,应综合考虑全矿井以及全矿区的情况形成综合排水系统,因此,必须从全局观念出发进行排水系统的设计。

排水系统一般由排水沟和蓄水设施、排水区外的承泄区和排水枢纽等部分组成。排水沟按排水范围和作用分为干、支、斗、农四级固定沟道;蓄水设施可以是湖泊、坑塘、水库等,排水沟也可兼作蓄水用;承泄区即通常说的外河;排水枢纽指的是排水闸、强排水电站等。

④ 挖深垫浅复垦技术

挖深垫浅复垦将造地与挖塘相结合,即用挖掘机械(如挖掘机、推土机、水力挖塘机组等)将沉陷深的区域继续挖深("挖深区"),形成水(鱼)塘,取出的土方充填至沉陷浅的区域形成陆地("垫浅区"),达到水路并举的利用目标。水塘除可用来进行水产养殖外,也可视当地实际情况改造成水库、蓄水池或水上公园等,陆地可作为农业种植或建筑用地等。这种方法既复垦了沉陷土地,又改变了农业结构,变单纯种植农业为种植、养殖相结合的农业。这种复垦方法成本低、效率高、操作简单、投资少,是我国目前普遍采用的一种复垦方法。

适用条件:沉陷较深,有积水的高、中潜水位地区,同时,"挖深区"挖出的土方量大于或等于"垫浅区"充填所需土方量,复垦后的土地能达到期望的高程。

机械复垦一般采用挖塘机组施工,其工艺流程如图 8-1-3 所示。

图 8-1-3　挖塘机组复垦工艺流程

如果挖深水塘用于水产养殖,还需要满足以下条件:

a. 水质适宜水产养殖。

b. 沉陷深部加深以后足以形成标准鱼塘。

c. 鱼塘进排水条件便利,且与井下采空区域无水力联系。

优点:操作简单、适用面广、经济效益高、生态效益显著。

缺点:对土壤的扰动大,处理不好会导致复垦土壤条件变差。

依据复垦设备的不同,挖深垫浅复垦技术可以细分为泥浆泵复垦技术、拖式铲运机复垦技术、挖掘机复垦技术(依据运输工具不同又可分为挖掘机＋卡车复垦技术、挖掘机＋四轮翻斗车复垦技术)、推土机复垦技术。由于推土机多用于平整土地,往往与其他机械设备联合使用,因此从复垦设备区分主要是前三种。

挖塘垫浅复垦应注意保护好复垦表土。因表土是经过几十年或上百年熟化而形成的优质土,在复垦前应尽可能将表土层(一般 0.1～0.3 m 厚)用推土机剥离并堆积起来,待泥浆泵复垦完毕后再回填到泥浆复垦的土地上,形成优质的熟化土层,以利于高产稳产。

⑤ 积水区综合利用技术

我国华东煤矿区属高潜水位平原矿区,地下开采后地面大面积积水,积水深度最大近 10 m。采用充填方法复垦这些沉陷区存在填充材料缺乏和复垦费用高等困难。因此,科学的方法是对这些沉陷区进行综合利用,如发展网箱养鱼、围栏养鱼、蓄洪做灌溉水源、建造水上公园等。科学地利用积水可以获得较高的经济效益,并且不需要为消除积水花费巨大的投资。

在实际中,以上几种土地复垦技术并不是单独采用,而是根据实际情况综合应用。如充填复垦技术和疏排法复垦技术相结合、挖深垫浅复垦技术与疏排法复垦技术结合等。

(5)生物复垦技术

地表沉陷区通过工程复垦后,基本满足了耕作的条件,但工程复垦的土地可供植物吸收的营养物质含量很少,复垦土地的土壤孔性、结构性、可耕作性及保水保肥性均较差,土壤的三大肥力因素水、气、热条件较差,必须进行改良。生物复垦是采取生物等技术措施恢复土壤肥力和土地生产力,建立稳定植被层的活动,是农业用地复垦的第二阶段。

狭义的生物复垦是指利用生物方法恢复用于农林牧绿化复垦土地的土壤肥力并建立植被层。广义的生物复垦包括恢复复垦土地生产力、对复垦土地进行高效利用的一切生物和工程措施,主要包括复垦土壤评价、复垦土壤改良、植被品种筛选和生态农业复垦。

① 复垦土壤评价

对农林牧复垦土地的评价主要看土壤的肥力。土壤的肥力是指土壤为植物生长供应及协调营养条件和环境条件的能力,包括水分、养分、空气和温度四大肥力因素。植物生长不仅要求这四大肥力因素同时具备,而且诸因素之间必须处于高度的协调状态。肥沃的土壤应具备以下特征:土壤熟、土层厚、地面平整、温暖潮湿、通气性好、保水蓄水能力强、抗御旱涝能力强、养分供应充足、适宜作物多等。

② 复垦土壤改良技术

复垦土地的有机质含量低、质地差,必须对其进行改良,以提高土壤的质量。改良的方法主要有酸碱中和法、绿肥法、微生物法、施肥法、客土法等。

对于复垦土地的改良具体采用什么方法,应该根据当地地质条件和复垦土地的目的确定,一般是多种方法联合使用。

③ 固体废弃物复垦场区植被品种筛选

复垦的目的在于充分利用复垦后的土地,以获得最大的经济和环境效益。固体废弃物复垦的土地由于土壤贫瘠、有机质含量少以及保水、保气、保肥能力差,对植被的选择和种植要求高,只有选择适当的植物品种,辅以恰当的种植技术,才能获得较好的经济效益和达到改良土壤的目的。

④ 生态农业复垦技术

生态农业复垦是根据生态学和生态经济学的原理,应用土地复垦技术和生态工程技术,对沉陷、挖损、压占等采矿破坏土地进行整治和利用的技术,是广义的农业复垦。其实质是在破坏土地的复垦利用过程中发展生态农业,建立多层次、多结构、多功能集约经营管理的综合农业生产体系。生态农业复垦与传统土地复垦的根本区别在于它不是单纯地将土地当作一个工程或工艺过程来研究,也不是仅仅将破坏土地恢复到可供利用的状态,而是将破坏土地所在区域视为一个以人为主体的自然-经济-社会的复合系统,依据生态学、生物学和系统工程学的理论,对破坏土地进行系统设计、综合整治和多层次开发利用,达到经济、社会和环境效益最优的状态。因此,生态农业复垦是一种从整体上系统全面地综合开发复垦土地的技术,它将系统和生态的观点与理论融入复垦设计、工程实施和复垦土地再利用的全过程。这种技术或模式不仅包括原有土地复垦的规划设计、工程复垦技术和生物复垦技术,而且在深度和广度上更加丰富。

8.1.4 矿区土地复垦方案

(1)土地复垦生态工程设计原则

① 生态效益优先,社会、经济效益综合考虑

赵家寨煤矿处于干旱、半干旱的生态脆弱区,地面形态单一、地质层组紊乱、地表物质混杂、土壤肥力贫瘠、水土流失十分严重,天然植被恢复极其缓慢,无法在自然条件下发生逆转,因此,应首先进行以控制水土流失、改善生态环境和恢复土地生产力为核心的植被重建工程,才能遏制其再度恶化。在保证重建生态系统不退化的前提下,根据地区经济发展模式及主要农业结构,选择合理的生态系统结构,实现生态、经济、社会效益综合最优。

② 工程复垦工艺和生物措施相结合

土地复垦与生态重建是相辅相成的统一结合体。狭义土地复垦即采取工程措施实现土地的再利用;生态重建即通过一定的生物措施、植被重建,实现工程措施复垦土地的可持续发展。前者是后者的基础,后者是前者的保障。所以,应将土地复垦与生态重建密切结合,统筹规划,最终实现恢复生态系统的可持续发展[103]。

③ 因地制宜

以生态学中的生态演替原理为指导,因地制宜,因害设防,宜林则林,宜草则草,合理地选择树种,优化配置复垦土地,保护和改善生态环境,形成草灌乔、带片网相结合的植物生态结构。遵循自然界群落演替规律并进行适当的正向人为干扰,进行矿区生态恢复和生态重建,调制群落演替、加速群落演替速度,从而加快赵家寨煤矿区域土地复垦。

④ 保证"农业用地总量动态平衡",提高土地质量

在保证"农业用地总量动态平衡"前提下,最大限度地增加林牧用地面积,基本消除荒地和其他未利用地。并保证土地质量要明显好于原土地,平台复垦标准尽量按农业用地的标准,以便进行土地结构调整。重建后的生态要明显好于原生态系统。

(2)工程设计具体方案

① 充填裂缝设计

a. 表土剥离:先沿着地表裂缝剥离表土,剥离土层就近堆放在裂缝两侧,剥离厚度为表层土壤厚度。

b. 裂缝充填:将裂缝两侧的土填入裂缝,捣实,直到略低于原地表。

c. 表土回覆:将之前剥离的表土覆于已完成整治工程的地表并进行平整,达到正常耕种的要求。

塌陷区裂缝充填及土地平整工艺流程如图8-1-4所示。

地面裂缝按开裂程度分为轻度裂缝、中度裂缝、重度裂缝,轻度裂缝宽度小于1 cm,中

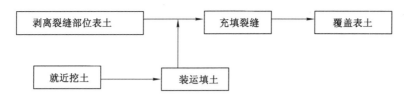

图 8-1-4 塌陷区裂缝充填及土地平整工艺流程[104]

度裂缝宽度在 1～3 cm 之间,宽度大于 3 cm 的裂缝为重度裂缝,出现裂缝区域为沉陷破坏严重地区。在沉陷区附近选取填物场,用中、小型运输车辆运输填隙物。填物场选取必须符合相关规定,不能造成生态环境二次破坏。车辆拉运要注意安全,主运输道路尽可能选择在保安煤柱上方,以免车辆陷入采空区。填充区的下部可用细粒的砂石填充物、中部尽量用周边的风积沙、上部必须用 0.5～1.0 m 厚的腐殖土覆盖,充填过程中一定要分阶段实时碾压,保证充填物坚实,必要时需要进行注水浸泡。治理后的耕地必须平整,方便农田灌溉。对于轻度裂缝,一般采用填土压实方法,压实后的覆土高度要高于原地面 10～20 cm,以免造成水土流失。对于中度裂缝,填土后需用木杆捣实,捣实后进行机械压实,压实后的覆土高度应高于原地面 20～30 cm。对于重度裂缝,若裂缝较宽,需用粗砂砾石填充底部,向上逐渐用中细沙填充,最上部填土 50～60 cm,然后压实,压实后的覆土高度要高于原地面30～40 cm。若裂缝较窄,视具体情况按上述方法处理[105]。裂缝修复前后对比如图 8-1-5所示。

(a) 修复前 　　　　　　　　　　　　　(b) 修复后

图 8-1-5 裂缝修复前后对比

② 土地平整工程设计

a. 宜耕地设计

根据赵家寨煤矿区地形地貌和原有耕地特点,本次复垦工程设计因势利导,将原有的坡耕地分坡度区改建为水平梯田,以满足国家对土地复垦和水土保持的基本要求,通过工程措施使赵家寨煤矿区耕地尽量成片,具体设计思路如下。

对于地块平面设计,地块面积应尽量大,地块数目和综合整地工程量应尽量少;每一地块平整后的倾斜方向和坡度应基本一致;平坦地区的地块形状应尽量近似矩形、梯形或椭圆形,梯田田块宽度为 0～100 m,田块长度为 100～400 m;如果原有耕地地块符合设计要求,可保留原有地块。地块立面设计,要求平坦区的旱作耕地平整复垦后,地面坡角≤3°;修整为梯田的耕地,梯田沿等高线方向延展,等高线方向的田面倾角≤3°,垂直等高线方向田面应为水平略内倾,倾角≤1°;梯田田坎高度应＜3 m,坎坡角70°～80°。平整施工时,塌陷旱作耕地复垦整理之前应将20～30 cm厚的熟土剥离存放,并加以覆盖,待土地平整后,再均匀覆盖在耕地表面;塌陷裂缝和塌陷坑应结合平整土地,就近取土充填,每填0.3～0.5 m夯实一次,夯实土体的干密度达到1.4 t/m³以上。

b. 宜园地设计

园地是农业生产的重要组成部分,将矿区土地复垦为园地,对于繁荣矿区市场经济、增加当地农民收入、提高人民生活质量、改善农业生产条件和美化矿区环境均具有重要的作用。将园地划分为若干个作业区(或称小区)便于管理,也有利于园地果树生长。为了水土保持,矿区划分为小区宜按等高线横向进行,最好呈带状长方形,长边方向应沿等高线布置。为了使园地道路系统更好地为园地服务,矿区复垦园地的道路应结合地形条件布置,在道路内侧修建排水沟,拦截坡面来水,使路面保持干燥。同时,园地灌溉可依靠河流、水库或提水灌溉。通常园地支渠道与主渠道呈"T"字形,渠道的深浅和宽窄应根据水的流量而定,渠道的长短按地形、地块设计,以每块地都能浇上水为准。

c. 宜林地设计

林业复垦是开发被破坏土地最廉价、最简单的方法,其对生态环境的恢复有相当重要的作用。矿区的林地设计目的是建成生态林地。若矿区的造林立地条件较差,则不宜采用较大的造林密度,而且随着树龄的增长,需适时进行人工间伐。通常,任何树种在完全郁闭后,不论密度大小,林地的生产力即趋近饱和。复垦土地坡度在25°以上的要考虑使种植行的方向与径流线保持垂直,以利于水土保持。

造林可分为三个阶段:整地、植种和幼林抚育阶段。在整地阶段需要注意的是,一般土层厚度有个下限,即草本植物为15 cm,低矮灌木为3 cm,高大灌木为45 cm,低矮乔木为60 cm,高大浅根性树种为60 cm,高大深根性树种至少需要120～150 cm以上。通常,整地深度达不到树木生长所需的最低限度,但矿区种植造林的整地深度至少要比未受破坏土地上的种植深一些。选取有完整根系的苗木植种,成活率高,成林较快。从复垦造林到幼林郁闭前这段时间,幼树处于分散生长状态,需对造林地进行合理的土壤管理和林木抚育,满足幼树对水、肥、气、热等各方面的要求,以获得较高的成活率和保存率,并适时郁闭成林。

d. 宜草地设计

草地土地复垦对保证矿区畜牧业高产稳产具有重要意义。矿区草地复垦规划包括放牧地规划和割草地规划两方面。根据矿区地形条件、土壤的性质及构成,选择品质优良、产量高的牧草进行栽植,适地适草。根据不同畜群对牧草地的要求,划拨其相应的放牧小区,放牧小区界线尽可能利用自然界线或地物,草层高度尽量一致,小区配置考虑光照、风向对放牧的影响,并与水源、畜圈保持最近的距离,同时有良好的牧道相通。割草地是牧草地利用的又一主要方式,割草地要选择植株生长旺盛、茎秆高大且草质好的草种,而且要求草种的再生能力强,这对于保证产草量和及时压青恢复地力亦非常有利[106]。

③ 道路工程设计

a. 设计原则

根据赵家寨煤矿区土地复垦的目标和特点,道路工程在布置时分田间道路和生产道路两级进行布置,尽量利用原有道路,以节省投资和节约用地;各级道路做好连接,统一协调规划,使各级道路形成系统网络;与田块布置相协调,与水利设施相配套。该项目及区内田间道路主要为连接村庄的通道,其设计根据赵家寨煤矿区内地形、水利沟渠布局情况以及田间生产经营对路网密度的要求,以少占良田好地为出发点,道路中心线以平直为主,路长最短,联系简捷;道路坡度、转弯角度等技术指标应符合有关要求;应与田、林、村、渠、沟等布局相协调,有利于田间生产管理;以保护生态环境、防止水土流失为准则进行规划,每平方千米布置田间道路 3 km。生产道路与田间道路垂直且呈"丰"字形布置,每平方千米布置生产道路5 km。

b. 工程技术指标

根据赵家寨煤矿区地形地貌、自然条件和社会经济技术条件,赵家寨煤矿区田间道路设计标准为可通行大车和小型农用机动车,每平方千米布设 3 km;路基宽为 4 m,路面宽为3.5 m;上层为混凝土路面,厚度为 0.2 m,下层为素土夯实路基,厚度为 0.2 m,高出地面0.4 m;应尽量利用原有合格的道路系统,或在原有道路系统的基础上改建,并与现有公路系统连接。生产道路为田间耕作通行道路,设计路面宽度为 1 m,路基宽度为 2 m,厚度为0.2 m,全部为素土夯实,高出地面 0.2 m。生产道路布置于地块之间并与田间道路连接,每平方千米布置 5 km。田间道路、生产道路断面图分别如图 8-1-6 和图 8-1-7 所示。

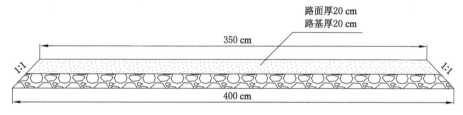

图 8-1-6　田间道路断面

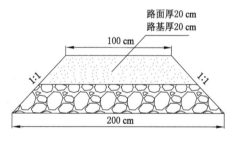

图 8-1-7　生产道路断面

④ 农田水利工程设计

赵家寨煤矿区内耕地主要是水浇地,设计拟采用井灌作为主要的灌溉方式,机井位于地块短边一侧,管网采用一条地埋管灌溉的运作方式,输水管采用 PVC 管,"一"字形布设,每隔 50 m 设置截止阀、给水栓。灌水定额水深设计为 63 mm,灌水周期设计为 8.23 d,结合实际取灌水周期为 8 d。单井控制面积为 8.27 hm²,一般而言,为了便于管理,机井应布置在道路旁边;为了减小输水管道内的水压,机井应布置在地势较高处。根据上述计算结果,同时考虑这两项布井原则,确定方格形布井井距为 300 m。根据赵家寨煤矿区的具体情况,在赵家寨煤矿区共设计机井 94 眼。

排水沟按照两级分设,斗沟沿田间道路一侧进行布设,农沟布设在生产道路旁,农沟内的水可排入斗沟。斗沟和农沟为梯形,其中斗沟采用浆砌石衬砌;农沟侧面采用浆砌砖,底部采用混凝土浇筑。斗沟和农沟底板厚度为0.08 m,边墙厚度为0.08 m。斗沟、农沟断面分别如图8-1-8和图8-1-9所示。

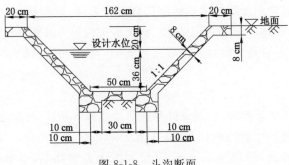

图 8-1-8 斗沟断面

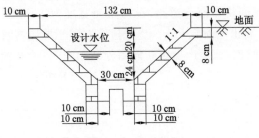

图 8-1-9 农沟断面

8.2 资源综合利用技术

8.2.1 矿产资源综合利用概念

矿产资源综合利用是对矿产资源进行综合找矿、综合评价、综合开采和综合回收的统称。其目的是使矿产资源及其所含有用成分最大限度地得到回收利用,以提高经济效益,增加社会财富和保护自然环境。采矿权人和相关单位通过科学的采矿方法和先进的选矿工艺,将共生、伴生的矿产资源与开采利用的主要矿种同时采出,分别提取加以利用,产出具有多种价值的商品矿。通过一物多用,变废为宝,化害为利,消除"三废"污染等途径,科学地利用矿产资源。这种全面、充分和合理地利用的过程,称为矿产资源综合利用。矿产资源综合利用是依法有效保护矿产资源,防止矿产资源浪费、破坏的重要措施。

矿产资源综合利用以减少对生态环境的污染与破坏为前提,旨在最大限度地对矿产资源及其二次资源进行综合性的开发与利用,这种综合性是指综合利用主矿产以及副矿产的有用成分,将有用成分最大限度地转换为具有价值的矿产品或其他产品。矿产资源综合利用对于提高矿产资源综合利用效率,减少环境污染,保障矿产资源安全供应都具有重要的意义[107]。矿产资源综合利用可以划分为三类:

(1)共、伴生矿物和低品位矿、难利用矿的综合开发与有效利用;

(2)对尾矿、煤矸石等进行综合回收和合理利用;

(3)对矿产品加工利用过程中产生的渣、尘、泥以及灰等进行综合加工利用。

8.2.2 矿产资源综合利用技术

矿产资源综合利用技术采用一定的技术工艺或方法,充分提取矿产中的有用组分和最大限度地利用由其产生的废渣、废液、废气等,以获得多种符合工业要求的产品。资源综合利用是中国社会主义建设中的一项重要经济技术政策,而矿产资源综合利用则是其重要组成部分。矿产资源综合利用可实现变废为宝、化害为利,使矿产得到充分、合理的开发与利用,是保护矿山、防止环境污染、增加产能、降低成本以及提高产品质量的重要途径。

作为推动矿业高质量发展的重要举措,我国矿产资源节约和综合利用先进适用技术推广制度于 2012 年建立,到 2017 年陆续发布了 6 批 334 项先进适用技术。2019 年,自然资源部在评估前 6 批工作的基础上开展了第一轮目录更新工作,形成《矿产资源节约和综合利用先进适用技术目录(2019 年版)》,推广了一批绿色低碳、智能高效的新技术新装备,得到行业普遍认可和社会广泛关注,发挥了积极作用。

8.2.3 矿区资源综合利用技术方案

(1) 煤矸石综合利用

煤矸石山坡度较大、结构松散,而且没有经过压实和覆盖处理,加上表面有一定的风化碎块,在大风和暴雨条件下,容易产生风蚀与水蚀以及发生滑坡和塌方等重力侵蚀。另外,煤矸石山地表组成物质有机质含量少,物理结构极差;同时存在限制植物生长的物质,缺乏营养元素和土壤生物。因此,煤矸石山的整形整地和基质改良技术是植被恢复工作的关键。

煤矸石按来源分类主要分为掘进矸石和洗矸石两部分。近年来,在资源综合利用相关政策的推动下,煤矸石综合利用量保持了稳定的增长,各级煤炭企业和资源综合利用企业,依靠科技进步,拓宽利用渠道,积极推进煤矸石综合利用。技术进步推动煤矸石综合利用水平进一步提升,极大地拓展了综合利用的方式和途径。目前,煤矸石综合利用的主要方式包括煤矸石综合利用发电、充填采空区、井下充填开采、沉陷区治理和土地复垦、生产利废建材、填坑造地筑路等[108]。

由于煤矸石普遍存在一定热值,因此可以将分选出的矸石首先进行破碎,将矸石与煤进一步分离,然后再进行分选。根据不同密度级可将煤矸石分选为低密度矸石、中密度矸石和高密度矸石。根据化学物质本身的性质,低密度矸石以煤为主,可用于矸石电厂或一般火电厂的发电;中密度矸石以硅铝化合物为主,可用于化工、建材和农业;高密度矸石一般由黄铁矿和金属化合物组成,其蕴含的潜在价值最高。与燃烧前相比,煤矸石燃烧发电后灰渣中的无机元素进一步得到富集,可提取有用矿产、制备多孔陶瓷、生产高性能保温材料等。

煤矸石山地表组成物质的物理结构极差,孔隙大,保水及持水能力差;有机质含量少,缺乏营养元素,尤其缺乏植物生长必需的氮和磷以及土壤生物;存在限制植物生长的因子,包括重金属及其他有毒物质。因此,煤矸石山的基质改良在整个植被恢复工作中占有举足轻重的地位。

① 化学改良法

矸石成分中的黄铁矿等氧化后能够产生硫酸等酸性物质,煤矸石山一般呈酸性,若煤矸石废弃地未经处理就直接种植作物,则严重影响土壤微生物的生成和植物生长。而且酸性能提高重金属离子的溶解度,从而增强其毒性。对于酸性不太强的土壤,可以通过施用石灰来调节,一般的做法是把石灰均匀地撒入矸石山。但当土壤酸性较强时,一次性石灰用量会很大,不利于作物生长,此时可以用磷矿粉来改良酸性,这样不仅可以提高土壤肥力,还能在较长的时间内控制土壤 pH 值。粉煤灰是矿区火电厂的废弃物,通常呈碱性,也可以利用粉煤灰来改变煤矸石废弃地的酸性环境。此外,粉煤灰也可用来改变土壤质地、提高土壤持水能力和土壤肥力。粉煤灰的颗粒较细,可以填充煤矸石中较大的空隙,减少空气流通,降低自燃概率,显著改善煤矸石的物理性状,同时还可以以废治废,有效降低复垦成本。煤矸石废弃地重金属含量普遍超标,严重影响植物生长,尤其是当这些过量的重金属元素发生协同作用时,对植物生长危害更大。对于重金属含量过高的废弃地,可施用碳酸钙或硫酸钙来减轻金属毒性。另外,施用有机物质,可以整合部分重金属离子,缓解其毒性,同时改善基质的物理结构,提高基质的持水保肥能力。

② 生物改良法

生物改良法是利用对极端生态环境条件具有耐性的固氮植物、绿肥作物、固氮微生物、菌根真菌等改善矿区废弃地理化性质的方法。

③ 微生物法

微生物法是利用微生物＋化学药剂或微生物＋有机物的混合剂改善土壤的理化性质和植物生长条件的方法。此外,在植物根系接种真菌菌株,可以促进植物根系对土壤中磷、钾、钙等元素的吸收,扩大根系吸收面积,提高植物对不良环境条件的抵抗能力。

④ 绿肥法

绿肥植物多为豆科植物,含有丰富的有机质、氮、磷、钾和其他微量营养元素等。绿肥植物耐酸、碱,抗逆性好,生命力强,能在贫瘠的土壤中获得较高的生物量。绿肥改良法就是在煤矸石山上种植绿肥植物,成熟后将其翻埋在土壤中,绿肥植物腐烂后还有胶结和团聚土粒的作用,既增加土壤养分,又改善土壤结构和理化特性。

⑤ 生物固氮

将植物种类中具有固氮能力的植物,如红三叶草、白三叶草、洋槐和相思等,种植在煤矸石山上,通过植物的固氮作用吸收氮元素,在植物体腐败后,将氮元素释放到土壤中,达到改良土壤的目的。生物固氮是化肥和有机肥的很好替代。

⑥ 客土法

客土法就是将外来的土壤覆盖到煤矸石山的表面,或在整好的植树带和植树穴内进行适量"客土"覆盖,以增加栽植区的土层厚度,迅速有效地调整煤矸石山粒径结构,达到改良质地、提高肥力的目的。污水污泥和生活垃圾一般养分含量较高,有条件的煤矿,可以用污水污泥与生活垃圾等代替客土,既能提高煤矸石山的肥力、改善煤矸石山表层的结构,又能提高废物利用率、达到"以废治废"的目的。

⑦ 灌溉与施肥

适当的灌溉措施可以缓解煤矸石山的酸性、盐度和重金属问题。矸石堆积地土壤缺乏氮、磷等营养物质,解决这类问题的方法是添加含有氮、磷的化学肥料。在使用速效的化学肥料时,由于煤矸石山的结构松散、保水保肥能力差,化肥很容易淋溶流失。因此,可以采取少量多施的办法或选用长效肥料。如果煤矸石山酸性或碱性过强、盐分或金属含量过高,首先要进行土壤排毒,然后再施用化学肥料。污水污泥、生活垃圾、泥炭及动物粪便等有机肥料因富含养分且养分释放缓慢,可供植物长期利用而被广泛用于矿业废弃地植被重建时的基质改良。

（2）矿井水综合利用

矿井涌水量与煤矿所处的地理位置、气候条件、地质构造、开采深度和开采方法等有关。矿井水处理技术工艺进步显著,综合利用途径多样化,除传统的井下和煤场降尘、厂区绿化、选煤厂补水和生活用水等利用途径外,部分矿区还将净化后富余的矿井水输送至周边的化工厂、钢铁厂和电厂等企业作为补充水源,拓展了矿井水的综合利用方式。经过多年的发展,目前主要的水处理工艺和技术都已广泛应用于矿井水处理过程中,矿井水综合利用工程规模显著加大,装备水平不断提高,逐步向大型化、系统化、自控信息化方向发展[109]。

煤矿涌水水源主要来自各采掘工作面涌水、探放水及采空区涌水,将探放水及采空区涌水与其他受污染的含悬浮物较多的矿井水分开,实现矿井水清污分排,一部分清水直接在井下供工作面复用,另一部分通过地面强排孔打至矿区饮用水厂,经水厂净化处理后供给矿区生活用水,实现了矿井水资源综合循环利用。

实现矿井水清污分排采取的措施:

① 在井下建立清水泵房,单独铺设清水管路;

② 在采空区涌水量大的区域建立临时清水仓,在水仓内垫入石子,利用水泵将清水排入清水管路系统;

③ 疏放水量大的探放水孔,水体不接触地面,利用软管直接将其接入清水管路系统;

④ 采空区涌水量小以及探放水孔内水量小的区域,设立专门的清水箱、清水漏斗,然后再通过水泵排入清水管路系统。

（3）煤矿瓦斯综合利用

煤矿瓦斯按产生方式分为风排瓦斯和抽采瓦斯两种。其中,风排瓦斯被称为乏风,其甲烷含量一般为 $0.2\%\sim0.6\%$;抽采瓦斯按浓度又分为高浓度瓦斯(甲烷含量≥30%)和低浓度瓦斯(甲烷含量<30%)。其中,高浓度瓦斯可用作燃料,甲烷含量≥9%的低浓度瓦斯可用于内燃机发电,甲烷含量<9%的低浓度瓦斯则与乏风或空气掺混通过蓄热氧化技术进行供热或发电。

乏风及低浓度瓦斯蓄热氧化利用分为两部分。第一部分是乏风及低浓度瓦斯蓄热氧化。乏风及抽采瓦斯经过安全采集并掺混达到甲烷含量为 1.2%,输送至蓄热氧化装置,掺混气体在 $930\ ℃\pm25\ ℃$ 的高温环境中瞬间氧化,释放氧化热,满足装置自身热量需求后,大量余热以高温烟气从氧化装置顶部引出进入余热回收设备。第二部分是余热利用。来自氧化装置的高温烟气通过余热锅炉产生过热蒸汽,引入汽轮发电机组发电,同时也可供热。

在低浓度瓦斯利用途径中,蓄热氧化技术为关键技术,该技术氧化温度只有 $950\ ℃$,而内燃机发电机温度高达 $1\ 200\ ℃$ 以上,该技术的应用从根本上解决了内燃机发电机烟气 NO_x 超标的环保难题。蓄热氧化装置主体结构由氧化室、填装陶瓷的蓄热室和切换阀门组成[110]。蓄热氧化装置示意图如图 8-2-1 所示。

装置在运行前期,先要预热,使蓄热床层蓄积一定热量,形成从常温到 $900\ ℃$ 的温度梯度。在正常运行阶段,甲烷含量为 1.2% 的掺混气由引风机送入蓄热室 A,被加热至氧化温度以上,甲烷在氧化室释放氧化热产生高温烟气,高温烟气一部分通过蓄热室 B 被冷却后排放,一部分通过余热回收设备(热水换热器、锅炉)进行余热回收后排放。在一定时间后,蓄热室 A 热量减少,蓄热室 B 则蓄积了大量热量,通过阀门切换,乏风由蓄热室 B 进入,从蓄热室 A 排出,如此周期性切换,便可连续运行。

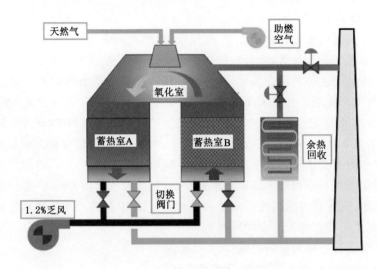

图 8-2-1　蓄热氧化装置示意图[110]

8.3　绿色节能减排技术

8.3.1　矿区绿色节能减排工作

在"十四五"这个碳达峰的关键期和窗口期,煤炭工业作为"高碳"行业要做好以下工作:

① 正确理解行业定位。长期以来,煤炭一直是我国的主体能源,也是我国能源供给的"压舱石"。但在碳达峰、碳中和的背景下,要认清大势,正确理解煤炭将会由过去的压舱石主体能源转为兜底保障能源的角色转变。只有行业的定位正确,才能不断推进煤炭供给侧结构性改革,倒逼煤炭企业加快技术创新、降低生产成本、推进绿色发展。

② 加快突破煤炭清洁高效利用关键技术。在节能方面,煤炭企业要加快突破降耗提效技术,重点突破发电、冶炼等煤炭利用降耗提效关键技术。在减排方面,煤炭企业要加快突破碳的全面捕集利用技术,加快大规模低成本碳捕集、封存、利用技术突破,将碳转化为固体、液体可利用物质,实现煤炭可持续利用、产业可持续发展。同时,煤炭企业要加快实现煤炭绿色开采,推动煤炭产业绿色发展。

③ 重视长期以来被忽视的煤炭全生命周期碳排放问题。煤炭全生命周期碳排放是指煤炭开采、加工处理、运输及使用过程温室气体排放量。过去,煤炭生产过程中的甲烷(瓦斯)排放并未受到太多关注。大气中每千克甲烷的气候暖化效应是每千克二氧化碳暖化效应的 120 倍。如何实现能用尽用,降低减排成本,对于提升减排效果很关键。

④ 煤炭企业是能源消耗大户,多年的生产实践证明,节能工作必须在减量化用能、提高能源利用率和提高二次能源回收利用水平三个方面下功夫。煤炭生产用电、用水和燃料消耗是企业耗能的主要构成部分。节能工作必须从管理节能、结构节能、技术节能三个方面入手,要根据企业的实际情况制订节能发展计划,优化用能耗能结构,进行系统节能减排,以实现煤炭企业利润最大化。

8.3.2　矿区绿色节能减排措施

（1）矿山电网系统的节能降耗措施

矿山企业是用电大户,随着矿业开发规模的不断扩大,供电负荷迅速增加。因此,在满足负荷要求的基础上,减量用电、降低网损和电容器投资,提高供电质量,使矿山电网系统安全经济地运行,是企业节能工作应予以重视的重要方面。矿山电网的负荷大,10 kV 低压配电网出线多,负荷不均匀,线路损耗较大。其用能简约、无功补偿容量及位置优化,是一个多目标、多变量、多约束的混合非线性规划问题。矿山生产实践证明,采用分散补偿法和变压器分接头档位,是有效的降耗方式。统计数据表明,在一般情况下,补偿点越多,线损减少越多,网损越小;如果能够在较大负荷节点配置相应补偿器,就地进行补偿,使无功功率不在供电线路上流动,其补偿效果最好。几个大型矿山电网的经验数据见图 8-3-1。在确定补偿设备数量和容量时应该注意:由于大多数矿山的供电线路具有分支路多、导线型号多和配电点多的特点,其负荷分配多是不均匀的。所以,在计算时必须将负荷非均匀分布的导线长度,换算为均匀分布的长度,并进行无功电流分布的折算[111]。

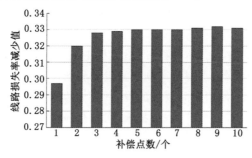

图 8-3-1　电网补偿点数与线损减少量的关系

(2) 矿山自动化排水技术

矿山自动化排水系统通过以太网来控制输入输出的模块,加入水泵工作中的参数,通过收发器的接收和以太网交换机的控制,来实现自动调节的过程。矿山自动化排水系统的控制方式主要分为三种,即远程手动控制、全自动控制和就地手动控制,在工作过程中,技术人员可以通过上位机来控制水泵的启动和停止。矿山自动化排水系统的控制都是通过以太网实现的,通过数据的传输把参数和采集的数据及时反馈给调度室的工作人员,这时自动化排水系统就处于就地手动控制的状态;通过控制水仓的水位可以实现手动控制的功能;当自动化排水系统处于完全手动的状态时,水位就可以由系统的配置来控制。矿山自动化排水系统通过现代化技术的操作实现了节能减排的目标,并在应用的过程中满足安全施工的要求,提高了工作效率,所以我国矿产开发的企业要充分重视自动化排水系统的重要作用,加大对其应用的力度,提高企业的生产水平[112]。

在选择主排水泵时,必须严格按照节能减排的要求选择新型的节能设备,再配以合理的管路,才能从根本上促进水泵工作效率的稳步提高。为了有效降低排水管路因为受到各种阻力所产生的损失,必须尽可能地选择阻力系数相对较小的无缝钢管,同时采取无底阀排水的方式,降低整个管路的吸水阻力,从而实现降低能源消耗的目的。另外,对于所有管路系统必须定期进行检查和维护,一旦发现管路出现问题,必须及时予以维修,从根本上促进整个排水系统运行效率的提升,从而降低能源消耗。煤矿生产过程中的生活供水,应当采用变频调速系统进行控制,以降低能源的消耗。矿井下的排水处理以及污水处理站内的结构设计也必须以节能减排为主要目的,从根本上避免能源浪费。利用污水处理设备将矿井排水和生活污水处理完成并确定符合相关标准之后,再将其用于井下的消防、洒水以及选煤厂供水水源。而锅炉产生的污水则可以用于冲渣、除尘等工作。综上所述,新型高效的节能设备和工艺不仅可以有效避免煤矿水资源浪费现象的发生,同时可提高煤矿水泵设备运行效率,而污水处理设备可实现水资源的二次利用,满足煤矿节能减排的要求[113]。

（3）矿山生产用油及燃煤系统的管理

矿山生产消耗大量油料和煤炭等能源物资,矿山企业所购入的能源材料在运输过程中会存在物资损失情况,在场地堆放时会受到日晒、风吹、腐蚀和雨水冲刷等的影响。矿山企业应强化能源材料采购、质检和使用部门的统一协调管理,要有合理的运行机制;建立起日清、月结、年合计的统计制度。当出现误差时,在合理范围内进行冲销;如果存在争议,要认真进行分析、协调和公正处理。

为了避免订货数量及质量与到货出现超标差异,企业应建立相对稳定的、能够供应大宗货物的能源材料基地。对所购货物要严格按照行规标准进行检验,不得任意确定检验批次、频次和取样点。

矿山企业在做设备选型配套设计时要严格考核把关,应选择"低耗能、排废少"的设备。特别是内燃机驱动的无轨设备、水混流矿物选别设备和燃煤锅炉等,要科学仔细地检测耗能指标和主要技术性能。对于使用时间较长的设备,要定期检测工作状况,及时排除故障;对于"跑、冒、漏、渗"严重的设备,要及时进行技术改造,保证生产设备处于技术性能良好和节能减排的工作状态。

8.3.3 矿区绿色节能减排技术方案

（1）第一期清洁能源综合利用技术方案

根据环保要求,燃煤锅炉运行不确定性较大,燃气锅炉运行成本较高,随着空压机余热利用、水源热泵技术的日臻成熟,清洁能源的利用势在必行。以制取 1 t 50 ℃热水为例,空压机余热利用运行成本为 0.74 元/t,水源热泵运行成本为 5.48 元/t,远低于燃气锅炉运行成本 9.81 元/t。该矿工业广场两台 355 kW 空压机满负荷运行;矿井水净化后可利用量为 740 m³/h,水温四季保持在 25 ℃以上,矿井热资源丰富,可利用价值高。

通过调研论证,拟定安装一套空压机余热利用系统,两套水源热泵系统（一套用于洗浴用水,一套用于办公楼制冷制热）。春、夏、秋、冬四季洗浴用水首先采用空压机余热利用系统,不足部分由水源热泵系统补充;夏季、冬季办公楼制冷制热采用水源热泵系统,冬季当水源热泵系统制热能力不足时,开启锅炉进行供暖。

① 职工洗浴用水综合利用技术方案

空压机余热利用＋水源热泵满足四季职工洗浴用水需求,日供水 838 t,优先使用空压机余热利用热交换产生热水供职工洗浴,不足部分由水源热泵机组补充。根据现场的场地情况和地形地貌,计划将三台余热回收主机安装在空压机房内空压机的一侧,二次热交换系统及水源热泵系统设备等安装在空压机房的后院内,保温水箱安装在空压机房前草坪上。

② 办公楼制冷/制热水源热泵技术方案

矿井可利用余热水量为 740 m³/h,水温四季保持在 25 ℃以上。办公楼制冷面积为 6 000 m²,夏季空调冷负荷为 776.9 kW,冬季空调热负荷为 630 kW。水源热泵系统采用双冷凝器全热回收热泵机组,最大化提高热源利用率,夏季制取冷水,冬季制取热水,利用现有办公楼中央空调末端设备（含管道及盘管）,满足办公楼制冷/制热需求。

采用能源合同管理模式,矿方只提供场地,承建方提供技术、资金,负责运行及相关运行费用。空压机余热利用、水源热泵系统共投资 889 万元,每年节约资金 70 万元,四年节约资金 280 万元。运行四年后,承建方无偿将两套系统交予矿方。四年之中,承建方收回投资及相关费用 1 479.9 万元,矿方获得三套清洁能源设备,并节约资金 280 万元。四年之后,设备全部交由矿方管理,每年可节约资金 202.32 万元。

采用五年能源合同期:空压机余热利用、水源热泵系统共投资 956.3 万元,每年节约资金 95.17 万元,五年节约资金 475.85 万元。五年之中,承建方收回投资及相关费用 1 724 万元,矿方获得三套清洁能源设备,并节约资金 475.85 万元。五年之后,设备全部交由矿方管理,每年可节约资金 202.32 万元。

(2) 第一期清洁能源系统运行情况及运行总费用

① 矿井水情况

矿井设计正常涌水量为 1 910 m^3/h,最大涌水量为 2 491 m^3/h。目前,正常涌水量为 1 400 m^3/h,水温四季平均保持在 25 ℃以上,矿井热资源十分丰富,可利用价值高。

② 职工洗浴情况

洗浴用水总需求量为 850 m^3,空压机余热制供水 358 m^3,水源热泵制供水 480 m^3。

③ 办公楼采暖/制冷情况

办楼室室内采暖末端系统已经配套到位,配套水源热泵供办公楼采暖/制冷。夏季(5 月 20 日—9 月 20 日),制冷面积 6 000 m^2。冬季(11 月 15 日—次年 3 月 15 日),制热面积 6 000 m^2。设备用水源热泵冷热水机组带热回收系统替代原有的溴化锂机组加蒸汽锅炉模式。

④ 实际运行总费用

水源侧循环泵两台(一用一备,功率 90 kW);水源热泵空调机组两套(一用一备,压缩机功率 98 kW、水泵功率 15 kW,合计 113 kW,制冷量 600 kW、制热量 700 kW);水源热泵热水机组两套(一用一备,压缩机功率 125 kW、水泵功率 15 kW,合计 140 kW)。水源侧初始水温 25 ℃,电费 0.65 元/(kW·h)。清洁能源一期年运行总费用:水源侧循环水泵年运行费用+水源热泵热水机组年运行费用+办公楼制冷制热年运行费用+空压机余热利用系统年运行费用=50.5 万元+20.19 万元+32.91 万元+5.67 万元=109.27 万元。

(3) 第二期清洁能源综合利用技术方案

第一期空压机余热利用和水源热泵系统已实现职工四季洗浴热水的不间断供应和办公楼夏季制冷/冬季采暖,设备运行正常,效果良好。为使井下排至地面的水源得到充分利用,取消燃气锅炉、电空调,实现能源清洁管理、绿色发展,设计了第二期水源热泵系统增容方案。

第二期水源热泵系统增容方案计划利用现锅炉房一楼场地安装增容系统设备,该增容系统设备包含 6 台 KWS-2500G3R 型水源热泵空调机组,供三个公寓楼、多功能厅、联合建筑、调度楼、筛选厂、选煤厂等地点冬季供暖、夏季制冷。主、副井口防冻系统利用 42 台 CAO-100 型热泵冷、热风机组,根据环境温度智能匹配设备运行模式及梯级开启模式,冬季满足最低温度状态时的井口采暖防冻要求,夏季向井下输送冷风解决井下高温问题,该系统设备分布于井筒旁边(以不影响井口正常生产为准)。衣物烘干房采用 4 台热泵烘干机组,根据实际环境设定烘干温度与烘干时间。系统增容后取代燃气锅炉冬季供暖,夏季替代电空调制冷(原电空调备用)。现有燃气锅炉供暖系统不动,作为矿井备用和应急供暖系统,实现设备互为备用,提高矿井应急和抵御重大自然灾害能力。

增容系统投用后,冬季制热时房间温度不低于18 ℃±2 ℃,井口冷、热风机组根据环境温度开启制热模式向井下送热风,井口及巷道温度不低于2 ℃;夏季制冷时房间温度不高于25 ℃±2 ℃,另外井口冷、热风机组根据环境温度开启制冷模式向井下送冷风,井口及巷道温度低于室外环境6 ℃左右。

9　主要研究成果及推广应用前景

9.1　主要研究成果

本书以典型"三软"煤层开采矿井为研究对象,采用理论分析、室内试验、实验室模拟和现场实测相结合的方法,从煤矿智能化掘进、开采、管控及覆岩与地表破坏、水体下安全开采、水资源综合利用、土地与生态修复和绿色节能减排等方面进行了系统研究,得到了以下主要结论:

(1) 对掘锚机进行升级,优化锚护结构,能够完成临时支护和锚杆支护操作,锚杆机与临时支护分离,临时支护一次护顶两排,如需进行第二排锚护作业时,无须操作临时支护即可完成,进而实现了掘-锚-护一体化。通过在掘进机上增加可伸缩滑行式锚护装备,实现了巷道掘进落煤后锚护装备滑行伸出及时支护顶板,保障了安全生产,同时根据不同地质条件优化截割路径,有效提升了巷道掘进效率和安全性。通过对通信系统进行改造,实现了远程通信,平地现场全覆盖。对掘进工序及作业流程进行科学分析后对相关工序进行合并,研发了松软煤层巷道智能化掘进工序并进行试验调试,实现了多工序的平行作业,有效提升了井下巷道掘进进度。

(2) 采用理论分析、室内试验及现场应用相结合的方法,建立了煤矿安全生产智能诊断、安全生产大数据分析、预警报警分析等模型,实现了矿井安全生产管理的协同调度、集中管控,研究开发了"三软"煤层采掘工作面智能集控技术与成套装备。研究了工作面顺槽控制中心的控制特点以及复合网络协议下的采煤机、前后输送机、泵站等的控制策略。掌握了采煤机、智能组合开关、高压软启动的控制策略与通信,实现了工作面与顺槽控制中心的采煤机、前后输送机、装载机、破碎机的集中闭锁控制及设备的信息监测。

(3) 基于工作面智能化开采技术,开发了基于 GIS "一张图"与三维空间数据智能化矿山管控系统,实现了煤矿基础地测防治水、生产调度、监测监控、综合自动化、安全管理等业务数据在矿井内部的横向、纵向流通,突破了感知数据和智能应用间的技术瓶颈。

(4) 根据矿井全生产周期的统一空间数据库,通过信息的高度融合,建立了系统预警、系统报警、管理预警、管理报警模型,研发了设备全生命周期管理及大型设备的智能维检修、能耗分析、健康状况诊断的二、三维联动管控平台,实现了重大危险源全方位预警报警融合智能联动。

(5) 结合"三软"煤层智能开采技术,分析了"三软"煤层综放开采覆岩(含水层)破坏传导机制与地表响应特征,阐明了采动影响下地表动态移动变形规律,通过现场实测得到了动态地表移动变形参数,揭示了地表裂缝与覆岩基本顶周期性断裂失稳之间的传导与驱动关系。

(6) 基于松散含水层下煤层安全绿色开采理念,采用精细探查和层次分析技术,以松散层中含(隔)水层组厚度和空间赋存特征对含水层组的富水性进行了等级划分,精准探测并计算了开采破坏范围内的含水层厚度和范围,提出了将工作面顶板水转化为矿井水的井上下联合贯通疏放水技术,并成功进行了工程应用,实现了覆岩强含水层下工作面的安全高效生产。

(7) 提出并实施了基于清洁能源综合利用与矿区生态保护的绿色矿山建设新模式。建立了矿井供热方式的全生命周期成本模型,分析研究了合理的矿井热源供应方式,研发了智能化矿井热源供应系统,构建了基于源头减损、末端治理及边采边复的矿区生态保护与土地复垦技术体系,成功对开采沉陷区实施了土地复垦,不仅实现了清洁能源的高效利用,而且有效改善了矿区生态环境,加快了绿色矿山建设进程。

9.2 推广应用前景

煤矿智能化开采是煤炭工业高质量发展的核心,已成为我国煤炭工业的发展方向,而厚煤层智能化高强度开采引起覆岩与地表变形剧烈,造成覆岩含水层与地表生态破坏以及安全生产问题,尤其是含水层下"三软"煤层开采,因此,基于双碳战略目标及绿色开采理念,亟须研究"三软"煤层智能开采与矿区绿色减排协调发展的关键技术。本书以我国"三软"煤层矿区安全绿色智能开采为研究目标,通过多年"产学研用"联合攻关,突破了我国"三软"煤层矿区绿色智能化开采技术瓶颈,揭示了水体下厚煤层开采覆岩破坏与地表沉陷的传导驱动机制,创新提出了基于清洁能源综合利用与矿区生态保护的绿色智能矿山建设新模式并加以应用,对实现"三软"煤层智能开采与矿区地表生态保护的协调发展具有重大科学意义和广阔的推广应用前景。

(1) 结合"三软"煤层矿区地质钻孔资料,介绍了"三软"煤层矿区的煤层赋存条件、地质构造、水文地质类型及开采工艺等,总结了"三软"煤层安全绿色智能化开采难题,为"三软"煤层安全绿色智能开采指明方向。

(2) 随着计算机网络时代的到来,人们已经可以在世界的任何地方实现信息的交流、互通和共享。在地面调度中心能够实现工作面生产设备的远程控制及故障诊断,借助工业以太网将井下工作面集控系统与其他子系统集成,通过网络技术和信息技术进行整合,实现信息共享。用计算机、网络、信息、工控等技术实现信息的综合集成,使得各级管理人员适时监测安全、生产经营等各个方面的信息数据变化,及时掌握生产环节的实际情况,既大幅度提高了煤炭企业的管理水平,又减少了工作面作业人员,提高了矿井安全水平,达到减人提效的目的。这对加快煤炭开采全过程少人化或无人化进程具有重要意义。

(3) 新郑煤电基于GIS"一张图"与三维空间数据智能化矿山管控系统的研究成果,已经基本解决了矿井智慧矿山建设中的关键技术和难点问题,为其他生产矿井的推广应用夯实了技术基础,积累了建设应用经验,解决了高度一体化管控的智能煤矿、智慧矿山建设的部分关键问题,为领导层正确决策提供了科学依据,同时在煤炭行业引起了强烈反响。

(4) 研究成果补充和丰富了生态环境保护与修复治理的相关理论和方法,可广泛应用于煤炭开采损毁预测评价方案的编制与设计、矿区土地复垦方案、生态环境恢复治理方案项目中,对实现煤炭绿色高效开采和加快矿区生态文明建设进程具有重要意义。

（5）研究项目的开展与实施,既最大限度地减轻了对生态环境的破坏,又保证了煤炭生产与自然生态环境协调发展,有效改善了矿区生态环境和矿区工农关系,促进了社会的安定团结和稳定发展,确保了矿区的可持续发展,推进了"三软"煤层智能化开采与生态矿区建设协调发展,取得了显著的经济与生态效益。

参 考 文 献

[1] 郭文兵.煤矿开采损害与保护[M].3版.北京:应急管理出版社,2019.

[2] 刘峰,曹文君,张建明,等.我国煤炭工业科技创新进展及"十四五"发展方向[J].煤炭学报,2021,46(1):1-15.

[3] 本报记者.2021年我国原煤产量达41.3亿吨:煤炭消费量占能源消费总量的56.0%,同比下降0.9个百分点[N].中国煤炭报,2022-03-01(1).

[4] BP.BP世界能源统计年鉴2017版[EB/OL].(2017-7-5)[2019-1-23].http://www.bp.com/zh_cn/china/reports-and-publications/_bp_2017-_.html.

[5] 郭文兵,马志宝,白二虎.我国煤矿"三下一上"采煤技术现状与展望[J].煤炭科学技术,2020,48(9):16-26.

[6] 谢和平.煤炭科学技术的发展与展望[C]//中国科学探险协会.科技进步与学科发展:"科学技术面向新世纪"学术年会论文集,1998:568-572.

[7] 钱鸣高,许家林,王家臣,等.矿山压力与岩层控制[M].3版.徐州:中国矿业大学出版社,2021.

[8] 宋锐,郑玉坤,刘义祥,等.煤矿井下仿生机器人技术应用与前景分析[J].煤炭学报,2020,45(6):2155-2169.

[9] 谢和平,周宏伟,薛东杰,等.煤炭深部开采与极限开采深度的研究与思考[J].煤炭学报,2012,37(4):535-542.

[10] 王宏岩,王猛.深部矿井开采问题与发展前景研究[J].煤炭技术,2008,27(1):3-5.

[11] 刘泉声,高玮,袁亮.煤矿深部岩巷稳定控制理论与支护技术及应用[M].北京:科学出版社,2010.

[12] 姜耀东,赵毅鑫,刘文岗,等.深部开采中巷道底鼓问题的研究[J].岩石力学与工程学报,2004,23(14):2396-2401.

[13] 郭文兵,杨治国,詹鸣."三软"煤层开采沉陷规律及其应用[M].北京:科学出版社,2013.

[14] 习近平:积极推动我国能源生产和消费革命[EB/OL].(2014-06-14)[2019-1-23].http://cpc.people.com.cn/n/2014/0614/c64094-25147885.html.

[15] 国家发展改革委,国家能源局.能源技术革命创新行动计划(2016-2030年)[R/OL].(2016-06-01)[2019-01-23].https://www.gov.cn/xinwen/2016-06-01/content_5078628.htm.

[16] 四川煤矿安全监察局.关于转发《国家安全监管总局关于"机械化换人、自动化减人"科技强安专项行动的通知》的通知[EB/OL].(2015-8-14)[2019-1-23].http://www.Scsafety.gov.cn/Detail_0844fe5a-bf4e-4f21-97e6-cf11234144d0.

[17] 李化敏,王伸,李东印,等.煤矿采场智能岩层控制原理及方法[J].煤炭学报,2019,
    44(1):127-140.

[18] 王国法,徐亚军,张金虎,等.煤矿智能化开采新进展[J].煤炭科学技术,2021,49(1):
    1-10.

[19] 王国法,杜毅博.智慧煤矿与智能化开采技术的发展方向[J].煤炭科学技术,2019,
    47(1):1-10.

[20] 葛世荣.煤矿智采工作面概念及系统架构研究[J].工矿自动化,2020,46(4):1-9.

[21] 王国法,张德生.煤炭智能化综采技术创新实践与发展展望[J].中国矿业大学学报,
    2018,47(3):459-467.

[22] QUEENSLAND CENTER FOR ADVANCED TECHNOLOGIES. Qcat industry and
    research report[R]. Queensland:CSIRO,2013:13-15.

[23] DIRECTORATE-GENERAL FOR RESEARCH AND INNOVATION. New
    mechanization and automation of longwall and drayage equipment[R]. Luxembourg
    European Commission,2011:1-14.

[24] KELLY M,HAINSWORTH D,REID D,et al. Longwall automation:a new approach
    [C]//3th International Symposium "High Performance Mine Production". Aachen:
    CSIRO Exploration and Mining,2003:5-16.

[25] 宋兆贵.LASC 技术在煤矿综采工作面自动化开采中的应用[J].神华科技,2018,
    16(10):26-29.

[26] 吴立新,汪云甲,丁恩杰,等.三论数字矿山:借力物联网保障矿山安全与智能采矿[J].
    煤炭学报,2012,37(3):357-365.

[27] 吕鹏飞,郭军.我国煤矿数字化矿山发展现状及关键技术探讨[J].工矿自动化,2009,
    35(9):16-20.

[28] 张申,丁恩杰,徐钊,等.物联网与感知矿山专题讲座之二:感知矿山与数字矿山、矿山
    综合自动化[J].工矿自动化,2010,36(11):129-132.

[29] FANG X Q,ZHAO J,HU Y. Tests and error analysis of a self-positioning shearer
    operating at a manless working face[J]. Mining science and technology (China),
    2010,20(1):53-58.

[30] 王巨光.薄煤层综采数字化无人工作面技术研究与应用[J].煤炭科学技术,2012,
    40(7):72-75,80.

[31] 王刚,方新秋,谢小平,等.薄煤层无人工作面自动化开采技术应用[J].工矿自动化,
    2013,39(8):9-13.

[32] 王国法.综采自动化智能化无人化成套技术与装备发展方向[J].煤炭科学技术,2014,
    42(9):30-34,39.

[33] 邢泽华,陈捷,王冠杰.薄煤层无人工作面液压支架的设计及应用[J].煤矿机械,2014,
    35(9):210-212.

[34] 马洪礼,司凯文,吕东跃.无人工作面智能化采煤机监控系统的研发[J].煤炭科学技
    术,2014,42(9):67-71.

[35] 牛剑峰.无人工作面智能本安型摄像仪研究[J].煤炭科学技术,2015,43(1):

77-80,85.

[36] 樊启高,李威.综采工作面"三机"控制中设备定位及任务协调研究[J].机械工程学报,2015,51(9):152.

[37] 黄曾华.可视远程干预无人化开采技术研究[J].煤炭科学技术,2016,44(10):131-135,187.

[38] 王国法,范京道,徐亚军,等.煤炭智能化开采关键技术创新进展与展望[J].工矿自动化,2018,44(2):5-12.

[39] 徐亚军,王国法.液压支架群组支护原理与承载特性[J].岩石力学与工程学报,2017,36(增1):3367-3373.

[40] 王国法,张金虎.煤矿高效开采技术与装备的最新发展[J].煤矿开采,2018,23(1):1-4,12.

[41] 任怀伟,王国法,李首滨,等.7 m大采高综采智能化工作面成套装备研制[J].煤炭科学技术,2015,43(11):116-121.

[42] 王国法,赵国瑞,任怀伟.智慧煤矿与智能化开采关键核心技术分析[J].煤炭学报,2019,44(1):34-41.

[43] 王国法,王虹,任怀伟,等.智慧煤矿2025情景目标和发展路径[J].煤炭学报,2018,43(2):295-305.

[44] 宋振骐.安全高效智能化开采技术现状与展望[J].煤炭与化工,2014,37(1):1-4.

[45] 袁亮.开展基于人工智能的煤炭精准开采研究,为深地开发提供科技支撑[J].科技导报,2017,35(14):1.

[46] 田成金.煤炭智能化开采模式和关键技术研究[J].工矿自动化,2016,42(11):28-32.

[47] 张昊,葛世荣.无人驾驶采煤机关键技术探讨[J].工矿自动化,2016,42(2):31-33.

[48] 葛世荣,苏忠水,李昂,等.基于地理信息系统(GIS)的采煤机定位定姿技术研究[J].煤炭学报,2015,40(11):2503-2508.

[49] 王世佳,王世博,张博渊,等.采煤机惯性导航定位动态零速修正技术[J].煤炭学报,2018,43(2):578-583.

[50] 王世博,何亚,王世佳,等.刮板输送机调直方法与试验研究[J].煤炭学报,2017,42(11):3044-3050.

[51] 葛世荣.智能化采煤装备的关键技术[J].煤炭科学技术,2014,42(9):7-11.

[52] 葛世荣,王忠宾,王世博.互联网＋采煤机智能化关键技术研究[J].煤炭科学技术,2016,44(7):1-9.

[53] 康红普,王国法,姜鹏飞,等.煤矿千米深井围岩控制及智能开采技术构想[J].煤炭学报,2018,43(7):1789-1800.

[54] 于斌,徐刚,黄志增,等.特厚煤层智能化综放开采理论与关键技术架构[J].煤炭学报,2019,44(1):42-53.

[55] 张金尧.基于SINS/WSN的刮板输送机直线度检测技术及系统研究[D].徐州:中国矿业大学,2017.

[56] 王超.综采工作面刮板输送机直线度控制技术研究[D].徐州:中国矿业大学,2018.

[57] 方新秋,宁耀圣,李爽,等.基于光纤光栅的刮板输送机直线度感知关键技术研究[J].

煤炭科学技术,2019,47(1):152-158.

[58] 苗霖田,夏玉成,段中会,等.黄河中游榆神府矿区煤-岩-水-环特征及智能一体化技术[J].煤炭学报,2021,46(5):1521-1531.

[59] 王国法,庞义辉,许永祥,等.厚煤层智能绿色高效开采技术与装备研发进展[J].采矿与安全工程学报,2023,40(5):882-893.

[60] 廉自生,袁祥,高飞,等.液压支架网络化智能感控方法[J].煤炭学报,2020,45(6):2078-2089.

[61] 杨健健,张强,吴淼,等.巷道智能化掘进的自主感知及调控技术研究进展[J].煤炭学报,2020,45(6):2045-2055.

[62] 徐志强,吕子奇,王卫东,等.煤矸智能分选的机器视觉识别方法与优化[J].煤炭学报,2020,45(6):2207-2216.

[63] 杨小林,葛世荣,祖洪斌,等.带式输送机永磁智能驱动系统及其控制策略[J].煤炭学报,2020,45(6):2116-2126.

[64] 王学文,谢嘉成,郝尚清,等.智能化综采工作面实时虚拟监测方法与关键技术[J].煤炭学报,2020,45(6):1984-1996.

[65] 马宏伟,王鹏,王世斌,等.煤矿掘进机器人系统智能并行协同控制方法[J].煤炭学报,2021,46(7):2057-2067.

[66] 高士岗,高登彦,欧阳一博,等.中薄煤层智能开采技术及其装备[J].煤炭学报,2020,45(6):1997-2007.

[67] 王海舰,黄梦蝶,高兴宇,等.考虑截齿损耗的多传感信息融合煤岩界面感知识别[J].煤炭学报,2021,46(6):1995-2008.

[68] 杨文娟,张旭辉,马宏伟,等.悬臂式掘进机机身及截割头位姿视觉测量系统研究[J].煤炭科学技术,2019,47(6):50-57.

[69] 毛君,董钰峰,卢进南,等.巷道掘进截割钻进先进技术研究现状及展望[J].煤炭学报,2021,46(7):2084-2099.

[70] 齐冲冲,杨星雨,李桂臣,等.新一代人工智能在矿山充填中的应用综述与展望[J].煤炭学报,2021,46(2):688-700.

[71] 赵旭生,马国龙.煤矿瓦斯智能抽采关键技术研究进展及展望[J].煤炭科学技术,2021,49(5):27-34.

[72] 靳德武,赵春虎,段建华,等.煤层底板水害三维监测与智能预警系统研究[J].煤炭学报,2020,45(6):2256-2264.

[73] 窦林名,王盛川,巩思园,等.冲击矿压风险智能判识与监测预警云平台[J].煤炭学报,2020,45(6):2248-2255.

[74] 卢新明,尹红.矿井通风智能化理论与技术[J].煤炭学报,2020,45(6):2236-2247.

[75] 周福宝,刘春,夏同强,等.煤矿瓦斯智能抽采理论与调控策略[J].煤炭学报,2019,44(8):2377-2387.

[76] 郭文兵,赵高博,杨伟强,等.高耸构筑物采动变形特征与地基精准注浆加固机理[J].煤炭学报,2022,47(5):1908-1920.

[77] 郭明杰,郭文兵,袁瑞甫,等.基于采动裂隙区域分布特征的定向钻孔空间位置研究

[J].采矿与安全工程学报,2022,39(4):817-826.

[78] 郭文兵,赵高博,白二虎.煤矿高强度长壁开采覆岩破坏充分采动及其判据[J].煤炭学报,2020,45(11):3657-3666.

[79] 郭文兵,娄高中.覆岩破坏充分采动程度定义及判别方法[J].煤炭学报,2019,44(3):755-766.

[80] 王云广,郭文兵,白二虎,等.高强度开采覆岩运移特征与机理研究[J].煤炭学报,2018,43(增刊1):28-35.

[81] 郭文兵,白二虎,杨达明.煤矿厚煤层高强度开采技术特征及指标研究[J].煤炭学报,2018,43(8):2117-2125.

[82] 郭文兵,王云广.基于绿色开采的高强度开采定义及其指标体系研究[J].采矿与安全工程学报,2017,34(4):616-623.

[83] 杨达明,郭文兵,谭毅,等.高强度开采覆岩岩性及其裂隙特征[J].煤炭学报,2019,44(3):786-795.

[84] 杨达明,郭文兵,赵高博,等.厚松散层软弱覆岩下综放开采导水裂隙带发育高度[J].煤炭学报,2019,44(11):3308-3316.

[85] 郭文兵,杨达明,谭毅,等.薄基岩厚松散层下充填保水开采安全性分析[J].煤炭学报,2017,42(1):106-111.

[86] 赵高博,郭文兵,李新岭.巨厚松散层力学性质及其对地表下沉的影响[J].重庆大学学报(自然科学版),2019,42(6):99-108.

[87] 白二虎,郭文兵,张合兵,等.黄河流域中上游煤-水协调开采的地下水原位保护技术[J].煤炭学报,2021,46(增2):907-914.

[88] 白二虎,郭文兵,谭毅,等."条采留巷充填法"绿色协调开采技术[J].煤炭学报,2018,43(增刊1):21-27.

[89] 白二虎,郭文兵,谭毅,等.浅埋厚煤层条带充填保水开采分析研究[J].地下空间与工程学报,2019,15(4):1225-1231.

[90] 张吉雄,张强,巨峰,等.煤矿"采选充+X"绿色化开采技术体系与工程实践[J].煤炭学报,2019,44(1):64-73.

[91] 刘建功,李新旺,何团.我国煤矿充填开采应用现状与发展[J].煤炭学报,2020,45(1):141-150.

[92] 孙希奎,赵庆民,施现院.条带残留煤柱膏体充填综采技术研究与应用[J].采矿与安全工程学报,2017,34(4):650-654.

[93] 徐斌,杨仁树,李永亮,等.煤矿胶结充填开采覆岩移动三量关系及其控制原则[J].煤炭学报,2022,47(增1):49-60.

[94] 许家林,秦伟,轩大洋,等.采动覆岩卸荷膨胀累积效应[J].煤炭学报,2020,45(1):35-43.

[95] 王志强,郭晓菲,高运,等.华丰煤矿覆岩离层注浆减沉技术研究[J].岩石力学与工程学报,2014,33(增1):3249-3255.

[96] 戴华阳,郭俊廷,阎跃观,等."采-充-留"协调开采技术原理与应用[J].煤炭学报,2014,39(8):1602-1610.

［97］GUO W B,XU F Y. Numerical simulation of overburden and surface movements for Wongawilli strip pillar mining［J］. International journal of mining science and technology,2016,26(1):71-76.

［98］郭文兵,谭毅,宋常胜,等.建筑物下条带式 Wongawilli 高效采煤关键技术及应用[R].焦作:河南理工大学,2017.

［99］谭毅,郭文兵,白二虎,等.条带式 Wongawilli 煤柱特征及作用机理分析[J].煤炭学报,2019,44(4):1003-1010.

［100］谭毅,郭文兵,赵雁海.条带式 Wongawilli 开采煤柱系统突变失稳机理及工程稳定性研究[J].煤炭学报,2016,41(7):1667-1674.

［101］张雅丽,陈丽萍,陈静.中国绿色矿山建设政策、挑战及建议[J].国土资源情报,2018(10):48-60,67.

［102］卢正新,刘健康.我国绿色矿山建设的对策及建议探讨[J].资源信息与工程,2021,36(1):40-43.

［103］李晓伟.典型平原区采煤塌陷地土地复垦中生态工程重建技术研究:以新郑赵家寨煤矿为例[D].郑州:河南农业大学,2009.

［104］孙小虎.矿区土地复垦理论及方案设计研究:以山西省阳胜煤矿土地复垦为例[D].杨凌:西北农林科技大学,2012.

［105］李卉.井工煤矿地表沉陷预测及土地复垦修复研究[D].哈尔滨:哈尔滨工业大学,2019.

［106］潘妍宇.山地煤矿区土地复垦规划与设计研究:以贵州普安县煤矿区为例[D].焦作:河南理工大学,2010.

［107］汤晟.我国矿产资源综合利用的现状、问题和对策[J].中国资源综合利用,2017,35(7):61-63,71.

［108］杨方亮.煤炭矿区资源综合利用现状与前景分析[J].煤炭加工与综合利用,2018(9):69-73.

［109］张喜文.浅析矿井水综合利用技术[J].内蒙古煤炭经济,2017(14):1-2,27.

［110］成由甲,彭聪.煤矿乏风瓦斯综合利用新技术助力碳减排[J].中国煤炭工业,2021(11):66-67.

［111］王荣祥,任效乾.矿山企业节能减排的主要途径[J].现代矿业,2009,25(10):11-13,54.

［112］王浩,李兴华.矿山自动化排水技术在节能减排中的应用[J].电子技术与软件工程,2014(2):262.

［113］陈琪,吴再富.浅析在煤矿节能减排探讨和措施[J].城市建设理论研究(电子版),2017(8):111.